普通高等教育土木工程专业新形态教材

智能建造概论

龙武剑　主　编
梅　柳　李利孝　罗启灵　副主编

清华大学出版社
北京

内 容 简 介

本书以智能建造所涉及的核心技术和关键应用场景为主线,全书内容共 8 章,包括:绪论、BIM/CIM 技术在智能建造领域的应用、3D 打印技术在智能建造领域的应用、动态定位技术在智能建造领域的应用、物联网技术在智能建造领域的应用、人工智能在智能建造领域的应用、建筑机器人在智能建造领域的应用以及智能建造工程应用案例分析。

针对智能建造领域的每一项核心技术,翔实系统地对其核心理论、发展现状与趋势进行阐述,力求使读者能够快速熟悉和掌握智能建造的内容与内涵;结合大量智能建造领域重点工程项目,全景式展示智能建造领域各项技术在实际工程中的应用情况,帮助读者深入理解智能建造领域各项技术的应用场景。

本书可作为普通高等院校和职业高等院校智能建造专业学生的教材,也可作为建筑设计、施工、监理、咨询、科研、管理等各类从业人员学习智能建造的参考书。

版权所有,侵权必究。举报:010-62782989,beiqinquan@tup.tsinghua.edu.cn。

图书在版编目(CIP)数据

智能建造概论/龙武剑主编. —北京:清华大学出版社,2023.12(2025.7 重印)
普通高等教育土木工程专业新形态教材
ISBN 978-7-302-60974-2

Ⅰ. ①智… Ⅱ. ①龙… Ⅲ. ①智能技术-应用-建筑施工-概论-高等学校-教材 Ⅳ. ①TU74-39

中国版本图书馆 CIP 数据核字(2022)第 085166 号

责任编辑:刘一琳
封面设计:陈国熙
责任校对:赵丽敏
责任印制:曹婉颖

出版发行:清华大学出版社
网　　址:https://www.tup.com.cn,https://www.wqxuetang.com
地　　址:北京清华大学学研大厦 A 座　　邮　编:100084
社 总 机:010-83470000　　邮　购:010-62786544
投稿与读者服务:010-62776969,c-service@tup.tsinghua.edu.cn
质量反馈:010-62772015,zhiliang@tup.tsinghua.edu.cn

印 装 者:三河市龙大印装有限公司
经　销:全国新华书店
开　本:185mm×260mm　　印　张:17.75　　字　数:428 千字
版　次:2023 年 12 月第 1 版　　印　次:2025 年 7 月第 4 次印刷
定　价:59.80 元

产品编号:098389-01

编 委 会

主　编：龙武剑

副主编：梅　柳　李利孝　罗启灵

编　委：熊　琛　王新祥　毛吉化　周宝定

　　　　王克成　吴凌壹　姚　伟

前 言
PREFACE

尽管我国建设领域的规模位居全球前列,但仍面临从建造大国转型为建造强国的挑战。长期以来,传统的粗放式、碎片化和劳动密集型建造方式带来种种问题,如资源消耗过大、建筑质量参差不齐、环境污染严重、施工安全难以保证以及整体建造效率较低等。在科技与时代的交汇处,土木工程行业正处于历史的转折点,其转型升级迫在眉睫。此次的变革,智能建造无疑将在其中起到核心的推动作用。

智能建造,这一基于土木工程、融合计算机科学与技术、机械设计制造及其自动化、电子信息及其自动化和工程管理等多学科交叉的新工科专业,正在改写土木工程行业的未来。它既是土木工程行业朝着信息化、数字化、产业化和智能化方向转型升级的必然途径,也是当前土木工程教育迫切需要的改革方向。智能建造不仅对土木工程行业的传统技术提出了挑战,更为我们打开了一个充满无限可能性的全新时代。BIM/CIM 技术、3D 打印、动态定位、物联网、人工智能、建筑机器人等技术与土木工程领域的结合使我们看到一个既符合现代社会需求,又充满创新和前瞻性的行业未来。

同时,国家政策已为我国智能建造和建筑工业化发展绘制了清晰的蓝图和愿景。2020 年 7 月,住房和城乡建设部等 13 部门联合发布的《住房和城乡建设部等部门关于推动智能建造与建筑工业化协同发展的指导意见》(建市[2020]60 号),为我们描绘了智能建造与建筑工业化发展的蓝图,明确了发展方向和目标。在党的二十大报告中,强调了"推进新型工业化,加快建设制造强国、质量强国、航天强国、交通强国、网络强国、数字中国"的目标,其中运用数字技术赋能"中国建造"被视作实现中华民族伟大复兴的关键步骤之一。"十四五"建筑业发展规划更是提出了我国到 2035 年将迈入智能建造世界强国行列的宏大愿景。

在这样的大背景下,市场上对智能建造专业教材的需求迫切,但全面、系统介绍智能建造的教材仍然相对匮乏。考虑到智能建造是一个新兴的交叉学科方向,其相关的专业内涵和知识体系尚在形成中,我们有责任和义务为此领域的研究和教育提供必要的教材支持,这也是我们编写本教材的初衷。

我们深知,为了确保本教材的质量和实用性,单靠教育界的力量是远远不够的。因此,本教材是智能建造行业产、学、研深度融合的成果,得到了一线教学名师团队和智能建造行业专家团队的共同倾力打造。本教材不仅系统全面地介绍了智能建造的基础理论,还提供了丰富翔实的工程应用案例,使读者能够在学习中直观地了解到智能建造技术在实际工程中的应用情境。本教材还融入思政元素,精选思政学习素材以二维码的形式嵌入教材各章节末尾,便于学生通过扫码轻松获取和学习,旨在培养学生的远大理想、时代责任、奋斗精神、职业素养和民族自豪感,把学生培养成为德才兼备、全面发展的新时代智能建造复合型人才。

为确保本教材的内容贴近实际、具有前瞻性，我们参考了大量的国内外文献，广泛征询了行业专家的意见，并实地考察多个智能建造项目现场。在此，我们要特别感谢中国建筑第八工程局有限公司华南分公司的蔡庆军、李宗阳、卢建文、王杰，以及中国建筑第三工程局有限公司和中建三局集团华南有限公司的白宝军等专家、学者和工程人员，他们的专业知识、宝贵经验为本书提供了坚实的支撑。本教材获深圳大学教材建设出版资助，感谢深圳大学教材中心、滨海城市韧性基础设施教育部重点实验室、广东省滨海土木工程耐久性重点实验室（深圳大学）在本教材编写过程中提供的资助和支持。

　　尽管作者为本教材的编写付出了巨大的努力，但由于知识更新迅速、作者水平有限，书中难免存在不足之处。希望广大读者在学习和实践的过程中，能够给予宝贵的意见和建议，使本教材更加完善，更好地服务于广大读者。

　　在21世纪，智能技术正全面渗透到我们的生活中，而土木工程作为人类文明的重要见证和基石，自然也不例外。智能建造未来将继续改变我们的建造方式、生活方式甚至思维方式。期待本教材能够为广大学生、教师、研究者和行业从业者提供一定的参考价值，共同推动智能建造的进步与发展。

编　者

2023年5月

目 录
CONTENTS

第1章 绪论 ·············· 1

1.1 中国建筑行业发展现状 ·············· 1
   1.1.1 我国建筑行业发展态势 ·············· 1
   1.1.2 建筑行业发展中面临的问题 ·············· 4
   1.1.3 建筑行业转型升级的挑战 ·············· 4

1.2 建筑工业化 ·············· 6
   1.2.1 建筑工业化发展路径 ·············· 6
   1.2.2 建筑工业化发展模式 ·············· 7

1.3 智能建造定义 ·············· 8
   1.3.1 智能建造发展历程 ·············· 8
   1.3.2 智能建造的概念与内涵 ·············· 10
   1.3.3 智能建造的特征 ·············· 11

1.4 智能建造的理论与技术体系 ·············· 13
   1.4.1 智能建造的闭环控制理论 ·············· 13
   1.4.2 智能建造关键技术体系 ·············· 14

1.5 智能建造的业务协同逻辑 ·············· 19

1.6 智能建造的应用场景 ·············· 21
   1.6.1 智能规划与设计 ·············· 21
   1.6.2 智能装备与施工 ·············· 24
   1.6.3 智能设施与防灾 ·············· 30
   1.6.4 智能运维与服务 ·············· 32

复习思考题 ·············· 33
参考文献 ·············· 34

第2章 BIM/CIM 技术在智能建造领域的应用 ·············· 35

2.1 BIM/CIM 概念 ·············· 35
   2.1.1 BIM 的基本概念 ·············· 35
   2.1.2 CIM 的基本概念 ·············· 42

2.2 BIM/CIM 技术基础 ·············· 44
   2.2.1 BIM 建模技术 ·············· 44

2.2.2　CIM 技术 ……………………………………………………………… 48
　　2.2.3　BIM/CIM 信息技术 …………………………………………………… 50
　　2.2.4　CIM 关键技术 ………………………………………………………… 55
2.3　BIM/CIM 技术发展现状 ……………………………………………………… 55
　　2.3.1　行业发展需求 …………………………………………………………… 55
　　2.3.2　BIM/CIM 技术发展及应用 …………………………………………… 56
2.4　BIM/CIM 技术在智能建造中的应用案例 …………………………………… 58
　　2.4.1　BIM/CIM 技术在方案规划阶段的应用 ……………………………… 58
　　2.4.2　BIM/CIM 技术在设计阶段的应用 …………………………………… 59
　　2.4.3　BIM/CIM 技术在施工阶段的应用 …………………………………… 60
　　2.4.4　BIM/CIM 技术在运维阶段的应用 …………………………………… 64
复习思考题 ………………………………………………………………………… 65
参考文献 …………………………………………………………………………… 65

第 3 章　3D 打印技术在智能建造领域的应用 …………………………………… 67

3.1　建筑工程 3D 打印定义 ………………………………………………………… 67
　　3.1.1　建筑工程 3D 打印技术简介 …………………………………………… 67
　　3.1.2　建筑工程 3D 打印技术分类 …………………………………………… 69
　　3.1.3　建筑工程 3D 打印设备及施工工艺 …………………………………… 71
3.2　建筑工程 3D 打印基本理论 …………………………………………………… 72
　　3.2.1　建筑工程 3D 打印技术基本原理 ……………………………………… 72
　　3.2.2　混凝土 3D 打印技术原理 ……………………………………………… 73
　　3.2.3　3D 打印技术优势 ……………………………………………………… 73
　　3.2.4　3D 打印技术发展前景 ………………………………………………… 75
3.3　建筑工程 3D 打印技术发展现状 ……………………………………………… 77
　　3.3.1　3D 打印材料配合比 …………………………………………………… 77
　　3.3.2　3D 打印材料性能要求 ………………………………………………… 79
　　3.3.3　技术局限与研究方向 …………………………………………………… 83
3.4　建筑工程 3D 打印技术在智能建造领域的应用案例 ………………………… 84
　　3.4.1　国外案例 ………………………………………………………………… 85
　　3.4.2　国内案例 ………………………………………………………………… 87
　　3.4.3　与其他技术结合 ………………………………………………………… 90
复习思考题 ………………………………………………………………………… 91
参考文献 …………………………………………………………………………… 92

第 4 章　动态定位技术在智能建造领域的应用 …………………………………… 93

4.1　动态定位技术概念 ……………………………………………………………… 93
　　4.1.1　动态定位的定义 ………………………………………………………… 93
　　4.1.2　智能建造领域动态定位面临的挑战 …………………………………… 94

4.2　动态定位技术的基本原理 ··· 95
　　　4.2.1　几何交会定位 ··· 96
　　　4.2.2　情景分析法 ··· 98
　　　4.2.3　航位递推定位 ··· 100
　　　4.2.4　多源融合定位 ··· 103
　　　4.2.5　SLAM技术 ·· 105
　4.3　智能建造中的动态定位技术 ··· 107
　　　4.3.1　全球卫星导航系统 ··· 107
　　　4.3.2　GNSS拒止环境下的定位技术 ·· 108
　4.4　动态定位技术在智能建造领域的应用案例 ·· 111
　　　4.4.1　施工阶段 ·· 111
　　　4.4.2　安全运维 ·· 115
　复习思考题 ·· 119
　参考文献 ·· 120

第5章　物联网技术在智能建造领域的应用 ·· 121

　5.1　物联网概念及发展简史 ·· 121
　5.2　物联网技术发展趋势 ·· 121
　5.3　物联网关键技术 ·· 123
　　　5.3.1　物联网传感器 ··· 124
　　　5.3.2　物联网微控制单元 ··· 127
　　　5.3.3　物联网传输手段 ··· 128
　　　5.3.4　云计算技术 ··· 133
　　　5.3.5　边缘计算技术 ··· 134
　5.4　物联网技术在智能建造领域的应用案例 ··· 135
　　　5.4.1　结构健康监测 ··· 135
　　　5.4.2　智慧建筑 ·· 138
　　　5.4.3　智慧工地 ·· 141
　　　5.4.4　智慧交通 ·· 142
　复习思考题 ·· 144
　参考文献 ·· 144

第6章　人工智能在智能建造领域的应用 ·· 146

　6.1　人工智能概述 ·· 146
　　　6.1.1　人工智能的定义 ··· 146
　　　6.1.2　人工智能技术发展历史和现状 ·· 146
　　　6.1.3　人工智能技术在智能建造领域的应用和价值 ··································· 148
　6.2　智能优化算法 ·· 152
　　　6.2.1　智能优化算法概述 ··· 152

  6.2.2 遗传算法 ··· 153
  6.2.3 粒子群算法 ··· 154
  6.2.4 模拟退火算法 ·· 156
  6.2.5 差分进化算法 ·· 158
 6.3 机器学习 ··· 159
  6.3.1 机器学习概述 ·· 159
  6.3.2 线性回归 ··· 160
  6.3.3 对数几率回归 ·· 161
  6.3.4 决策树 ·· 163
  6.3.5 人工神经网络 ·· 164
  6.3.6 支持向量机 ··· 167
  6.3.7 随机森林 ··· 168
  6.3.8 贝叶斯分类器 ·· 169
 6.4 深度学习 ··· 171
  6.4.1 深度学习概述 ·· 171
  6.4.2 前馈神经网络 ·· 172
  6.4.3 卷积神经网络 ·· 173
  6.4.4 循环神经网络 ·· 174
 6.5 人工智能在智能建造领域的应用 ·· 175
  6.5.1 基于郊狼优化算法的桁架结构尺寸优化设计 ······················· 175
  6.5.2 基于深度学习的有限高清样本和复杂干扰背景下的工程结构表面
     裂缝自动化识别技术 ·· 179
  6.5.3 基于蚁狮算法的建筑结构参数识别方法 ······························ 184
  6.5.4 融合深度学习模型和经典统计分析模型的结构损伤识别方法 ······ 187
 复习思考题 ·· 193
 参考文献 ·· 193

第 7 章　建筑机器人在智能建造领域的应用 ·· 195

 7.1 建筑机器人概述 ··· 195
  7.1.1 建筑机器人概念 ·· 195
  7.1.2 建筑机器人系统组成 ··· 195
  7.1.3 建筑机器人应用场景 ··· 197
  7.1.4 建筑机器人发展阶段与趋势 ··· 200
 7.2 建筑机器人基础技术 ··· 202
  7.2.1 建筑机器人硬件技术 ··· 202
  7.2.2 建筑机器人软件技术 ··· 203
  7.2.3 建筑机器人施工管理体系 ·· 207
 7.3 建筑机器人整机技术 ··· 208
  7.3.1 主体结构施工类机器人 ··· 208

7.3.2 装修施工类机器人	211
7.3.3 辅助施工类机器人	215
复习思考题	216
参考文献	217

第8章 智能建造工程应用案例分析 ... 219

- 8.1 高层建筑结构智能建造 ... 219
  - 8.1.1 工程概况 ... 219
  - 8.1.2 BIM应用技术路线 ... 219
  - 8.1.3 技术管理 ... 221
  - 8.1.4 现场管理 ... 230
  - 8.1.5 商务管理 ... 238
  - 8.1.6 运维管理 ... 240
- 8.2 装配式建筑智能建造 ... 246
  - 8.2.1 工程概况 ... 246
  - 8.2.2 BIM应用技术路线 ... 246
  - 8.2.3 智能生产 ... 246
  - 8.2.4 智慧工地 ... 249
  - 8.2.5 标准化设计 ... 250
  - 8.2.6 数字交付 ... 250
- 8.3 大跨度空间结构智能建造 ... 250
  - 8.3.1 工程概况 ... 250
  - 8.3.2 BIM应用技术路线 ... 250
  - 8.3.3 设计管理 ... 251
  - 8.3.4 智能施工 ... 256
  - 8.3.5 运维交付 ... 265
- 8.4 建筑机器人智能建造 ... 265
  - 8.4.1 建筑机器人施工组织 ... 265
  - 8.4.2 建筑机器人施工应用 ... 266
- 复习思考题 ... 268
- 参考文献 ... 269

第1章 绪论

1.1 中国建筑行业发展现状

建筑行业指国民经济中从事建筑安装工程的勘察、设计、施工以及对既有建筑物进行维修活动的物质生产部门,其产品主要包括房屋、桥梁、隧道、公路、铁路、机场、港口、给水排水及防护工程等。建筑行业是我国国民经济的支柱产业,对国家经济发展和人民生活水平的改善起着重要的推动作用。

1.1.1 我国建筑行业发展态势

近几十年,建筑行业快速发展,建造能力不断增强,产业规模不断扩大,带动了大量关联产业,对经济社会发展、城乡建设和民生改善做出了重要贡献。建筑行业在发展过程中逐渐形成如下态势。

1)总产值持续增长,但增速逐渐放缓

改革开放以来,随着城市化进程的推进、基础设施投资力度的加大、商品房及保障性住房建设政策的实施,建筑行业一直保持快速稳定的发展。过去十年,我国建筑增加值长期维持在7.0%左右,建筑行业总产值占国内生产总值稳定在25%左右,如图1.1所示。

2)从业人员规模庞大,但趋于老龄化

建筑行业一直为我国劳动力提供了大量的就业岗位,缓解了人口数量带来的就业压力。图1.2所示为我国建筑行业的从业人员数量及从业人员增长率。在经过21世纪最初十几年的迅猛发展后,我国建筑行业就业人口数量已逐渐趋于饱和状态。同时,建筑行业一线作业人员的老龄化问题日益凸显,据重庆市建筑行业协会发布的培训动态统计显示,2007年建筑行业一线作业人员平均年龄为33.2岁,2017年则为43.1岁,10年间平均年龄增加了近10岁。从年龄段看,20岁以下和60岁以上的一线作业人员共占总数的5%,20~30岁的占14%,30~40岁的占21%,40~50岁的占40%,50~60岁的占20%,具体统计结果如图1.3所示。

3)企业数量和劳动生产率创新高,海外市场竞争力持续增强

中国建筑行业协会发布的《2021年建筑业发展统计分析》显示,截至2021年年底,全国共有建筑行业企业128746家,比2020年度增加12030个,增速约为10.3%,其中国有及国

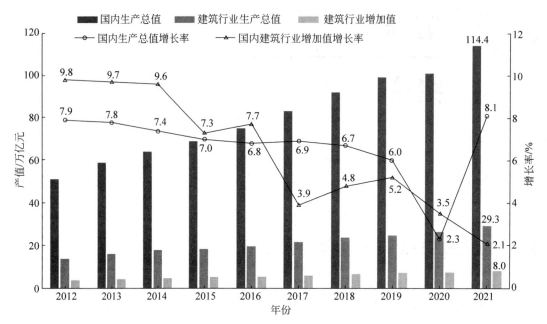

图 1.1　2012—2021 年国内生产总值、建筑行业生产总值、建筑行业增加值及增长率

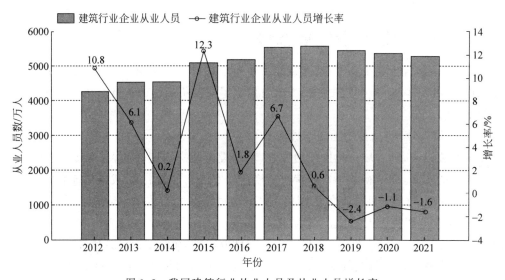

图 1.2　我国建筑行业从业人员及从业人员增长率

有控股建筑行业企业 7826 个,比 2020 年增加 636 个,占建筑行业企业总数的 6.08%,图 1.4 所示为 2012—2021 年我国建筑行业企业数量及增速,图 1.5 为我国 2012—2021 年按建筑行业总产值计算的建筑行业劳动生产率及增速。另外,按建筑行业总产值计算的劳动生产率屡创新高,达到 473191 元/人。在海外市场经营方面,美国《工程新闻纪录》发布的全球最大 250 家国际承包商中,我国内地共有 78 家企业入选,入选企业海外市场营收占国际承包商海外市场营收总额的 25.6%。

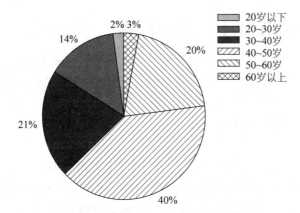

图1.3 我国建筑行业从业人员年龄结构分布

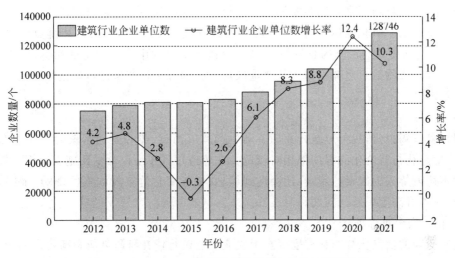

图1.4 2012—2021年我国建筑行业企业数量及增长率

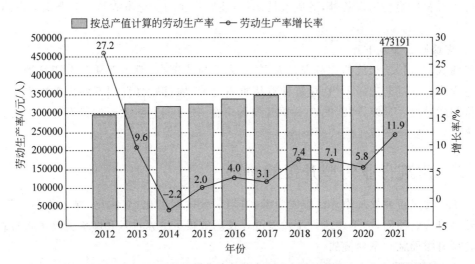

图1.5 2012—2021年按建筑行业总产值计算的建筑行业劳动生产率及增长率

1.1.2 建筑行业发展中面临的问题

建筑行业的飞速发展显著改善了城市面貌和人民的生活水平,但是,建筑行业由于存在管理粗放、资源配置效率低、科技进步贡献率低、产品标准化水平低、机械化信息化智能化程度低等问题,制约着我国成为真正的建造强国。目前,建筑行业的低质量粗放型发展模式使得其在发展过程中面临如下一系列问题。

1) 资源浪费大

建筑行业每年需要消耗大量的材料、能源、水等不可再生资源,资源浪费现象严重。据不完全统计,我国建筑行业每年消耗的水泥约 12 亿 t、石灰石约 6 亿 t、混凝土约 15.5 亿 m^3、钢材约 2.15 亿 t;消耗的水资源约 840 亿 m^3、耕地资源约 95 万亩(1 亩≈666.67m^2)。

2) 环境污染重

建筑行业的环境污染问题主要体现在建材生产过程和施工建造过程。我国每年建材生产过程中排放的二氧化碳达 14 亿 t,约占全国碳排放的 13.6%,污染气体排放约占全国总量的 40%,污水排放约占全国总量的 20%。建造施工过程中产生大量的噪声、粉尘、废水、建筑垃圾等污染物对自然环境造成了严重破坏。我国每年新产生建筑垃圾约 4 亿 t,占城市垃圾总量的 30%~40%。

3) 建造效率低

根据麦肯锡报告,我国建筑行业的劳动生产率仅为英、美等发达国家的 2/3 左右,建造机械化、信息化与智能化的程度都相对较低。在建造过程中不仅会受到施工组织不周密、资源调度不协调等人为因素的影响,还会受到场地、气候变化等突发因素的影响,最终导致工期延误、成本升高等一系列问题。

4) 施工安全难保证

建筑行业的信息化智能化程度仅高于农业。建筑行业在科研创新和新技术的投入不到总收入的 1%,导致建筑行业科技含量低,全产业链过程中以人力作业为主,工作强度大,尤其在施工过程中容易出现意外,造成人员伤亡,建筑行业的安全事故是社会严重关切的一个问题。

5) 建筑质量参差不齐

目前我国以传统粗放的建造方式为主,人为参与比例高,劳动者缺乏专业培训,另外在施工过程中存在工艺选用不当、建筑材料品质不过关、项目监督管理不到位等因素,使得建筑质量问题频发。据统计,2020 年我国建筑因寿命、质量问题接收到的投诉有 3.1 万余件,给人民的财产安全造成了极大的影响。

1.1.3 建筑行业转型升级的挑战

传统的建筑行业发展模式已难以为继,迫切需要向精细化、集约化、绿色化和智能化的模式转型升级。然而,由于建筑行业发展过程长期依赖于要素投入和廉价劳动力密集投入,导致转型升级面临一系列挑战。

1) 劳动力短缺

随着我国人口老龄化与人口自然增长率的降低,劳动力数量显著减少;城镇化进程同时也减缓了农民工劳动力的供给。近些年,科技的进步催生了互联网、人工智能等新兴产业的蓬勃发展,这些产业吸引了大批年轻群体就业,越来越多受教育的青年不再愿意从事一些传统的体力劳动,劳动力短缺导致建筑行业的劳动力成本显著上升。据统计,当前我国建筑工程项目成本的25%来自人员管理成本(图1.6)。随着人口结构的变化,我国劳动力成本势必将严重影响建筑行业的利润率,给建筑行业的发展带来更加强烈的冲击。

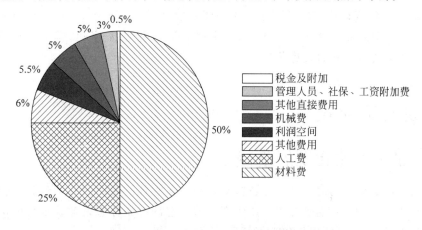

图1.6 我国建筑工程项目成本占比

2) 信息化滞后

图1.7展示了工程项目全生命周期信息流动状态,建筑结构不管是前期的设计阶段,中期的施工阶段,还是后期的运维阶段,均存在各个工程环节主体脱节不连贯的问题,造成建筑工程项目每一个环节形成的数据和信息难以跟随项目推进而流动,形成了一系列信息孤岛。另外,建筑产品的唯一性、建造资源的流动性、施工过程的离散性和不确定性、施工环境的恶劣性等也导致建造过程的信息化难度显著增加。尽管当前建筑行业正在推进信息化发展,但进展相对其他行业十分缓慢。

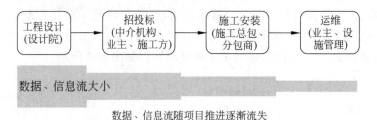

图1.7 工程项目全生命周期信息流动状态

3) 竞争力不足

核心竞争力不足一直是制约我国建筑行业产生突破性进展的一道难题,主要表现在以下几个方面:①科技成果转化能力不强,我国建筑行业存在科技、经济"两张皮"现象,行业科技成果转化为现实生产力的能力不足,不足以与发达国家水平相比。此外,科技成果转化的激励机制尚不完善,科技成果持有者的主动转化意识不强、动力不足。②海外业务综合风险管控能力不足,目前我国建筑行业融资风险管控能力有所增强,但在资本市场特别是国际资本市场中的商业融资经验及能力相对欠缺,对国家政策性金融支持的依赖度较高。③全产业链资源整合与综合集成能力处于初步阶段,我国建筑企业和国际知名承包商相比,在产业链中的装备制造与工程建设等环节表现出较强竞争力,但在海外融资、投资开发、运营管理等环节具有明显劣势,且欠缺大型工程项目的全产业价值链整合与集成能力。

为了解决建筑行业当前面临的种种挑战,传统建筑行业需要实现从数量向质量的转变、从粗放式经营向精细化管理的转变、从经济效益优先向绿色发展的转变、从要素驱动向创新驱动的转变,使得建筑行业的传统建造技术与建筑信息模型(building information modeling,BIM)、5G、人工智能、物联网等新技术结合,实现建筑工业化、数字化、智能化转型升级,推进智能化建造是建筑行业的大势所趋。

1.2 建筑工业化

1.2.1 建筑工业化发展路径

建筑工业化是指现代化的制造、运输、安装和科学管理的生产方式,它用来代替传统建筑行业中分散、低水平、低效率的手工业生产方式。它的主要标志是建筑设计标准化、构配件生产工厂化、施工过程机械化和组织管理科学化。

我国的建筑工业化发展探索可以追溯到20世纪50年代,在我国发展国民经济的第一个五年计划中就提出了推行标准化、工厂化、机械化的预制构件和装配式建筑。然而从80年代末开始,由于唐山大地震中预制板砖混结构房屋和预制装配式单层工业厂房等建筑破坏严重,使得人们对于装配式体系的抗震性能产生了担忧。因此从80年代末开始,现浇结构体系得到了广泛的应用。最近十来年,由于新生代农民工不再青睐劳动条件恶劣、劳动强度大的建筑施工行业,同时现浇方式的施工现场存在水资源浪费、噪声污染、建筑垃圾产生量大等诸多问题,使得传统的现浇施工方式是否符合我国建筑行业的发展再次受到业内的审视。

进入21世纪之后,我国建筑工业化进入一个重新的审视和发展时期,而且随着云计算、大数据、物联网、人工智能等新一代信息技术的涌现,新型建筑工业化逐渐形成以"绿色化"为发展目标,以"智能化"为技术手段,以"工业化"为生产方式,形成绿色化、智能化、工业化三化融合的发展模式。21世纪的建筑工业化发展历程如图1.8所示。

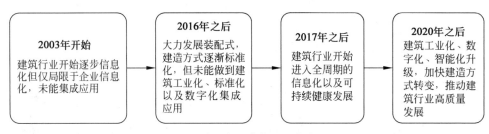

图1.8 21世纪我国建筑工业化发展历程

1) 建筑行业信息化探索

2003年11月15日,住房和城乡建设部发布了《2003—2008年全国建筑业信息化发展规划纲要》,明确提出运用信息技术全面提升建筑行业管理水平和核心竞争能力,实现建筑行业跨越式发展;提高建设行政主管部门的管理、决策和服务水平;促进建筑行业软件产业化;跟踪国际先进水平,加快与国际先进技术接轨的步伐,形成一批具有国际水平的现代建筑企业。

2011年5月10日,住房和城乡建设部发布了《2011—2015年建筑业信息化发展纲要》,指出"十二五"期间,基本实现建筑企业信息系统的普及应用,加快BIM、基于网络的协同工作等新技术在工程中的应用,推动信息化标准建设,促进具有自主知识产权软件的产业化,形成一批信息技术应用达到国际先进水平的建筑企业。我国建筑行业的发展致力于局部的企业信息化。

2) 大力发展装配式,全面推动建筑工业化

2016年9月30日,国务院办公厅印发的《国务院办公厅关于大力发展装配式建筑的指导意见》中指明我国建筑行业要推动建造方式创新,大力发展装配式混凝土建筑和钢结构建筑,在具备条件的地方倡导发展现代木结构建筑,不断提高装配式建筑在新建建筑中的比例。坚持标准化设计、工厂化生产、装配化施工、一体化装修、信息化管理、智能化应用,提高技术水平和工程质量,促进建筑产业转型升级。至此我国开始大力发展装配式,明确了建筑行业的发展方向逐步转向工业化,并初步提出建筑行业智能化的概念。但是智能化仅着重于应用软件,未能发展全面智能化。同年在《2016—2020年建筑业信息化发展纲要》中提出大力推动BIM等信息技术的发展,明确建筑行业全阶段与全周期的信息化,集成多种信息技术进行综合应用。

3) 推动建筑行业可持续发展,建筑工业化发展与信息的集成应用

2017年2月24日,国务院办公厅印发的《国务院办公厅关于促进建筑业持续健康发展的意见》中提出推进建筑产业现代化的目标,提出推广智能和装配式建筑,在新建建筑和既有建筑改造中推广普及智能化应用,完善智能化系统运行维护机制,实现建筑舒适安全、节能高效;提升建筑设计水平,建筑设计应体现地域特征、民族特点和时代风貌,突出建筑使用功能及节能、节水、节地、节材和环保等要求,提供功能适用、经济合理、安全可靠、技术先进、环境协调的建筑设计产品;加强技术研发应用,加快先进建造设备、智能设备的研发、制造和推广应用,提升各类施工机具的性能和效率,提高机械化施工程度;加快推进建筑信息模型技术在规划、勘察、设计、施工和运维全过程的集成应用,实现工程建设项目全生命周期数据共享和信息化管理,为项目方案优化和科学决策提供依据,促进建筑行业提质增效。自此,我国建筑行业开始进入全周期的信息化以及可持续健康发展。

4) 建筑工业化与智能建造协同发展

2020年,住房和城乡建设部等9部门印发了《住房和城乡建设部等部门关于加快新型建筑工业化发展的若干意见》以及《住房和城乡建设部等部门关于推动智能建造与建筑工业化协同发展的指导意见》,明确了我国建筑行业工业化发展路径,新型建筑工业化是通过新一代信息技术驱动,以工程全生命周期系统化集成设计、精益化生产施工为主要手段,整合工程全产业链、价值链和创新链,实现工程建设高效益、高质量、低消耗、低排放的建筑工业化。同时提出我国建筑行业下一步奋战目标——建筑行业智能化,开始推进我国建筑工业化、数字化、智能化升级,加快建造方式转变,推动建筑行业高质量发展。我国建筑行业智能化也就此拉开序幕。

1.2.2 建筑工业化发展模式

2020年8月,住房和城乡建设部等9部门联合印发的《住房和城乡建设部等部门关于

加快新型建筑工业化发展的若干意见》中指出我国建筑工业化的主要途径：①加强系统化集成设计和标准化设计，推动全产业链协同；②优化构件和部品部件生产，推广应用绿色建材；③大力发展钢结构建筑，推广装配式混凝土建筑，推进建筑全装修，推广精益化施工建造；④加快信息技术融合发展，大力推广BIM技术、大数据技术和物联网技术，发展智能建造；⑤创新组织管理模式，大力推行工程总承包模式，发展全过程工程咨询，建立使用者监督机制；⑥强化科技支撑，培育科技创新基地，加大科技研发力度；⑦加快专业人才培育，培养专业技术管理人才和技能型产业工人；⑧开展新型建筑工业化项目评价；⑨加大政策扶持力度，强化项目落地，加大金融、环保、科技推广、评奖评优等方面政策支持。

为实现我国建筑工业化及智能化的转型，黄光球等提出了基于智能建造的"设计—生产—施工—运维"一体化的智能工业化发展模式，简称DCCO模式。在DCCO模式中，基于物联网、大数据、BIM等先进的信息技术，通过规范化建模、可视化认知、高性能计算，实现数字驱动下的规划设计、生产运输、建造施工和运维服务，通过生产要素的系统集成及优化配置，形成涵盖科研设计、生产加工、施工装配、运维等全产业链融合一体的建造产业体系和有序的流水式作业，实现全产业链数据集成(图1.9)。

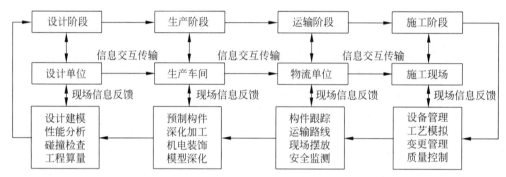

图1.9 DCCO建筑工业化发展模式

1.3 智能建造定义

1.3.1 智能建造发展历程

互联网、物联网、大数据、云计算、边缘计算、人工智能等新一代信息技术的飞速发展推动着各个行业的变革和创新。传统的工程建造领域在与新一代信息技术的融合过程中，逐渐催生了一种新型的工程建造模式，即智能建造，其以工程全生命周期系统化集成设计、精益化施工、智能化运维管理为载体，以BIM/CIM技术、物联网、大数据、云计算、3D打印等新一代信息技术为动力，整合工程全产业链、价值链和创新链，实现工程建设的工业化、智能化、绿色化的三化融合，将建筑行业提升至现代工业级的精益化水平。

在全球建筑领域具有领先地位的国家早早就开始布局智能建造。美国在2007年就规定所有重要工程项目都要使用BIM技术，通过使用信息技术实现低碳绿色发展；2017年又发布了重点关注建造过程的《美国基础设施重建战略规划》。新加坡也出台了相关政策在建筑企业中推广BIM应用，提升建筑行业信息化水平。英国推出了《英国建造2025》战略，提出降成本、提效率、减排放、增出口的发展目标；2019年的调查显示英国建筑行业应用最广的新技术有云计算、VR/AR/MR、无人机、3D打印、大数据分析、人工智能、机器人等。日本制定了"i-Construction"战略，为建筑企业和建筑行业制定了发展目标，着力提升建筑产品的品质、安全和效益。德国在工业4.0的背景下也大力推进建筑行业数字化升级，在建筑领域促进工业化与信息化的深度融合。

我国的智能建造起步较晚，从2012年开始，将物联网引入建筑行业，以实现建筑物与部品构件、人与物、物与物之间的信息交互；在2013年，将智能制造首次列入国家重点扶持领域，加快3D打印软件平台的研发工作；在2018年，首次将智能建造纳入我国普通高等学校本科专业，适应以"信息化"和"智能化"为特色的新工科专业。2020年7月3日住房和城乡建设部等13部门联合印发了《住房和城乡建设部等部门关于推动智能建造与建筑工业化协同发展的指导意见》，提出到2035年"中国建造"核心竞争力世界领先，建筑工业化全面实现，迈入智能建造世界强国行列。这个文件为我国的智能化建造研究、应用指明了方向，土木建筑行业要实现高质量发展必然要向工业化、数字化和智能化的方向转型，借助于BIM、物联网、5G、大数据、云计算、人工智能、建筑机器人、3D打印等技术为建筑行业赋能，通过人机交互、感知、决策、执行和反馈，尽可能地解放人力，从体力替代逐步发展到脑力增强，从而提高工程建造的生产力和效率，提升了人的创造力和科学决策能力。近些年，我国建筑行业对智能建造、大数据等技术的相关政策梳理如表1.1所示。

表1.1 建筑工业化和智能建造相关政策性文件

时间	政策	部门	内容
2011年	《2011—2015年建筑业信息化发展纲要》	住房和城乡建设部	基本实现建筑企业信息系统的普及应用；形成一批信息技术应用达到国际先进水平的建筑企业
2011年	《物联网"十二五"发展规划》	工业和信息化部	到2015年中国要在物联网核心技术研发与产业化、关键标准研究与制定中初步形成创新驱动、应用牵引、协同发展、安全可控的发展格局
2012年	《中国云科技发展"十二五"专项规划》	科技部	是我国政府层面云计算首个专项规划，详细规划了"十二五"期间云计算的发展目标、任务和保障措施
2015年	《促进大数据发展行动纲要》	国务院	大数据爆发，加快大数据部署，深化大数据应用
2016年8月	《2016—2020年建筑业信息化发展纲要》	住房和城乡建设部	明确建筑行业全阶段与全周期的信息化，集成多种信息技术进行综合应用
2016年8月	《"十三五"国家科技创新规划》	国务院办公厅	发展高性能计算、云计算、人工智能、宽带通信和新型网络、物联网、虚拟现实和增强现实、智慧城市等新一代信息技术
2016年9月	《国务院办公厅关于大力发展装配式建筑的指导意见》	国务院办公厅	推动我国建筑行业转型升级，实现新型工业化

续表

时间	政策	部门	内容
2017年2月	《国务院办公厅关于促进建筑业持续健康发展的意见》	国务院办公厅	研发制造和推广智能建造设备；BIM技术全过程集成应用；项目全生命周期的数据共享和信息化管理，大力发展装配式混凝土和钢结构建筑
2020年7月	《住房和城乡建设部等部门关于推动智能建造与建筑工业化协同发展的指导意见》	住房和城乡建设部等13部门	从7个方面提出了工作任务。提出到2025年和2035年的发展目标
2020年8月	《住房和城乡建设部等部门关于加快新型建筑工业化发展的若干意见》	住房和城乡建设部等9部门	其中第十六条至第十九条分别与BIM、大数据、物联网、智能建造技术相关
2020年12月	《住房和城乡建设部办公厅关于开展绿色建造试点工作的函》	住房和城乡建设部办公厅	推动信息技术集成应用和BIM技术在试点项目各阶段的集成应用；推动智慧工地建设和智能设备应用；引导土木建筑工程产业互联网的建立
2021年2月	《住房和城乡建设部办公厅关于同意开展智能建造试点的函》	住房和城乡建设部办公厅	同意四地7个项目列为住房和城乡建设部智能建造试点项目
2021年3月	《住房和城乡建设部办公厅关于印发绿色建造技术导则(试行)的通知》	住房和城乡建设部办公厅	推行精益化的生产和施工，有效采用BIM等相关技术，整体提升建造手段信息化水平

1.3.2 智能建造的概念与内涵

近几年，智能建造成为建筑行业的高频词汇，仅住房和城乡建设部印发的《"十四五"建筑业发展规划》中"智能化"一词出现频次达30次之多。但是，整体上智能建造在我国还处于摸索发展阶段，相关理论和技术体系尚不完善，学术界和工业界对于智能建造尚未形成统一的定义。智能建造是指在建造过程中充分利用智能技术和相关技术，通过应用智能化系统，提高建造过程的智能化水平，减少对人的依赖，达到安全建造的目的，提高建筑的性价比和可靠性。智能建造是为了适应以"信息化"和"智能化"为特征的建筑行业转型升级国家战略需求而发展起来的。

中国工程院院士、华中科技大学丁烈云教授认为，智能建造是新一代信息技术与工程建造融合形成的工程建造创新模式，即利用以"三化"(数字化、网络化、智能化)和"三算"(算据、算力、算法)为特征的新一代信息技术，在实现工程建造要素资源数字化的基础上，通过规范化建模、网络化交互、可视化认知、高性能计算及智能化决策支持，实现数字链驱动下的工程立项策划、规划设计、施(加)工生产、运维服务一体化集成与高效率协同，不断拓展工程建造价值链、改造产业结构形态，向用户交付以人为本、绿色可持续的智能化工程产品与服务。智能建造的核心是发展面向全产业链一体化的工程软件、面向智能工地的工程物联网、面向人机共融的智能化工程机械、面向智能决策的工程大数据,支持工程建造全过程、全要素、全参与方协同。

国家最高科技奖获得者、中国工程院钱七虎院士对智能建造提出了三点要求:①建立全面的透彻感知系统。在实际工程中,很多情况无法仅通过表观监测摸清情况,此时需要通过传感器等信息化设备去全面感知。②通过物联网、互联网的全面互联实现感知信息(数据)的高速和实时传输。将感知到的情况传输出去,进行实时分析,及时做出反馈与调整。③打造智慧平台,技术人员要通过这个平台对海量数据进行综合分析、处理、模拟,得出决策,从而及时发布安全预警和处理对策预案。

中国建筑股份有限公司首席专家、中国建筑业协会绿色建造与智能建筑分会会长、中国工程院肖绪文院士认为,智能建造是面向工程产品全生命周期,实现泛在感知条件下建造生产水平提升和现场作业赋能的高级阶段;是工程立项策划、设计和施工技术与管理的信息感知、传输、积累和系统化过程,是构建基于互联网的工程项目信息化管控平台,在既定的时空范围内通过功能互补的机器人完成各种工艺操作,实现人工智能与建造要求深度融合的一种建造方式。智能建造的核心包括三个方面:①构建工程建造信息模型(engineering information modeling,EIM)管控平台,EIM 管控平台是针对工程项目建造的全过程、全参与方和全要素的系统化管控而开发的建造过程多源信息自动化管控系统;②数字化协同设计,利用现代化信息技术对工程项目的工程立项、设计与施工的策划阶段,进行全专业、全过程、全系统协同策划;③机器人施工,在 EIM 管控平台和建筑信息模型技术的驱动下,机器人代替人完成工程量大、重复作业多、危险环境、繁重体力消耗等情况下的施工作业。

清华大学土木工程系马智亮教授认为,智能建造是将智能及相关技术充分利用于建造过程中,以实现少人、经济、安全、优质的建造过程为目的,以智能及相关技术为手段,以智能化系统为表现形式的新型建造模式。智能建造应具有灵敏感知、高速传递、精准识别、快速分析、优化决策、自动控制和替代作业的特征。

北京工业大学刘占省教授认为,智能建造技术覆盖建筑工程的设计、施工、运维等建筑物全生命周期的各个阶段,是以土木工程建造技术为基础,以现代信息技术和智能技术为支撑,以项目管理理论为指导,以智能化管理信息系统为表现形式,通过构建现实世界与虚拟世界的孪生模型和双向映射,对建造过程和建筑物进行感知、分析、控制,实现建造过程的精细化、高品质、高效率的一种土木工程建设模式。智能建造技术涉及建筑工程的全生命周期,主要包括智能规划与设计、智能装备与施工、智能设施与防灾、智能运维与服务四个模块。

青岛理工大学刘文锋教授认为,智能建造是指在建造过程中充分利用信息技术、集成技术和智能技术,构建人机交互建造系统,提升产品的品质,实现安全绿色、精益优效的建造方式,即智能建造是以提升建造产品,实现建造行为安全健康、节能降污、提质增效、绿色发展为理念,以 BIM 技术为核心,将物联网、大数据、人工智能、智能设备、可信计算、云边端协同、移动互联网等新一代信息技术与勘察、规划、设计、施工、运维、管理服务等建筑工程全生命周期建造活动的各个环节相互融合,实现具有信息深度感知、自主采集与迭代、知识积累与辅助决策、工厂化加工、人机交互、精益管控的建造模式。

1.3.3 智能建造的特征

智能建造是指在建筑工程全生命周期的勘察、设计、建造、运维各个环节,将基于 BIM/

CIM 的信息集成系统和物联网的泛在感知系统形成的数字化、网络化建造过程信息，通过 5G、互联网等信息传输技术传输到工程项目管理端，利用人工智能、云计算等数据分析手段融合现代化的工程管理理论和现实世界物理知识，实现对建筑机器人、3D 打印机等生产维护设备的人机交互、智能决策和反馈控制，完成建设工程项目全生命周期自动化、数字化、智能化、绿色化的新型建造模式。

中国华能集团有限公司教授级高工樊启祥和清华大学林鹏教授等，对智能建造的主要特征总结如下。

1）数据驱动

数据驱动是智能建造的核心要素。智能建造的本质是对建造物和建造活动的资源投入、工艺过程、业务流程、结构性态、工程进度、实物成本等信息进行全面感知，采集建造物和建造活动的结构化或非结构化的位置和动作等不同属性的特征数据，建立相应的数据标准库、案例库、规则库和判读库，通过混合策略或者算法自动搜索可供分析和深度学习的特征数据，达到用数据驱动建造工艺过程和业务流程的智能控制。

2）在线连接

连接是智能建造的基础。依托传感和无线移动网络通信技术，把建造物、建造活动和管理控制的设备、人和服务相互连接起来，并迅速将采集、识别到的信息传递到控制处理中心，同时也可迅速传递智能系统反馈给前端的信息。智能建造中的精准识别是多元多模态数据采集的前提。采用移动端、PC 端互联网以及物联网等通信技术，实现在线网络连接的时空响应精度和速度的程度，决定了智能建造在未来发展和深化的程度。

3）闭环调控

对建造活动、工艺过程或建造设备的灵敏感知、快速分析和反馈控制的闭环调控是智能建造的另一个特征。灵敏感知是指通过智能传感器技术，灵敏地感知建造环境的变化，如温度、浓度、轨迹以及压力等；快速分析是指通过深度学习、人工智能、大数据分析等智能技术，对多模态、海量和实时接收到的信息进行快速分析，给出有助于决策的结果；反馈控制是指通过自动控制技术等，根据感知到的环境条件和过程数据，运用优化决策，自动控制生产过程，控制的目标可以是人或者机器和设备。

4）持续优化

通过云计算、模糊处理、优化函数分析技术或人工智能技术，针对建造过程中的决策环节，给出自主优化决策方案及其依据，从而辅助决策人员实现建造过程的最大效能。持续优化除对智能建造系统提出建议外，也对建造的过程提出适应纠错。通过扁平化的管理，提出敏捷的预警预控。让每一个项目或者全过程的建造活动既能闭环调控，又能在持续优化中发展，使建造活动更高效、更智能。

5）认知反应

一个真正完整的智能建造过程或者系统具有对信息、控制行为的思考认知过程，从而提高判断学习能力、自适应功能、判断决策能力、容错能力、自组织能力和对复杂问题进行有效处理的全局控制能力。智能建造中涉及的认知反应其实是在全面感知、识别比对的基础上，对建造活动和建造对象的关键资源和管理要素具有思考、认识与调整的能力，使参与建造的智能系统或智能体（智能装备）具有对应人类思维及心理的性能，它可以使建造过程中的人了解智能体的能力及心理，使两者之间的交互更加有效和便捷，最终使得建造智能系统或智能体更好地理解和服务于人类的建造活动。

6）协作共享

智能建造通过工程建造各方在智能建造管理平台上的跨地域协同实时工作,依靠数据流动、在线连接、闭环调控和持续优化的认知过程,去掉传统建造过程中不必要的环节或者资源,使工程现场建设者、物资设备供应商和技术咨询服务提供商消除地域时空限制,直接真实地融入建造活动。智能建造技术与管理创新体现了施工全过程的全面精细化控制,构建了新的协作共享生产关系,让生产资料流动更高效,从而提升价值创造能力,促进生产力的提高。

1.4 智能建造的理论与技术体系

1.4.1 智能建造的闭环控制理论

智能建造是针对建筑工程的全生命周期(规划、勘察设计、建造、运维)和建造全要素(人、机、料、法、环)实现数字化全面感知、信息化传输、真实化分析、智能化决策和精细化控制的建造过程。智能建造相比于传统建造的优势在于其智能化的组织形式,以建筑机器人为核心工具,以物联网为感知基础,以人工智能和现代化项目管理理论以及现实世界物理知识相结合进行决策优化,通过融合实际建造的信息动态调整,形成实时反馈、决策优化与精准控制的智能体系,克服了传统建造过程中存在的生产方式粗放、劳动生产率不高、资源消耗大等突出问题。中国工程院重点咨询研究项目《中国建造2035战略研究》中明确了我国工程建造要由机械化到数字化再到智能化的转型发展阶段目标,进而建立我国工程建造智能化系统框架,如图1.10所示。

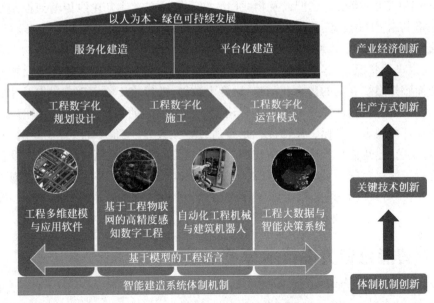

图1.10 我国工程建造智能化框架

智能建造的闭环控制理论是指在建造过程中对涉及的人、机、物、料各大要素以及环境因素实现"全面感知、实时传输、准确分析、智能决策、反馈优化"的闭环控制(图1.11)。

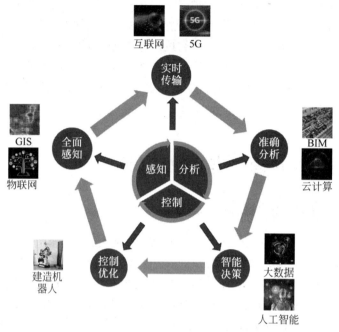

图1.11 智能建造通用闭环控制

全面感知是指采用物联网等泛在感知系统对建筑工程的全生命周期各环节涉及的建造物、智能装备以及与环境之间相互作用的环境、状态、要素特征数据进行全面系统的感知。实时传输是指基于移动互联网、5G技术等高传输速率、低延时、高可靠、海量链接的信息传输技术将BIM/CIM等信息模型以及物联网感知系统的实时信息在线传输到控制端。准确分析则是指利用BIM模型、物联网、智能定位等感知系统获取的数字化信息传输到分析节点,基于云计算、大数据、边缘计算以及人工智能算法等对数字化信息,开展结构真实工作性态、工程建设进展状况、工程建设装备造作状况等进行准确分析、预测和优化。智能决策是指针对全面感知系统获取的数字化信息,融合大数据、现代化工程管理理论以及相关物理知识,采用人工智能算法、最优化理论对工程建造全生命周期的各环节做出科学智能的决策,确保实现设计所预定的目标。反馈优化是指通过智能设备、智能软件、智能终端等,对建造过程、建造工艺、建造流程等进行反馈控制,主要包括通过自动控制技术对施工设备和建筑机械等进行智能化控制,通过相关人员对施工工艺和施工方法等进行控制,以及对参与人员的行为指导控制,最终达到对整个施工过程的全面控制,使系统本身不断优化,效率不断提高。

1.4.2 智能建造关键技术体系

智能建造是一种有别于传统建造的新理念,它以项目信息门户为共享平台,以建造技术、人工智能和数据技术为手段,面向项目全生命周期,构建项目建设和运营的智能化环境,通过技术集成、信息集成和管理创新,对项目建设全过程实施有效管理。正如工业制造的发展经历了机械化、电气化、自动化、智能化和智慧化五个阶段一样,智能建造的技术体系发展也分为三个阶段(图 1.12)。

1) 建造过程工业化

智能建造第一层次的技术体系即实现建造过程工业化的相关技术,建筑结构的品部件实现模块化、标准化。机械设备在建造过程中的极大使用解放了劳动力。机械设备上采用各种高精度的导向、定位、进给、调整、检测、视觉系统或部件等,可以保障标准化品部件生产和安装的高精度。建造过程工业化涉及的关键技术包括标准化设计、3D 打印、建造机器人、定位技术等。

图 1.12 智能建造的技术体系

2) 建造信息数字化

建造信息数字化的思想由来已久,并伴随机械化、工业化和信息技术的进步而不断发展。建造信息数字化是指借助一定的设备将各种信息(包括但不限于图、文、声、像等),转化为电子计算设备能识别的二进制数字,并进行加工、存储、传输、计算和演示的手段。建造信息数字化涉及的关键技术包括 BIM、CIM、物联网等。

3) 建造决策智能化

随着人工智能不断地与各行各业融合渗透,其在一些简单的指令与判断方面可以做得比人更优秀。工程建造的全生命周期内各阶段、各阶层将产生各类数据,这些数据中隐藏着工程建造周期内各环节的一些内在规律。因此,智能建造应该采用人工智能、大数据、云计算技术融合,使得建造过程中的决策思路从"经验驱动"升级为"数据驱动",从而提高生产力、改善行业治理效率;建造过程的决策工具从"统计分析"升级为"智能分析",人工智能和大数据分析相结合,利用决策阶段信息搭建的数据模型,对实际情况进行模拟仿真和预测,从而进行优化决策。

1. 建造过程机械化

1) 标准化设计

建筑标准化的基础工作是制定标准,包括技术标准、经济标准和管理标准。标准化设计是工业化生产的主要特征,标准化设计包含设计元素标准化、设计流程标准化、设计产品标准化。标准化设计是实现智能化设计的前提,只有通过标准化,才能逐步实现产业化、一体化和智能化。标准化是提高产品质量、合理利用资源、节约能源的有效途径,是实现建筑工业化的重要手段和必要条件。标准化的构件和部品部件能够横向打通建筑工程各方主体的信息和数据,减少各方之间基于多变构件和部品进行沟通的不确定性,提高各方之间数据对接的效率。图 1.13 为《中国建筑业信息化发展报告(2021)智能建造应用与发展》提出的通过标准化设计打通建筑工程各方数据的路径模式。

装配式技术则是工业化、标准化技术中的一大主力。装配式建筑是指把传统建造方式中的大量现场作业工作转移到工厂进行,在工厂加工制作好建筑用构件和配件(如楼板、墙板、楼梯、阳台等),运输到建筑施工现场,通过可靠的连接方式在现场装配安装而成的建筑。

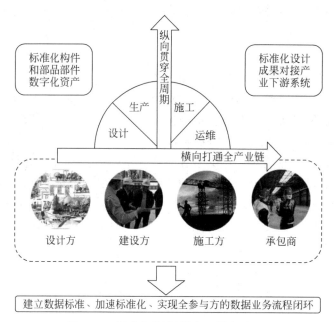

图 1.13　标准化设计"纵向""横向"打通

装配式建筑根据建筑行业的发展要求,制定了预制构件的统一标准,建立了不断完善的施工工艺,对资源配置合理的优化,实现了组织管理的先进性,建立了能够适应我国社会主义市场经济的工业化体系,其主要的特点是设计的标准化、预制构件生产的工厂化、施工安装的专业化、建筑结构的一体化以及管理运维的科学化,即五化合一。装配式建筑可以实现:①标准化量产,质量方面更加可靠;②减少在建设过程中的物料浪费;③减少人力需求,降低施工人员的劳动强度;④加快施工进度。

2) 3D 打印技术

3D 打印技术是一种以数字模型为基础,通过逐层打印的方式来构造物体空间形态的快速成型技术。由于其在制造工艺方面的创新,被认为是"第四次工业革命的重要生产工具"。3D 打印技术融合了计算机辅助设计、材料加工与成型技术,以数字模型文件为基础,通过软件与数控系统将专用的金属材料、非金属材料以及医用生物材料,按照挤压、烧结、熔融、光固化、喷射等方式逐层堆积,制造出实体物品的制造技术。3D 打印技术集成了数字化技术、制造技术、激光技术及新材料技术等多个学科技术,可以直接将计算机辅助设计数字模型快速而精密地制造成三维实体零件,实现真正的自由制造。与传统建筑行业相比,3D 打印技术可采用工业化的生产方式,减少了劳动力的投入,提高了效率,缩短了生产建设周期,同时在建造过程中防止了环境的大面积破坏。

目前,3D 打印建筑技术主要工艺包括:①D-Shape 打印工艺,2010 年,意大利 Enrico Dini 教授发明了世界上第一台以细骨料和胶凝材料为打印材料的数字打印机,名为 D-Shape。这台打印机的底部有数百个喷嘴,可喷射出镁质黏合物,在黏合物上喷撒砂子逐渐铸成人造砂岩,通过一层层的黏合物和砂子的结合,将砂子粘成像岩石一样坚固的固体,并形成特定的形状,最终形成石质建筑物。②建筑轮廓工艺,南加州大学 Behrokh Khoshnevis 教授提出的建筑轮廓打印方法,是一种基于混凝土的自动化施工方法。轮廓工艺有两种打印方法,一种方法是用一个大型龙门机器人完成每一层的打印任务,然后把各层叠加起来构建整个房子，但这种方法需要大量的预备场地和一个大型超级机器人；另一种方法是同时使用多个移动机器人进行协调运作。采用移动机器人方案有几个优点，包括便于运输和安装、并行施工和可扩展设备数量。

3D 打印技术在建筑领域的应用目前可分为两方面：①在建筑设计阶段，主要是制作建筑模型；②在工程施工阶段，主要是利用 3D 打印建造技术建造足尺建筑。

3）建造机器人技术

建造机器人是指将机器人技术与建筑行业的业务场景相结合，研发出适合于建筑行业建造与运营过程中使用的机器人。建筑机器人的核心技术包括新型传感、智能控制和优化、多机协同、人机协作等。通常机器人由三大部分 6 个子系统组成，三大部分为机械部分、传感部分和控制部分，6 个子系统为机械结构系统、驱动系统、感知系统、机器人-环境交互系统、人机交互系统和控制系统。机器人体系结构如图 1.14 所示。

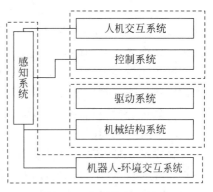

图 1.14 机器人体系结构

建筑行业领域应用的建筑机器人主要包括房屋建筑机器人、土木工程建筑机器人、建筑安装机器人、建筑装饰机器人及其他机器人等，可应用于设计、建造、运维、破拆等建筑工程领域，能有效提高施工效率和施工质量，保障工作人员安全及降低工程建筑成本。机器人在建筑行业的应用主要面临两方面的技术挑战：①应用场景上，建筑机器人是移动的，建筑物则是固定的，而且建筑工地并非可控的场景，现场施工环境复杂。因此对机器人的移动性需要复杂的导航能力，包括在脚手架上和深沟中的移动作业、避障、意外事件控制算法、机器人视觉系统、新的控制系统和处理单元等。环境的复杂多变对建筑机器人提出了更高的挑战。②技术方面，建筑机器人由于施工面复杂多变，对于核心零部件以及核心算法的要求与工业机器人等产品有很大差异。

2. 建造信息数字化

1）BIM 技术

BIM 又称建筑信息模型，是指在建设工程及设施全生命周期内，对其物理和功能特性进行数字化表达，并以此设计、施工、运营的过程和结果的总称。美国 BIM 标准对其定义为："BIM 是设施物理和功能特性的数字表达；BIM 是一个共享的知识资源，是一个分享有关这个设施的信息，为该设施从概念到拆除的全生命周期中的所有决策提供可靠依据的过程；在项目不同阶段，不同利益相关方通过在 BIM 中插入、提取、更新和修改信息，以支持和反映各自职责的协同工作"。

BIM 技术具有全过程可视化、各阶段协调、全周期模拟性、优化性、一体化、数字化、可出图性等特点。BIM 技术可以保证工程勘察设计、施工检测、管理运维等各个阶段的全过程可视化和对工程全生命周期的数字模拟。同时通过运用 BIM 技术可以使得工程在设计、施工、运维等各个工程阶段的不同信息、工作、工种协调运行，大大减小工程建造中由于各方面不协调而导致建造效率变缓的问题，提升建造效率、避免协调失误。相较于传统技术，BIM 技术设计模型等采用的三维设计相较于传统设计更加便捷、有效，且可以提供全周期的设计模型。同时 BIM 技术拥有仿真性，可以对建筑性能等各方面进行仿真分析，这是传统设计技术一大缺陷所在。与此同时，由于 BIM 全周期数字化仿真模拟，BIM 的建筑模型不仅具备了详细的几何信息，同时还包括硬度等非几何信息，为建筑后期运维提供了全面信息。BIM 技术还拥有全过程信息整合、数字化存储、信息共享等几大传统设计很难实现的优点。

2）CIM 技术

城市信息模型（city information modeling，CIM）是以建筑信息模型（BIM）、地理信息系统（geographic information system，GIS）、物联网（internet of things，IoT）等技术为基础，整合城市地上地下、室内室外、历史现状未来多维多尺度信息模型数据和城市感知数据，构建起三维数字空间的城市信息有机综合体。住房和城乡建设部等 13 个部门联合发文《住房和城乡建设部等部门关于推动智能建造与建筑工业化协同发展的指导意见》中明确要求，探索建立表达和管理城市三维空间全要素的城市信息模型（CIM）基础平台，着力解决城市多源信息融合的问题，推动 CIM 在新型智慧城市中的落地。

3）物联网技术

物联网是指通过各种传感器、射频识别技术、全球定位系统、红外感应器、激光扫描器等各种装置与技术，实时采集任何需要监控、连接、互动的物体或过程，采集其声、光、热、电、力学、化学、生物、位置等各种需要的信息，通过各类可能的网络接入，实现物与物、物与人的泛在连接，实现对物品和过程的智能化感知、识别和管理。物联网是一个基于互联网、传统电信网等的信息承载体，它让所有能够被独立寻址的普通物理对象形成互联互通的网络。

物联网相较于互联网，其特点是：①物联网是各种感知技术的广泛应用；②物联网是一种建立在互联网上的泛在网络；③物联网不仅提供了传感器的连接，其本身也具有智能处理的能力，能够对物体实施智能控制。通过物联网技术，使用者可以获取所需目标的实时信息进行实时调整。物联网技术不仅可以更加高效地利用资源，同时可以最大限度地减少人力的使用和时间的浪费，同时可以提高数据的收集性和安全性。

3．建造决策智能化

1）人工智能技术

人工智能是研究、开发用于模拟、延伸和扩展人的智能的理论、方法、技术及应用系统的一门新技术科学。尼尔逊教授对人工智能定义为关于知识的学科——怎样表示知识以及怎样获得知识并使用知识的科学。美国麻省理工学院的温斯顿教授认为人工智能就是研究如何使计算机去做过去只有人才能做的智能工作。这些说法反映了人工智能学科的基本思想和基本内容。人工智能是一门利用计算机模拟、延伸及扩展人的理论、方法及技术的综合性学科，涵盖了计算机科学、符号逻辑学、仿生学、信息论、控制论等众多领域，属自然科学、社会科学、技术科学三向交叉学科。

2017 年 7 月国务院发布的《新一代人工智能发展规划》中指明了人工智能具有以下 5 种特点：①从人工知识表达到大数据驱动的知识学习技术。②从分类型处理的多媒体数据转向跨媒体的认知、学习、推理，这里讲的"媒体"不是新闻媒体，而是界面或者环境。③从追求智能机器到高水平的人机、脑机相互协同和融合。④从聚焦个体智能到基于互联网和大数据的群体智能，它可以把很多人的智能集聚融合起来变成群体智能。⑤从拟人化的机器人转向更加广阔的智能自主系统，比如智能工厂、智能无人机系统等。

人工智能在建筑行业的应用可极大提高基础建设项目的工程质量和工作效率，同时可以实现土木工程建造的智能化。伴随着人工智能在土木工程领域的广泛研究与应用，为建筑行业的勘察设计、施工检测、运维养护提供了新理念、新方法。

2) 大数据技术

大数据或称巨量资料,指的是所涉及的资料量规模巨大到无法透过主流软件工具,在合理时间内达到撷取、管理、处理,并整理成为帮助企业经营决策达到更积极目的的资讯。在《大数据:下一个创新、竞争和生产率的前沿》当中,麦肯锡对于大数据做出了以下定义,即所谓的大数据,主要就是指那些大小比常规数据库工具的获取、存储等更大的数据集。一般来说,大数据概念的内涵通常用 4V 特征来表述:第一个 V 是 volume,就是数据体量大。第二个 V 是 variety,指数据类型繁多,来源各异。第三个 V 是 velocity,指速度快。第四个 V 是 value,指价值性。

大数据计算数据技术相较于其他数据技术,其优势体现在:①大数据可以提高数据处理效率;②大数据通过全局的数据让人类了解事物背后的真相;③大数据有助于了解事物发展的客观规律,利于科学决策;④大数据提供了同事物的连接,客观了解人类行为;⑤大数据改变过去的经验思维,帮助人们建立数据思维。

3) 云计算

云计算(cloud computing)是分布式计算的一种,指的是通过网络"云"将巨大的数据计算处理程序分解成无数个小程序,然后通过多部服务器组成的系统进行处理和分析这些小程序,得到结果并返回给用户。云计算早期就是简单的分布式计算,解决任务分发,并进行计算结果的合并。因而,云计算又称为网格计算。通过这项技术,可以在很短的时间内(几秒)完成对数以万计的数据的处理,从而实现强大的网络服务。

云计算具有虚拟化、动态可扩展、按需部署、灵活性高等特点,虚拟化突破了时间、空间的界限,是云计算最为显著的特点,虚拟化技术包括应用虚拟和资源虚拟两种。众所周知,物理平台与应用部署的环境在空间上是没有任何联系的,正是通过虚拟平台对相应终端操作完成数据备份、迁移和扩展等。云计算具有高效的运算能力,在原有服务器基础上增加云计算功能,能够使计算速度迅速提高,最终实现动态扩展虚拟化的层次,达到对应用进行扩展的目的。目前市场上大多数 IT 资源、软件、硬件都支持虚拟化,例如存储网络、操作系统和开发软、硬件等。虚拟化要素统一放在云系统资源虚拟池当中进行管理,这样云计算不仅可以兼容低配置机器、不同厂商的硬件产品,还能够外设硬件产品获得更高性能计算。

1.5 智能建造的业务协同逻辑

智能建造面向建造活动的全过程和全阶段,在建造过程的每个阶段均通过智能化赋能,实现了各个环节数字化和智能化的应用场景,但是建筑工程的生命周期包括规划、设计、施工、运维等多个环节,且各环节之间相互影响相互制约。只有打通各阶段的数据壁垒,实现跨阶段的数据交互和反馈,形成新的业务逻辑,才能实现真正的智能建造。重庆大学毛超教授系统刻画了基于数据驱动的智能建造核心逻辑,包括信息集成逻辑和业务协同逻辑。信息集成逻辑是基于信息物理系统(cyber-physical systems,CPS)进行构建的,其框架为数据感知层、数据传输层、数据分析层和数据应用层。业务协同逻辑是指建筑产品开发的相关参与方之间的信息交互和共享的行为方式以及信息流动的方式。智能建造的新业务逻辑是指新技术的引入改变了建筑行业传统的业务逻辑和工作流程,以数据驱动为主要动力,以 BIM 为数据的核心载体,进行过程智能化的持续迭代,形成 BIM 1.0~BIM 5.0 核心数据模型,促进信息的充分流动,如图 1.15 所示。

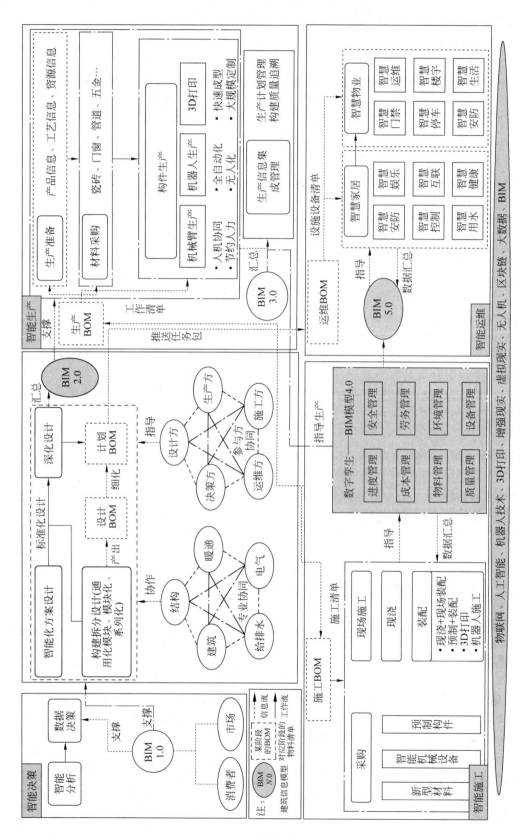

图1.15 基于数据驱动的智能建造业务逻辑

（1）决策阶段，项目投资者需要收集市场数据、消费者数据等进行投资决策和产品定位。此时，项目投资者将项目需求信息，如产品功能、产品风格、施工进度等要求输入BIM模型中，形成BIM模型1.0，然后该模型流入设计方。

（2）设计单位基于BIM模型1.0进行物料清单（BOM）支撑的IPD（integrated product development）产品集成设计，形成BIM模型2.0。在BIM模型2.0基础上生成BOM，进行深化设计并产出可生产、可装配、具有实施性的设计图纸，集成到计划BOM。计划BOM会向构件供应商、施工单位和运维单位推送数据包，表明建筑需要直接采购、工厂生产或者现场现浇。

（3）生产工厂根据计划BOM数据包制订生产准备、材料采购和生产计划。根据计划BOM所提供的交付计划和构件工艺要求来制订生产计划，包括生产进度、物料采购与调配管理等。在生产过程中，实时集成所有的生产数据到BIM 3.0模型中，进行构件生产的质量管理和进度监控、构件的库存管理和物流运输管理。生产阶段的信息流入施工阶段，以辅助施工单位进行施工进度安排；同时施工阶段的需求和进度信息也会反过来指导构件生产。

（4）施工单位根据计划BOM推送的数据包进行材料、机械设备的采购和施工安排，明确材料采购、预制构件采购和机械设备采购的清单；明确需要进行现浇的部分和直接进行装配的部分，以便安排施工。施工现场的采购和施工信息等汇总到BIM 4.0模型中，这是一个数字孪生模型，完全模拟了物理空间的建筑实体。可对施工现场的数据进行分析，预测施工进度、预警施工风险、监控施工质量等，从而优化施工安排。

（5）运维阶段的建筑数据集成到BIM 5.0信息模型中，此阶段的模型是一个全数据模型，集成了决策、设计、生产、施工阶段的所有信息。将新技术集成在此模型中，可以对建筑进行实时的能耗检测、安防管理等。建筑行业新业务逻辑的实现要求建设项目的全参与方统一智能建造的思想，增强对产业链各方的信任度，开放共享各阶段数据，增强交流，实现协同工作。

1.6 智能建造的应用场景

1.6.1 智能规划与设计

智能规划与设计是指凭借人工智能、BIM技术，以计算机模拟人脑满足用户友好与特质需求的智能型城市规划与建筑设计，包括以下内容。

（1）通过系统运用理论、方法和技术模拟、扩展人类智能，从而实现机器代替人进行思考和工作。大数据分析、神经网络和深度学习算法的优化，使人工智能在建设工程行业项目管理、结构分析、风险评估和设计等领域脱颖而出。

（2）建筑信息模型：以计算机辅助设计为基础，对建筑工程的物理特征及功能特性的数字化承载与可视表达。

建筑智能设计是通过应用现代信息技术、数字化技术和统计分析技术等来模拟人类思维活动，不断提高计算机的智能化水平，从而使其能够更快、更多、更好地承担设计过程中的各种复杂任务，成为设计人员的重要辅助工具。建筑智能设计是建筑设计发展的必然过程，建筑智能设计的发展不仅影响着建筑师的思维方式,同时还更容易促使建筑师朝着绿色建筑、可持续发展、协同设计等新技术方向转变。

智能设计依托计算机技术、云计算技术、大数据技术等,可实现对建筑数据的深度挖掘、分析、处理和应用,这对建设设计工作将产生较大的影响。目前依据设计特征,智能设计主要可以分为标准化设计、参数化设计、基于 BIM 的性能化设计、基于 BIM 的协同设计、BIM 智能化审图以及 BIM 设计智能化六个方面。

1-1 应用案例:山东省禹城市站南片区棚户区改造建设项目智能建造

1. 工程概况

禹城市站南片区棚户区改造建设项目位于山东省德州市禹城市火车站西北方向,铁路线以西,解放路以东。建筑面积 4973.86m²,其中:地上建筑面积 4232.54m²,地下建筑面积 741.32m²。地上 11 层,地下 2 层,结构高度为 33.2m。

项目采用装配整体式钢筋焊接网叠合混凝土结构技术(SPCS),建筑地上部分竖向构件与水平构件全部采用工厂预制,构件类型包括墙、梁、板、柱、楼梯、阳台板。SPCS 技术最大特点是空腔构件质量轻,易运输;构件四周不出筋,利于生产、运输、施工;构件内部及现浇段采用机械焊接钢筋笼,生产效率高,质量可控;空腔构件内部、构件间采用整体现浇混凝土,安全性能好,防水性强,见图 1.16。

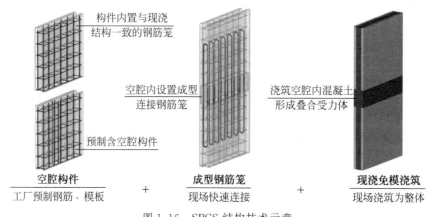

图 1.16 SPCS 结构技术示意

2. 数字化技术应用概况

本项目将数字化技术应用在装配式建筑设计、生产、运输、施工各阶段。图 1.17 为项目数字化技术应用示意,其数字化技术创新性应用主要包括以下几个方面。

(1)智能化深化设计软件应用,为预制构件设计提供智能化快速设计工具,不仅满足预制构件设计全部需求,还可以导出预制构件详图和加工数据。

(2)设计数据通过云平台对接工业软件,解析数据并传递给智能化生产加工装备,实现设计数据驱动工厂装备自动化生产。

(3)建立在线协同管理平台,装配式建筑设计、生产、施工全过程数据管理云端化,实现全角色、全要素、全周期在线管理。

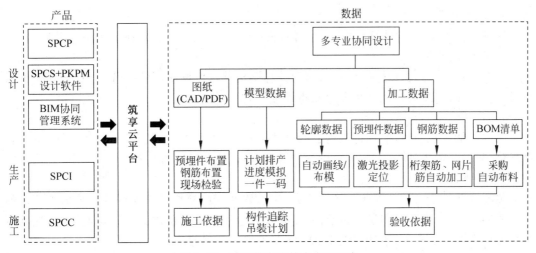

图 1.17 项目数字化技术应用示意

图 1.17 中，SPCP 表示装配整体式叠合混凝土结构项目管理系统；SPCI 表示装配整体式叠合混凝土结构数据解析系统；SPCC 表示装配整体式叠合混凝土结构施工智能模块。

3. 设计阶段具体应用

项目采用 SPCS+PKPM 智能深化设计软件，主要设计流程为模型创建、方案设计、整体分析、构件设计、深化设计、机电综合、设计成果，具体流程见图 1.18。该软件最大的特点是：①智能化程度高，构件设计、构件配筋、构件出图均可自动化完成；②BIM 数据设计、生产全流程打通，设计软件可导出直接对接智能化 PC（precast concrete，预制混凝土构件）生产设备的加工数据，实现设计数据驱动工厂生产。

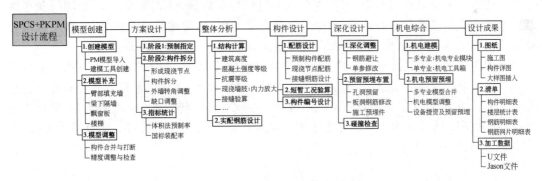

图 1.18 SPCS+PKPM 软件设计流程

SPCS+PKPM 智能深化设计软件具体设计流程包括以下几点。

1）模型创建

将项目设计阶段结构计算模型快速导入软件中，以此为基础进行装配式建筑深化设计，省去重复翻模过程，大大缩短设计周期。

2）方案设计

软件内置 SPCS 结构技术设计规则，拥有灵活多样的拆分方式，快速制订拆分方案，自动完成构件拆分，并根据规范要求完成自动设计，自动统计预制率。

3）整体分析

软件内置 SATWE 计算模块，可实时对模型进行整体分析，验证拆分方案的合规性。

4）深化设计

快捷、易用的深化设计功能，可快速完成预制构件深化设计，包括配筋设计、短暂工况验算、构件编号、深化调整、预留预埋交互布置等。

5）机电综合

通过智能优化功能，实现构件钢筋的碰撞检查、机电预留预埋自动开洞或避让、碰撞自动优化、数据智能统计等，有效减少设计错误，提高设计准确性和效率。

6）设计成果

装配式建筑预制构件深化工作量巨大，借助软件相应模块可自动生成满足加工要求的详图图纸，并保证模型与图纸的一致性，提高设计效率及图纸的准确性。除此以外，软件可生成工厂生产所需数据，包括构件 BOM 清单和加工数据等。

1.6.2 智能装备与施工

智能装备与施工是指凭借重载机器人、3D 打印和柔性制造系统研发，使建筑施工从劳动密集型向技术密集型转化，从而提高效率，减少实施成本，主要包括以下几个方面。

1）智能装备

智能装备拥有感知、分析、推理、决策、控制等功能，是先进的制造技术和信息技术与智能技术的集成深度融合。

2）机器人

机器人在智能施工中起着极为重要的作用，对于某些空间复杂与有着表皮渐变特征的建筑设计，可以解决对传统手工建造为主的模式来说的难题。

智能施工主要是通过利用 BIM、物联网、云技术、大数据、移动技术、人工智能等新兴信息技术实现施工建造模式的转型，支撑行业高质量发展，推动建筑行业数字化，满足我国对新发展模式的核心要求，构建满足人民美好生活需求的核心能力和全新范式。

智能施工的主要任务有：智慧工地应用以一种"更智慧"的方法来改进工程各干系组织和岗位人员相互交互的方式，以便提高交互的明确性、效率、灵活性和响应速度；通过智慧化施工工艺的应用，在满足工程质量的前提下，实现低资源消耗、低成本及短工期，最后获得高收益等目标；通过装配式建筑智能化施工实现节能、环保、节材的目标，建筑品质好，施工工期短，且后期方便维护。

1-2 应用案例：深圳国际会展中心智能建造

1. 工程概况

深圳国际会展中心（图 1.19）总占地面积 148 万 m^2，室内展览总面积约 50 万 m^2。项目一期总占地面积约 121.4 万 m^2，一期建筑面积达 160 万 m^2，地上建筑面积 102 万 m^2，地下建筑面积 58 万 m^2。地上建筑由 11 栋多层建筑组成，其中 1 栋由 16 个建筑面积均为 2 万 m^2 的标准展厅，2 个建筑面积 2 万 m^2 多功能展厅，1 个建筑面积 5 万 m^2 超大展厅，南北 2 个登录大厅及会议中心、中央廊道组成；2~11 栋为会展仓储、行政办公、垃圾等配套设施。凤塘大道从深圳国际会展中心中部穿过，将其分割为南北 2 部分，南侧地下室与北侧地下室通过设于凤塘大道下方的下穿通道相连,下穿通道与南北地下室交界处设伸缩缝断开。北侧地下室东西向最大宽度540m,南北向最大长度415m;南侧地下室东西向最大宽度516m,南北向不分缝最大长度为1250m。深圳国际会展中心1栋地面以上全部采用钢结构,1栋地下为钢筋混凝土框架结构;2~11栋采用钢筋混凝土框架结构。

图1.19　深圳国际会展中心效果

2. 智慧工地简介

该项目定制智慧工地管理平台(图1.20),集成了劳务实名制管理系统、全球卫星定位系统(global positioning system,GPS)定位管理系统、物料验收称重系统和物料跟踪系统、质量和安全巡检系统、协筑平台系统,运用无人机逆向建模和热感成像技术以及总悬浮颗粒物(total suspended particulate,TSP)环境监测系统对现场进行智慧管理。项目指挥部以智慧大屏实时动态展示,并与项目搭建的BIM高精度模型结合应用,便捷高效地进行建设管理。

图1.20　智慧工地管理平台

该项目搭建了智慧工地三级架构(图1.21)。

(1)指挥部管理平台:实现项目整体目标执行可视化、基于生产要素的现场指挥调度、基于BIM模型的项目协同管理。

(2)单项目管理平台:通过整合终端应用集成现有系统,实现对各项目部管理范围内的生产管理、质量管理、安全管理、经营管理等目标监控。

(3)工区管理层终端工具应用:聚焦于工地、施工现场实际工作活动,紧密围绕人员、机械、物料、工法、环境等要求开展建设,提升了工作效率,实现了项目专业化、场景化、碎片化管理。广泛应用新技术,应用云+端、大数据、物联网、移动互联网、BIM技术,实现了项目数字化、在线化、智能化管理。

3. 智慧工地管理平台部分应用成果

1)劳务实名制系统

项目高峰时期施工人员近20000人,规模等同于小型的社区,且人员流动频繁。项目采

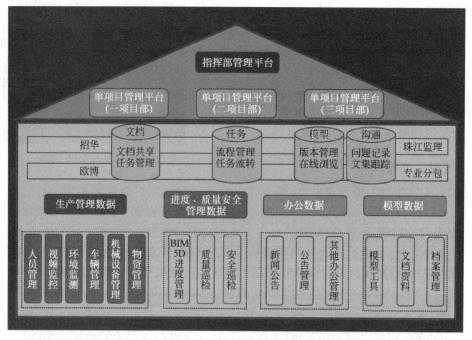

图1.21 智慧工地框架体系

用劳务实名制管理系统(图1.22),集成各类智能终端设备实现实名制管理、考勤管理、安全教育管理、视频监控管理、工资监管、后勤管理以及基于业务的各类统计分析等,对建设项目现场劳务工人实现高效管理。项目的管理人员和劳务人员进场后即刻建立个人档案,绑定身份信息,通过规则设立将人员进行分类管理,防范不合规人员进场。办公区、生活区和施工区均设置门禁系统,刷卡出入,相关刷卡统计信息即时上传。在项目的智慧工地平台上可实时查询(图1.23),便于掌控现场的工种配置及人员作业情况。

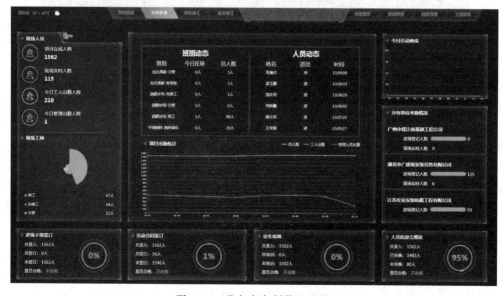

图1.22 劳务实名制管理系统

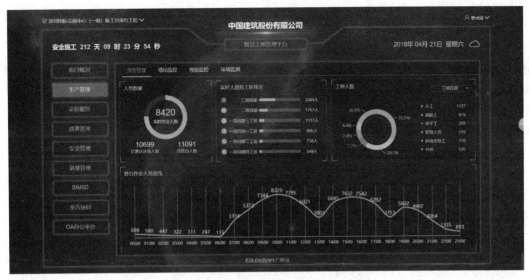

图 1.23　劳务情况查询

2) 人员机械定位系统

通过定位芯片对管理人员和流动式起重设备进行定位，及时了解对象在现场的位置信息，便于监管。

3) 物料跟踪验收系统

（1）物料验收系统（图1.24）

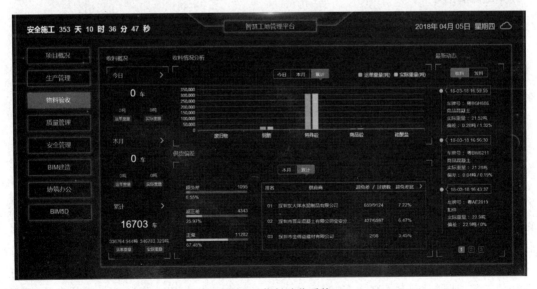

图 1.24　物料验收系统

施工现场商品混凝土、预拌砂浆、钢材、地材、水泥、废旧材料等进出场频繁，现场物资进出场需全方位精益管理，运用物联网技术，通过地磅周边硬件智能监控作弊行为，自动采集精准数据。运用数据集成和云计算技术，及时掌握一手数据，有效积累、保值、增值物料数据资产。运用互联网和大数据技术，多项目数据监测，全维度智能分析；运用移动互联技术，随时随地掌控现场、识别风险,零距离集约管控、可视化智能决策。

(2) 钢结构全生命周期信息化管理平台

平台构件状态信息与加工图纸模型关联,在施工各阶段可查看施工清单、图纸、模型;通过物资管理平台形成堆场电子地图,实现堆场库位及材料的可视化管理;通过条码标签解决方案,对员工、零构件、工位等进行信息标定;项目现场继续进行构件验收、安装阶段扫码;通过平台核对构件验收、安装的数量是否与现场一致,保证构件跟踪的实时性;将构件验收情况生产二维码粘贴在构件上,现场可随时查看检查记录。

4) 进度管控系统

(1) BIM5D 进度管理(图 1.25)

通过广联达 BIM5D 的应用,完成项目进度计划的模拟和资源曲线的查看,直观清晰,方便相关人员进行项目进度计划的优化和资源调配的优化。

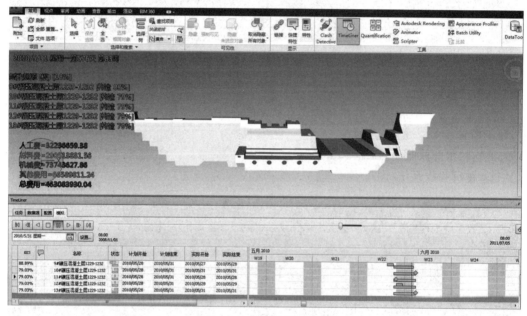

图 1.25 BIM5D 进度管理

资料来源:黄建文,毛宇辰,王东,等. 基于 BIM 的碾压混凝土坝施工进度-成本联合管控[J]. 水利水电科技进展,2019,39(5): 66-72,88.

将日常的施工任务与进度模型挂接,建立基于流水段的现场任务精细管理。通过后台配置,推送任务至施工人员的移动端进行任务分派,界面内容形式如图 1.26 所示。同时工作的完成情况也通过移动端反馈至后台,建立实际进度报告。

支持快速建立流水段任务管理体系,实现了基于流水段的现场任务精细管理。设置任务相关工艺、计划时间和责任人,通过将施工任务与施工工艺相互关联,工长或技术员、质量员在现场跟踪中可以查看任务的相关工艺要求,快速便捷地安排生产任务。

工长在生产进度列表中总览派分给自己的全部流水段,单击某一流水段后,可以查看该流水段的全部施工任务,填报任务起止时间,填报任务的进度详情(照片、详情描述、延期原因和解决措施),实现了完善的移动端任务跟踪系统。

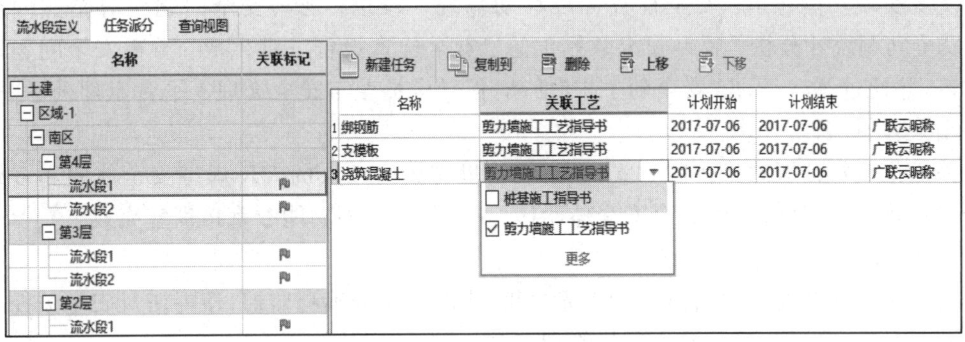

图1.26 生产任务安排

（2）无人机进度跟踪

项目施工场地大，通过无人机航拍实现对现场施工的实况追踪。每周两次的固定航线拍摄，既方便项目各方及时了解现场的施工进度，也便于后期积累大量的现场第一手资料。

5）质量巡检系统

项目上线质量巡检系统（图1.27）主要实现功能包括：质量检查标准移动端统一推送，现场质量问题实时拍照同步上传，质量问题统计分析，后台质量数据汇总，质量报告一键生成，看板质量问题快速查看等。质量巡检系统平台打造质量红黑榜，对优秀施工做法和质量缺陷警示进行定期（按月）公示。

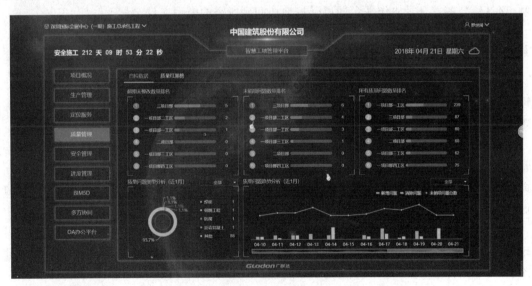

图1.27 质量巡检系统

6）安全巡检系统

项目上线安全巡检系统，以移动端为手段，以海量的数据清单和学习资料为数据基础，以危险源的辨识与监控、安全隐患的排查与治理、危险性较大工程的识别与管控为主要业务，支持全员参与安全管理工作，对施工生产中的人、物、环境的行为与状态进行具体的管理与控制，通过事前预防、事中管控的方式杜绝事故的发生，为施工现场的安全管理提供完整的解决方案。

主要实现功能包括：安全检查标准移动端统一推送；现场安全问题实时拍照同步上传；安全问题统计分析；后台安全数据汇总；安全检查报告一键生成；看板安全问题快速查看等，并通过App开展"安全随手拍"活动，倡导全员参与安全管理。平台定期公示"安全随手拍"奖励排名。

采用集装箱抽屉式扩张的方式，在集装箱里完成对工人的VR虚拟安全体验和多媒体安全教育培训，并结合实体综合安全体验区、现实与虚拟多功能教育培训室完成。

7）群塔作业安全监控系统

实现现场安全监控、运行记录、声光报警、实时动态的远程监控，使得塔机安全监控成为开放的实时动态监控，并行接入项目管理平台。

8）协作资料管理系统

本工程图纸版本多、模型文件多、参建单位多、报审资料种类多，为便于统一有序管理，需要一个多方协同平台。

协作平台可以支持50余种建筑行业常见文件格式在线预览，无须安装专业软件，随时随地、提升效率。桌面端和手机端均可在线打开图纸模型，无须安装应用软件。借助于云端的模型轻量化处理技术和模型动态加载技术，BIM平台在20s左右即可在浏览器中打开全专业模型，极大地降低了用户访问BIM模型的门槛。

在一个项目中，协作平台完整地保存了每一个版本模型文件，所有变更版本均可追溯。在同一个版本中，模型文件按照专业、楼层等维度进行组织。通过协作平台的权限控制机制，项目参与各方登录协作平台即可受控地访问到所需的模型文件。

1.6.3 智能设施与防灾

智能设施与防灾是指凭借智能传感设备、自我修复材料研发，实现智能家居、智能基础设施、智慧城市运行与防灾。智能设施与防灾关系到建筑结构整体，对人生命财产安全产生重大影响，贯穿于智能建造的全过程之中，是工程项目的安全保证。

建筑物防灾是一个全局性工程，大到整体结构的振动特性、小到结构构件的细微裂缝，都可能成为结构破坏的元凶。随着我国建筑行业规模的扩大，建筑向着大型化、复杂化的方向发展，一旦结构发生破坏而未采取及时应对措施，会对人民生命财产造成极大损失，结构健康监测变得愈发重要。

结构健康监测是指运用现场无损传感技术与信号分析技术实现检测结构损伤，最终实现结构损伤或老化的早期预警，其发展大致分为人工测量阶段、电子式传感器现场原位测量阶段、电子式传感器协同监控平台远程监测阶段。同时，物联网、GPS、云计算和大数据等一大批新技术、新方法的出现，将结构健康监测的硬件构架、远程数据传输、数据处理和分析进行全方位升级，不仅推动了结构性能预测的发展，而且有利于制订全生命周期最优维护方案，推动结构健康监测向智能化的方向发展。我国在结构健康监测方面有诸多成功应用。

1-3 应用案例：香港青马大桥GPS监测系统

1. 工程概况

香港青马大桥桥长2160m，桥梁主跨长377m，横跨青衣与马湾之间的海峡。桥塔高

206m,中间用悬索将桥吊起,该桥是双层桥,上层为两条三车道汽车行车道,下层为两条铁轨可行驶火车,是世界上最长的双层悬索吊桥。

2. 健康监测系统

青马大桥在建设完成之初,其控制区域内布置了包括加速度计、位移传感器、应变标尺和水平仪等七大类监测传感器共计 774 个,传感器分布如图 1.28 所示。尽管布置了大量的传感监测设备,但由于加速度计对桥体低频振荡不敏感导致测得的位移量不完整不连续,加之各个传感器之间的数据连接不紧密,效果并不理想。在经过一系列实地测试后,香港特区政府决定采用 GPS 检测系统,整个检测系统包括以下三个部分。

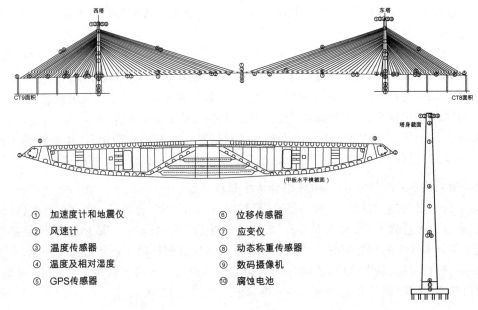

图 1.28　青马大桥健康监测传感器分布

1) GPS 测量系统

(1) 2 台 MC500 GPS 接收机作为参考站,安装在大桥库房的房顶,通过整体监测软件对其进行系统整体状态的监控。

(2) 27 台 MC500 GPS 接收机作为监测站,分别安装在桥塔顶端、桥面中部和四分之一处。

2) 通信网络系统

(1) 基干网由 6500m 4 芯单模光纤组成,连接监测系统控制中心和 3 个接驳站。

(2) 从接驳站到各个监测站由 16300m 4 芯多模光纤连接。

(3) 通过 8×24-通道 TC8108 光端机和 58×4-端口非同步 TC1885 微光端机连接 GPS 接收机和接驳站。

(4) 4×8-通道 RS-共享装置播发 RTK 改正数。

(5) 2×Digi Box 将 SGI 540 NT 工作站的通信端口扩展为 32 个。

3) 控制中心分析和管理系统

2 台 SGI 540 NT 工作站:一台用于实时处理和显示 GPS RTK 结果,一台用于数据存储、备份和分析。GPS 监测系统能提供瞬时位移显示界面、桥面三维位移时间序列、桥塔三维位移时间序列、桥塔两端监测站的三维位移时间序列对比等数据,实时获得大桥线形变化等参数,对数据进行实时处理分析,能由表及里,从而对结构承载力进行评价。

1.6.4 智能运维与服务

智能运维与服务是指凭借智能传感、大数据、云计算、物联网等技术集成与研发,实现单体建筑和城市设施的全生命周期智能运维管理。智能运维与服务主要包括两个部分。

(1) 城市、园区智能运维。基于云服务、大数据、物联网、BIM、GIS 等技术针对城市或园区中的建筑或设施等的智能运维系统。

(2) 建设工程智能运维。利用 BIM、物联网、云计算和大数据等技术对建设工程全周期的智能运维。

传统的运维与服务方式主要有以下几个问题:①被动运维。建筑系统内一些细微的问题往往难以被察觉,通常是在问题产生损害后才会得到解决。②人工处理多。建筑物运维大多需要人的参与,耗费大量的时间和精力。③经验积累不足。对于重复出现的问题,没有构建出可靠的知识体系,大多数情况全凭运维人员的个人经验进行处理。

随着我国建筑实体功能多样化的不断发展和信息化水平的不断提升,智能运维正逐渐替代传统运维的管理模式,我国已有企业打造了基于 BIM 技术的运维管理平台。

1-4 应用案例:惠州金谷子 BIM 综合运维管理平台

该平台主要通过物联网、互联网技术,感知项目运行态势,建立人、车、物、环境、服务的连接。通过连接管理平台、大数据平台、集成通信平台、视频云平台等,融合项目数据和通信,支撑项目多维度的智能化分析和处理以及全媒体的通信协同。该平台为管理者、员工等创造平安、高效灵活、绿色节能、面向用户体验的创新环境;使项目管理运营可视、可管、可控,更加智能、环保、高效和精细化。平台整体框架如图 1.29 所示。

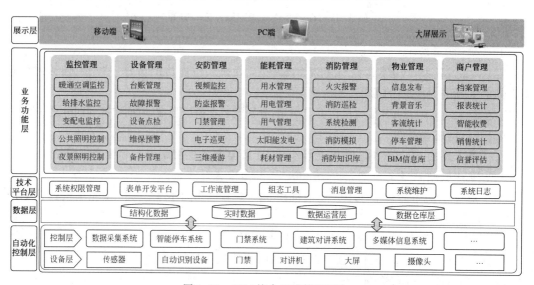

图 1.29 BIM 综合运维管理平台

BIM智慧综合管控平台支持文本、消息、应用程序编程接口（application programming interface，API）、结构和非结构化数据等多种数据源之间的灵活、快速、无侵入式的数据集成，可以实现跨机房、跨数据中心、跨云的数据集成方案，形成"数据湖"并能自助实施、运维、监控集成数据。

互联网、物联网、大数据、BIM技术应用于以下方面。

（1）智能化设备管理。BIM模型的非几何信息在施工过程中不断得到补充，竣工后集成到BIM智慧综合管控平台的数据库中，相关设备的信息如生产日期、生产厂商、可使用年限等都可以查询到，为定期维护和更换提供依据。同时建立智能化设备管理系统，可以根据设备的不同属性制订不同的保养计划，对需要进行保养的设备进行提醒；可以及时通知维修人员以便对设备进行快速维修；可以在需要使用备件时及时通知库存管理员；可以自动在巡检、保养报表验收通过后实时更新设备档案。

（2）智能化能源管理。在建筑内的现场设备是BIM智慧综合管控平台的各个子系统的信息源，包括各类传感器、探测器、仪表等。从这些设备获取的能耗数据（水、电、燃气等），依靠BIM模型可按照区域进行统计分析，更直观地发现能耗数据异常区域，进而管理人员有针对性地对异常区域进行检查，发现可能的事故隐患或者调整能源设备的运行参数，以达到排除故障、降低能耗，维持建筑的业务正常运行。

（3）智能安防与灾害疏散。现代建筑物的功能多，结构相应复杂。建筑内部突发灾害时，及时采取有效的措施能减少人员伤亡，降低经济损失。BIM模型汇集了建筑施工过程的信息，包括安全出入口的位置，建筑内各个部分的连通性，应对突发事件的应急设施设备所在等。因此，当建筑内部突发灾害，BIM模型协同智慧园区综合管控平台的其他子系统为人员疏散提供及时有效的信息。BIM模型的三维可视化特点及BIM模型的建筑结构和构件的关联信息可以为人员疏散路线的制订提供依据，保证在有限的时间内快速疏散人员。如火灾时，BIM智慧综合管控平台的消防系统可以发挥作用，BIM模型的"空间定位"特性可以提供消防设备的对应位置，建筑的自控系统可以根据BIM模型定位灾害地点的安全出口，引导人员逃生。

（4）建筑空间管理。楼宇自控系统包括照明系统、空调系统等。相关设备设施在BIM模型中以三维模型的形式表现，从中可以直观地查看其分布的位置，使建筑使用者或业主对于这些设施设备的定位管理成为可能。消防系统的消防栓安放位置、视频监控摄像头等的位置、停车库的出入口、门禁的位置等，在BIM这一三维电子地图中以点位反映给这些信息的关注者。

复习思考题

1. 简述建筑行业发展面临的困境与挑战。
2. 讨论土木工程行业未来的发展趋势。
3. 什么是智能建造？其内涵是什么？
4. 简述智能建造的特征。
5. 什么是智能建造的闭环控制理论？
6. 简述智能建造技术体系发展的三个阶段及各自的关键技术。

7. 什么是基于数据驱动的智能建造核心逻辑？
8. 简述智能建造的应用场景。

第 1 章课程思政学习素材

参考文献

[1] 李德全.建筑业发展现状及趋势分析[J].中国建筑金属结构,2014(4)：18-21.
[2] 国家统计局.中华人民共和国 2021 年国民经济和社会发展统计公报[R].2022.
[3] 郭慧锋,李启明,李德智,等.中国建筑市场现状分析与发展趋势研究[J].建筑经济,2007(S2)：1-4.
[4] 卢春房,伍军,王孟钧,等.高质量发展背景下中国建筑企业核心竞争力提升研究[J].中国工程科学,2021,23(4)：79-86.
[5] 建筑业持续快速发展　城乡面貌显著改善——新中国成立 70 周年建筑业发展成就[J].中国勘察设计,2019(10)：15-18.
[6] 张琦睿.建筑业劳动力短缺问题影响因素及应对策略研究[D].杭州：浙江大学,2021.
[7] 李昕蕊.建筑施工企业科技创新工作探讨[J].工业建筑,2014,44(S1)：1193-1194,1192.
[8] 许运桥.浅析我国建筑行业发展现状及未来态势[J].城市建筑,2013(20)：199.
[9] 刘占省,刘诗楠,赵玉红,等.智能建造技术发展现状与未来趋势[J].建筑技术,2019(7)：772-779.
[10] 王俊,赵基达,胡宗羽.我国建筑工业化发展现状与思考[C]//土木工程学报——2017"论坛"汇编,2017：25-47.
[11] 樊启祥,林鹏,魏鹏程,等.智能建造闭环控制理论[J].清华大学学报(自然科学版),2021,61(7)：660-670.
[12] 陈珂,丁烈云.我国智能建造关键领域技术发展的战略思考[J].中国工程科学,2021,23(4)：64-70.
[13] 刘文锋.智能建造关键技术体系研究[J].建设科技,2020(24)：72-77.
[14] 《中国建筑业信息化发展报告(2021)智能建造应用与发展》编委会.中国建筑业信息化发展报告(2021)智能建造应用与发展[M].北京：中国建筑工业出版社,2021.
[15] 杜修力,刘占省,赵研.智能建造概论[M].北京：中国建筑工业出版社,2021.
[16] 刘界鹏,周绪红,伍洲,等.智能建造基础算法教程[M].北京：中国建筑工业出版社,2021.
[17] 陈光,马云飞,刘纪超,等.装配式建筑数字化设计、智能化制造的思考与应用[C]//第八届 BIM 技术国际交流会——工程项目全生命期协同应用创新发展论文集.2021.
[18] 杨晓毅,李立洪,陆建新,等.基于 BIM 技术的特大型多方协作智慧管理[J].土木建筑工程信息技术,2018,10(5)：16-24.

第2章
BIM/CIM技术在智能建造领域的应用

2.1 BIM/CIM 概念

2.1.1 BIM 的基本概念

1. BIM 的定义

BIM 技术由 Autodesk 公司在 2002 年率先提出,已经在全球范围内得到业界的广泛认可。BIM 是以三维数字技术为基础,集成建设工程项目的各种相关信息的工程数据模型,同时又是一种应用于设计、建造、管理的数字化技术。住房和城乡建设部《建筑信息模型应用统一标准》(GB/T 51212—2016)给出 BIM 定义为:"在建设工程及设施全生命期内,对其物理和功能特性进行数字化表达,并依此设计、施工、运营的过程和结果的总称"。

BIM 可以帮助实现建筑信息的集成,从建筑的设计、施工、运行直至建筑全生命周期,各种信息始终整合于一个三维模型信息数据库中,设计团队、施工单位、设施运营部门和业主等各方人员可基于 BIM 进行协同工作,有效提高工作效率、节省资源、降低成本、实现可持续发展。

BIM 技术是一项应用于项目工程全生命周期的数字化技术,其数据模型贯穿于项目工程的整个生命周期,包括策划与规划阶段、勘察设计阶段、施工建造阶段、运营管理阶段和拆除翻新阶段,它的价值体现在建筑模型在项目生命周期不同阶段中应用的总和(图 2.1)。建筑信息模型是一个设施项目的物理特征和功能特征的数字表达,是该项目相关方的共享知识资源,为项目全生命周期内的所有决策提供可靠的信息支持。BIM 模型与传统 3D 建筑模型有着本质的区别,其兼具几何特性、物理特性和功能特性。几何特性为模型的空间

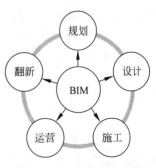

图 2.1 BIM 技术的应用

几何信息,如结构构件的形状尺寸、结构构件空间布置、配套设施的组成等;物理特性为几何模型承载的物理信息,如模型的组成材料、质量等;功能特性为模型包含的一切与建设项

目有关的信息,如产品目录、产品说明性文件、遵循的规范、分类系统和造价信息等。

2. BIM 的特性

BIM 技术是继计算机辅助设计(computer aided design,CAD)技术之后建筑行业的又一项新技术,它的应用给建筑行业带来了革命性的变化。和 CAD 技术相比,BIM 技术具有其自身特性。BIM 不是一个软件也不是几个软件,BIM 是一个系统,它能提高工程建设行业全产业链中各个环节的质量和效率,其核心是三维模型所承载的数据库。

从 BIM 的定义来看,BIM 具有基于计算机的直观性、可分析性、可共享性、可管理性四大特性。基于计算机的直观性是指在 BIM 技术下,利用计算机可以将原本专业、抽象的二维建筑三维直观化,无须人工处理;可分析性是指利用计算机即可进行各种分析,如日照分析、工程量分析等;可共享性是指利用计算机就可以进行信息共享,例如建筑设计阶段中专业内多成员、多专业、多系统间共享原本各自独立的设计成果,避免设计上的出错,提升设计的质量和效率;可管理性是指便于对相关信息进行管理。总的来说,BIM 具有以下特征。

1) 可视化

可视化是 BIM 与传统 CAD 的区别中最为显著的一点。基于 BIM 的可视化功能,可以改善沟通环境,提高项目的观赏度及可阅读性,增加建筑整体的真实性及体验感。

BIM 提供了可视化的思路,让人们将以往的线条式的构件形成一种三维的立体实物图形展示在人们的面前。而且,不同于一般三维几何模型、建筑效果图的可视化,BIM 的"可视化"是一种能够同构件之间形成互动性和反馈性的可视化,由于整个过程都是可视化的,可视化的结果不仅可以用效果图展示及报表生成,项目设计、建造、运营过程中的沟通、讨论、决策等都在可视化的状态下进行。

(1) 设计可视化

传统的 CAD 设计采用二维线条来展示设计成果,一个构件的空间几何信息需要通过画法几何原理在二维平面上绘制不同的平面、立面、剖面等视角图来表达。这种方式需要建筑从业人员具备一定的工程制图知识才能看得懂图纸,故有"图纸是建筑从业人员沟通的语言"的说法,一般人还需要借助重新搭建的模型、实物沙盘"翻译"图纸才能看得懂。可以想象,这种根据二维图纸结合空间想象的方式存在沟通效率低、难度大、出错率高的问题。另外,二维图纸可携带的信息容量小,同时在信息传递过程中还容易造成信息割裂,在工程项目复杂、工期紧张时其问题更加突出。因此,可视化即"所见所得"的形式,对于建筑行业来说,其作用非常大。BIM 的出现,使设计师能够运用三维思考方式有效地完成建筑设计,也使业主各方真正摆脱技术壁垒的限制,随时可直接获取项目信息,大大减少了业主与设计师间的交流障碍。如深圳大学土木与交通工程学院 BIM 实验室的建造过程采用全程 BIM 设计,从方案到施工图设计周期得到极大地缩短,约为传统时间的 1/3,设计的可视化大大提升了效率(图 2.2)。

通过 BIM 软件工具可以制作高度逼真的效果图(图 2.3),甚至能够达到与专业美术作品相媲美的程度。

(2) 施工模拟可视化

施工前期利用 BIM 工具可以创建各种模型,对整个施工过程进行模拟,进行方案优化,提前展示施工工艺流程,进行可视化交底(图 2.4)。施工可视化更能直观反映施工难点,将

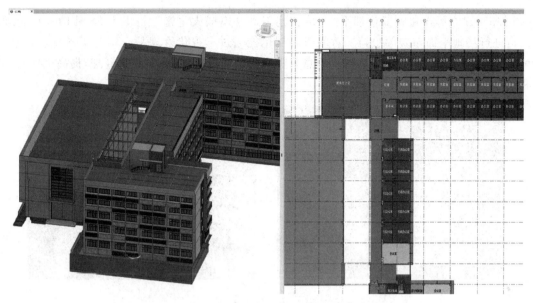

图 2.2 所见即所得的 BIM 设计可视化

图 2.3 BIM 项目渲染图

复杂空间节点全方位呈现出来,把工程每一构件及管道的位置进行精确定位,大大方便了施工作业人员的理解。施工的可视化技术有效解决了因阅图或管理人员与工人之间因对图纸、规范理解的不同而产生的施工错误,使工程的精细化管理得到保证。

图 2.4 复杂节点的施工模拟交底和优化

在建设工程中利用 BIM 工具,结合现场施工进度,利用 BIM 模型进行可视化三维布置

(图 2.5),建立可视化施工管理平台,结合施工进度模拟优化施工组织方案,辅助项目管理人员进行场地平面布置等决策。各级管理层也能通过可视化管理平台实时了解现场信息,可做到及时、准确地下达指令,减少信息采集和沟通的成本,实现集约化管理,提高工作效率和管理水平。

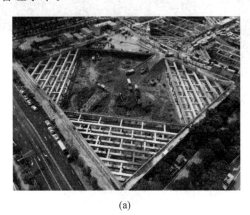
(a)

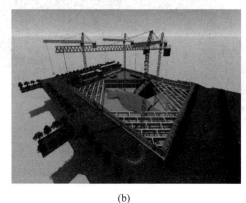
(b)

图 2.5 施工可视化及模拟
(a) 施工现场;(b) 施工组织方案模拟

2) 一体化

一直以来,建筑产品的设计均遵循严谨的设计流程,从功能与规模的技术指标开始,分析用户需求,提出设计概念,建立设计模型,再由各个工种经过策划、制订方案、初步设计和施工图设计阶段来完成图纸和最终模型。施工单位根据设计图纸将建筑构件逐一建造为实物。

一体化指的是基于 BIM 技术可进行从设计到施工,再到运营贯穿工程项目全生命周期的一体化管理(图 2.6)。BIM 的技术核心是由计算机三维模型所形成的数据库,不仅包含建筑师的设计信息,而且可以容纳从设计到建成使用以及使用周期终结的全过程信息。

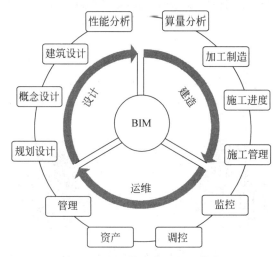

图 2.6 BIM 技术应用的一体化

在设计阶段，BIM 使建筑、结构、给水排水、空调、电气等各个专业基于同一个模型进行工作，从而使真正意义上的三维集成协同设计成为可能。将整个设计整合到一个共享的建筑信息模型中，结构与设备、设备与设备间的冲突会直观地显现出来，工程师们可在三维模型中随意查看，并能准确查看到可能存在问题的地方，并及时调整，从而极大地避免了施工中的浪费。

现今，BIM 技术在土建施工中的应用非常广泛，以设计师的 BIM 模型为基础，通过补充和建设统一标准的模型、平台和数据接口，不仅实现了可视化技术交底、深化设计、综合协调、施工模拟、施工方案优化等，同时应用 BIM 工具可实现对项目的周期进度、成本和工法等的控制。施工总承包通过集成化的数据模型配备各类硬件设备，还可以拓展众多的 BIM 技术应用，如三维激光扫描仪器、测量机器人、VR 设备、AR 设备等在施工管理过程中得到应用，提高项目质量的同时降低造价，实现建筑工程全过程数字化的智能管控。

BIM 可为运维管理提供准确且翔实的一体化竣工模型，依托该模型建立运维管理系统信息平台、智能化采集系统和中心数据库等。通过运维管理信息系统，定义建筑的管理，将各种不同的系统连接起来，在同一平台进行呈现和操作，赋予建筑全生命周期管理不同的表达，使管理人员的精力集中于为建筑提供更多的价值，实现让运维提供更多的服务以及提升环境品质。

3）参数化

计算机的参数化可通俗解释为通过在各变量之间建立相互关系，最后实现通过改变变量来改变整个数据的整体。在 BIM 建筑设计中，BIM 参数化设计则是将设计的全部要素通过一定的逻辑和标准变为某个函数的变量，这样可以实现通过改变其中的 BIM 参数获得一个新的设计方案，这不仅能让建筑师控制以前无法实现的复杂形式，更重要的是它能提高已有建筑设计的效率。

BIM 的参数化设计分为两个部分：参数化图元和参数化修改引擎。参数化图元指的是 BIM 中的图元是以构件的形式出现，这些构件之间的不同，是通过参数的调整体现出来的，参数保存了图元作为数字化建筑构件的所有信息（图 2.7）。参数化修改引擎指的是参数更改技术，使用户对建筑设计或文档部分做的任何改动都可以自动地在其他相关联的部分体现出来。

BIM 实现了建筑工程数据集成化，项目建设资料均可由模型直接导出，避免出现因结构和设备过于复杂而造成的空间冲突，而参数化设计则能快速生成复杂形体，通过修改引擎与外部输入的联动极大提升建模速度和模型编辑修改能力，实现对传统建筑设计方法的革命性突破。

BIM 参数化对象的设计方式也让建筑物相关信息可以配合生命周期中各阶段的不同管理需求而获得动态维护，并让信息汇整与应用延伸到其他专业领域，其他领域也可共同参与应用同一个 BIM 模型信息，使信息整合与管理能发挥更大的效用。

4）性能仿真模拟

BIM 模型存储整个工程的数据，数据的集成度高，并且可以与项目开展进度相集成，实时更新数据，为项目的各类仿真提供可靠的数据支持。BIM 的数字仿真并不是只能模拟设计出的建筑物模型，还可以模拟不能够在真实世界中进行操作的事物，利用模型信息通过计算机和仿真软件工具复现实际系统中发生的本质过程。例如，在设计阶段，可以对设计上需

图 2.7　幕墙构件的参数化设计

要的节能仿真、紧急疏散仿真、日照仿真、热能传导仿真等进行模拟试验；在招投标和施工阶段可以进行 4D 仿真（3D 模型加项目的发展时间），也就是根据施工的组织设计模拟实际施工，从而确定合理的施工方案来指导施工。同时还可以进行 5D 仿真（基于 4D 模型加造价控制），从而实现成本控制；后期运营阶段可以仿真日常紧急情况的处理方式，如地震人员逃生模拟及消防人员疏散模拟仿真等。

5）协同性

在建筑行业中，无论是设计单位还是建设单位、施工单位、监理单位，都需要通过协调、配合进行工作。如项目实施过程中出现问题，各环节相关人员就必须进行协调解决。若涉及的环节多、人员杂，一次协调涉及的人员及工作量很大，且协调过程中关于利益和责任的划分也会在一定程度上影响项目质量和工期（图 2.8）。

BIM 技术通过广泛协同和大数据整合等应用思维，可实现对工程项目的科学智能化管理。BIM 技术基于开放的数据标准，如 IFC 标准，有效地支持建筑行业各个应用系统之间的数据交互和建筑物全生命周期的数据管理。不同的利益相关方可以实现在不同的阶段插入、提取、更新和修改信息，有效地实现协同作业，有利于解决建筑行业中信息沟通不畅的问题，是信息化技术在建筑行业的直接应用。例如，暖通等专业中的管道在进行布置时，由于施工图纸是各自绘制在各自的施工图纸上的，在真正施工过程中，可能在布置管线时正好有结构设计的梁等构件阻碍管线的布置，像这样的碰撞问题的协调解决就只能在问题出现之

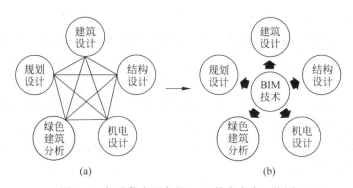

图 2.8　打破信息孤岛的 BIM 技术多专业协同
(a) 传统设计各专业沟通模式；(b) 基于 BIM 技术设计的各专业沟通模式

后再进行解决。BIM 的协调性服务便可以帮助处理这种问题，也就是说 BIM 建筑信息模型可在建筑物建造前期对各专业的碰撞问题进行协调，生成协调数据（图 2.9）。由图 2.9 可知，优化前不能满足要求，优化后经各专业碰撞分析，调整排风管线位置，保证了货车通道 3.5m 净高，满足要求。当然，BIM 的协调作用也并不是只能解决各专业间的碰撞问题，它还可以解决如电梯井布置与其他设计布置及净空要求的协调、防火分区与其他设计布置的协调、地下排水布置与其他设计布置的协调等。

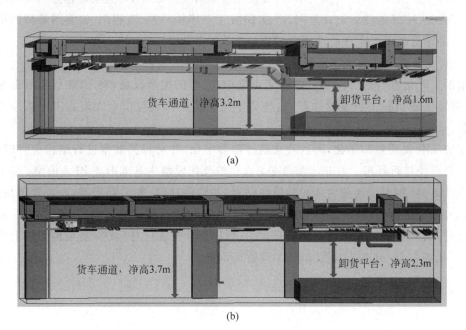

图 2.9　BIM 各专业的碰撞检查与优化
(a) 优化前；(b) 优化后

BIM 技术的应用除带来流程上的便捷外，还可以作为一个协同平台，有效促进各利益相关者之间的沟通和交流，减少信息传递中的遗漏或错误传达的概率，便于资源共享，显著提高建筑工程的效率、减少工程风险并降低工程造价。

6）可出图性

运用 BIM 工具,除了能够进行建筑平、立、剖及详图的输出外,还可以出碰撞报告及构件加工图等。

（1）碰撞报告

通过将建筑、结构、电气、给水排水、暖通等专业的 BIM 模型整合后,进行管线碰撞检测,可以出综合管线图、综合结构留洞图、碰撞检查报告和建议改进方案。

碰撞检查包含：建筑与结构专业的碰撞；设备内部各专业碰撞；建筑、结构专业与设备专业碰撞；解决管线空间布局。

（2）构件加工指导

① 出构件加工图

通过 BIM 模型对建筑构件的信息化表达,可在 BIM 模型上直接生成构件加工图,不仅能清楚地传达传统图纸的二维关系,而且对于复杂的空间剖面关系也可以清楚表达,同时还能够将离散的二维图纸信息集中到一个模型中,这样的模型能够更加紧密地实现与预制工厂的协同和对接。

② 构件生产指导

在生产加工过程中,BIM 信息化技术可以直观地表达出配筋的空间关系和各种参数情况,能自动生成构件下料单、派工单、模具规格参数等生产表单,并且能够通过可视化的直观表达帮助工人更好地理解设计意图,形成 BIM 生产模拟动画、流程图、说明图等辅助培训的材料,有助于提高工人生产的准确性和质量效率。

③ 实现预制构件的数字化制造

借助工厂化、机械化的生产方式,采用集中、大型的生产设备,将 BIM 信息数据输入设备,就可以实现机械的自动化生产,这种数字化建造的方式可以大大提高工作效率和生产质量。

BIM 不仅使建筑数字化,而且使建筑过程数字化,并对相关数据进行结构化管理,便于利用信息系统进行处理。其核心特征是：以三维几何模型为基础形成 BIM 模型；除三维几何信息外,BIM 模型中还包含相关的属性信息,如构件材料、加工要求等,以及管理信息,如成本、进度、质量、安全等信息；同时,BIM 模型中还包含这些信息之间的关联信息。从信息维度上看,BIM 模型不仅包含空间信息,而且可以包含进度信息(4D),甚至再附加上成本信息(5D)、质量信息(6D)、安全信息(7D)等管理信息。

2.1.2　CIM 的基本概念

1. CIM 的定义

CIM 是指在城市级别的基础地理信息基础上,融合建筑物 BIM 模型以及基础设施等建立的三维数字模型,表达和管理城市历史、现状、未来三维空间的综合模型。从内涵上理解,CIM 既是模型,也是平台。2021 年住房和城乡建设部发布了《城市信息模型(CIM)基础平台技术导则(修订版)》(建办科[2021]21 号),提出了"城市信息模型"和"城市信息模型基础平台"的定义,将 CIM 区分为"模型"和"平台"两层含义。

如前文所述,《城市信息模型(CIM)基础平台技术导则(修订版)》给出的 CIM 定义为:城市信息模型是以建筑信息模型(BIM)、地理信息系统(GIS)、物联网(IoT)等技术为基础,整合城市地上地下、室内室外、历史现状未来多维多尺度信息模型数据和城市感知数据,构建起三维数字空间的城市信息有机综合体。

CIM 是智慧城市和数字城市的最终表现形式,把现实世界进行信息化建模。CIM 基础平台为支撑城市建设、城市管理、城市运行、公共服务、城市体检、城市安全、住房、管线、交通、水务、规划、自然资源、工地管理、绿色建筑、社区管理、医疗卫生、应急指挥等领域的应用,对接工程建设项目审批管理系统、一体化在线政务服务平台等系统,并支撑智慧城市其他应用的建设与运行,增强城市管理能力、优化人们的居住安全和居住环境(图 2.10)。

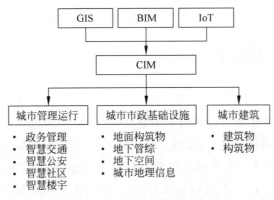

图 2.10　CIM 基础平台的组成

2. CIM 的特性

1) 多源数据集合和共享

从 GIS 技术支持,引入 BIM 信息,到 IoT 信息的拓展,通过 CIM 信息资源的有效整合和共享,多系统的整合和互通,促进城市从分散独立生活生产活动和孤岛式部门管理迈向协同化和结构化整合的管理,实现智能化城市管理,达到城市管理服务的精确性和人性化。

2) 多维信息融合和管理

通过传感技术、网络互连、大数据技术,融合各种信息资源库和公共服务平台信息,成为使城市各个系统和参与者能够进行高效协作的城市数据信息,促进城市物理实体空间和网络虚拟空间的一体化,促进城市安全和高效运转。

3) 开放式架构体系和良好兼容性

满足开放性要求标准化的 CIM 架构体系,通过互联网和移动通信技术实现 CIM 各子系统、拓展系统和应用系统之间的互联互通性。通过发展下一代互联网、新一代移动通信,融合电信网、互联网和移动通信网,实现信息的实时传递和广泛互通,从根本上避免信息孤岛的出现。

2.2 BIM/CIM 技术基础

BIM 是一个由计算机三维模型形成的数据库，该数据库存储了建筑物从设计、施工到建成后运营的全过程信息。建筑行业利用信息系统进行信息收集、传递、统计、分析、计算、加工处理等，以满足具体的业务、管理及决策需求。从管理的角度看，信息系统主要起工具的作用，可以帮助人们提高工作效率。

BIM+GIS+IoT 为 CIM 建设提供了基础支撑。GIS 提供城市大尺度地理空间信息的管理与应用能力，BIM 提供城市微观尺度下建筑信息的构建与管理能力，结合 IoT 技术实现历史现状未来多维多尺度信息模型数据和城市感知数据和融合，最终构建起三维数字空间的城市信息有机综合体，并依此推动城市规划、建造、管理的新模式。

2.2.1 BIM 建模技术

1. BIM 模型

BIM 模型是实施 BIM 整个过程的工作成果，BIM 的实施过程包括创建、集成、共享和管理，BIM 模型成为建设项目全生命周期设计、施工、运营服务的"数字模型"。

虽然在逻辑上，可以把一个建设项目设施有关的所有信息都放在一个模型里，但在实际工作中，一个建设项目的 BIM 模型通常不是一个，而是多个不同程度上互相关联的用于不同目的的数字模型。

一个项目常用的 BIM 模型有以下几个类型：

（1）设计和施工图模型；
（2）设计协调模型；
（3）特定系统的分析模型；
（4）成本和计划模型；
（5）施工协调模型；
（6）特定系统的加工详图和预制模型；
（7）竣工模型。

2. BIM 建模软件

1) 国外品牌

（1）Autodesk BIM 系列软件：包含 AutoCAD、Revit、3dsMax、Civil3D、Ecotect、Navisworks、Inventor 等；其中以 Revit 软件系列作为 BIM 的主要软件，分别拥有 Revit Architecture、Revit Structure、Revit MEP，是以对象为导向的工具，Revit 在整个建模中，除了 2D、3D 模型呈现外，可依照生命周期阶段的不同管理添加信息，如 3D 模型展示、冲突检测、数量计算、成本估价等。

（2）Graphisoft BIM 系列软件：ArchiCAD 拥有剖/立面、设计图档、参数计算等自动生成功能，在中心数据库中存储了整个建筑物的所有信息；一个视图里的修改可以自动反映在其他视图中，包括在平面图、立面图、剖面图、3D 模型以及材料列表中等，可同步生成施工图。ArchiCAD 所建立的 BIM 项目文件，能浏览建筑组件的信息及基本量测，实现数据与现场的实时结合运用。ArchiCAD 支持 IFC 转换的设定，针对 BIM 软件的信息交换，提供较详尽对应设定的转换器，能更有效率地确保资料转换时的损失及减少错误，还可以为后续的结构、施工等专业，建筑力学及物理分析等提供强大的基础模型，为多专业协同设计提供有效的保障。

（3）CATIA：法国达索公司的产品开发旗舰解决方案，作为生命周期管理（product lifecycle management，PLM）协同解决方案的一个重要组成部分，它可以通过建模帮助制造厂商设计他们未来的产品，并支持从项目前阶段、具体的设计、分析、模拟、组装到维护在内的全部工业设计流程。CATIA 系列产品在八大领域里提供 3D 设计和模拟解决方案：汽车、航空航天、船舶制造、厂房设计（主要是钢构厂房）、建筑、电力与电子、消费品和通用机械制造。

（4）Bentley BIM 系列软件：Bentley 系列产品多应用于工业设计（石油、化工、电力、医药等）和市政基础设施（道路、桥梁、水利等）领域。Bentley Navigator 是可视化的 BIM 设计模型检验及分析协同工作软件，提供了对 Bentley 公司的 MicroStation 等软件所创建的 3D 模型进行检视与碰撞检测、导航预览、标注、整合不同格式的设计档案、渲染效果图、动画输出和施工进度仿真的功能。

（5）Trimble BIM 系列软件：Tekla Structures 用于建筑工程中的钢结构设计，能进行精细的结构细部设计，如结构物从概念开始到详细的钢筋配置、干涉检查、合并模型分析等，并能产生所需的数量明细表，工程时间轴功能仿真各工程阶段的模型变化，但不支持曲面模型建置，Tekla Structures 可支持 IFC、CIS/2、DSTV、SDNF、DGN、DXF、DWG、IGES 和 STEP 文件格式，并提供 API，衔接不同应用程序系统的协议，由复杂且大量函数与子程序所组成，协助不同程序在交换数据、执行指令的方式衔接其他类型数据或系统数据整合。

2）国内主流品牌

（1）建模、协作平台，包括构力 BIMBase、广联达 BIM5D、鲁班工程管理数字平台 Luban Builder、斯维尔 BIM5D、毕美云图等。

① 构力 BIMBase 平台是完全自主知识产权的国产 BIM 基础平台，平台重点实现图形处理、数据管理和协同工作，由三维图形引擎、BIM 各专业模块、BIM 资源库、多专业协同管理、多源数据转换工具、二次开发包等组成。平台可满足大体量工程项目的建模需求，实现多专业数据的分类存储与管理，及多参与方的协同工作，支持建立参数化组件库，具备三维建模和二维工程图绘制功能。

② 广联达 BIM5D 聚焦项目技术、生产、商务核心管理业务，以基于 BIM 模型的三维虚拟建造为指导，以项目现场各岗位作业数字化为手段，实现虚实结合的项目现场过程精细化管控以及数字化集成交付。

③ 鲁班工程管理数字平台 Luban Builder 以用户权限与应用端的形式实现对项目 BIM 模型数据的创建、修改与应用、分享，满足企业内各岗位人员需求，最大限度地提高管理效率。其以 BIM 三维模型及数据为载体，关联施工建造过程中的资料、图纸、进度、质量、安

全、技术、成本等信息,形成工程项目的数字化管理解决方案,为项目提供数据支撑,实现有效决策和精细管理。

④ 斯维尔BIM5D是利用BIM模型的数据集成能力,将项目进度、合同、成本、质量、安全、图纸等信息整合并形象化地予以展示,可实现数据的形象化、过程化、档案化管理应用,为项目的进度、成本管控、物料管理等提供数据支撑,实现有效决策和精细管理,从而达到减少施工变更、缩短工期、控制成本、提升质量的目的。

⑤ 毕美云图连接项目参与各方,包括设计、采购、施工、监理等团队,以设计数据为核心,服务工程项目全生命周期。毕美云图一方面连接项目团队,实现项目数据线上集中管理,项目协同沟通,随时随地移动办公,并基于经验数据为一线赋能,提高工作效率;另一方面,可以为项目管理提供业务数据积累,为项目管理提供抓手和决策支持,实现项目管理不漏项,可追溯,从而有效控制项目风险,提高项目交付质量。

(2) 建模插件(橄榄山、广联达鸿业BIMSpace、isBIM等)。

(3) BIM构件/族平台(鸿业、毕马汇、红瓦科技等)。

(4) 实时渲染、施工模拟(Fuzor等)。

3. 模型创建

关于创建BIM模型,我国《建筑信息模型应用统一标准》(GB/T 51212—2016)提出了具体要求。

(1) 模型创建前,应根据建设工程不同阶段、专业、任务的需要,对模型及子模型的种类和数量进行总体规划。

(2) 模型可采用集成方式创建,也可采用分散方式按专业或任务创建。

(3) 各相关方应根据任务需求建立统一的模型创建流程、坐标系及度量单位、信息分类和命名等模型创建和管理规则。

(4) 不同类型或内容的模型创建宜采用数据格式相同或兼容的软件。

(5) 当采用数据格式不兼容的软件时,应能通过数据转换标准或工具实现数据互用。

(6) 采用不同方式创建的模型之间应具有协调一致性。

当前,根据实际需求和模型的作用,使用BIM工具创建BIM模型的方式有所不同,常见的方式可以分为以下几种。

1) 依据传统图纸翻模

BIM翻模也被称为设计后BIM,因目前的使用需求、行业习惯或BIM发展成熟度等原因,绝大部分BIM模型的制作并未完全脱离传统的二维设计。BIM翻模就是把二维设计图纸翻成BIM模型,其作用是能以该BIM模型复核施工图的设计错误和不足,把图纸的准确率提高,同时,该BIM模型也可供设计、施工、运营使用,指导项目管理、控制项目施工过程,实现实时成本控制。

2) 三维正向设计

所谓正向设计是相对BIM翻模,BIM正向设计就是在项目从草图设计阶段至交付阶段全部过程都是直接在三维环境里进行,利用三维模型和其中的信息,自动生成所需要的图档,模型数据信息一致完整,并可后续传递。

3) 逆向工程建模

此逆向建模准确来讲并不是相对上述的正向设计所说,而是指基于现实中存在的建筑物、构筑物实体进行逆向建模的一种方式。逆向建模的发展得益于 BIM 整合技术,如图像识别、激光测量和计算机人工智能技术的飞快发展,目前逆向建模技术逐渐成熟。逆向建模技术包括点云逆向建模、照片逆向建模、三维扫描逆向建模等技术。图 2.11 为深圳大学中澳 BIM 与智慧建造研究中心的逆向工程研究案例,采用 3D 激光扫描仪和 BIM 工具对既有建筑物进行逆向工程设计。

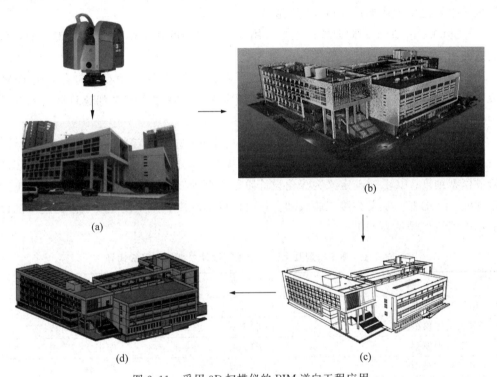

图 2.11 采用 3D 扫描仪的 BIM 逆向工程应用
(a) 三维激光扫描仪现场作业;(b) 生成项目三维点云模型;(c) 模型优化与调整;(d) 最终 BIM 模型

4. 模型细度

1) BIM 模型细度

模型细度是 level of development(LOD)一词的中文翻译,美国建筑师学会(American Institute of Architects,AIA)使用 LOD 来定义 BIM 模型中建筑元素的精度,BIM 元素的详细等级可以随项目的发展从概念性近似的低等级到建成后精确的高等级不断发展。

LOD 被定义为 5 个等级,分别为 LOD 100 到 LOD 500,相当于国内的方案设计、初步设计、施工图设计、施工阶段、竣工阶段的模型深度。在 BIM 实际应用中,首要任务就是根据项目的不同阶段以及项目的具体目的来确定 LOD 的等级,根据不同等级所概括的模型精度要求来确定建模精度。

2) 具体等级划分

(1) LOD 100：概念化。该等级等同概念设计，此阶段的模型通常为表现建筑整体类型分析的建筑体量，分析包括体积、建筑朝向、每平方造价等。

(2) LOD 200：近似构件（方案及扩初）。该等级等同方案设计或扩初设计，此阶段的模型包含普遍性系统包括的大致数量、大小、形状、位置以及方向等信息。

(3) LOD 300：精确构件（施工图及深化施工图）。该等级等同传统施工图和深化施工图层次，此阶段模型应当包括业主在 BIM 提交标准里规定的构件属性和参数等信息，模型已经能够很好地用于成本估算以及施工协调。

(4) LOD 400：加工。此阶段的模型可用于模型单元的加工和安装，如被专门的承包商和制造商用于加工和制造项目构件。

(5) LOD 500：竣工。该阶段的模型表现了项目竣工的情形，模型将包含业主 BIM 提交说明里确定的完整的构件参数和属性，模型将作为中心数据库整合到建筑运营和维护系统中。

在我国的《建筑信息模型施工应用标准》(GB/T 51235—2017) 中，按照施工图设计、深化设计、施工实施和竣工验收分别描述模型的深度要求，分别是：LOD 300 定义为施工图设计阶段模型细度；LOD 350 定义为深化设计阶段模型细度；LOD 400 定义为施工实施阶段模型细度；LOD 500 定义为竣工验收和交付阶段模型细度。施工模型及上游的施工图设计模型细度等级代号见表 2.1。

表 2.1 施工模型及上游的施工图设计模型细度等级代号

名 称	代 号	形 成 阶 段
施工图设计模型	LOD 300	施工图设计阶段
深化设计模型	LOD 350	深化设计阶段
施工过程模型	LOD 400	施工实施阶段
竣工验收模型	LOD 500	竣工验收阶段

2.2.2 CIM 技术

1. CIM 模型

CIM 的模型构架和 BIM 相似，是在后者的基础上进行扩展，从数据类型上讲就是由 GIS 数据、BIM 数据、城市信息数据建立起的有机综合体，属于智慧城市建设的基础数据。CIM 的目标是协同管理，要把设计管理、审批管理、建造管理、设施管理、营销、产业等综合成一个整体。

2. CIM 模型分级

根据住房和城乡建设部《城市信息模型(CIM)基础平台技术导则(修订版)》的要求，城市信息模型按精细度宜分为 7 级，应符合表 2.2 的规定。CIM 基础平台的模型精细度应不低于 2 级，条件具备时宜将精细度更高的模型汇入 CIM 基础平台。

表 2.2 城市信息模型分级规定

级别	名称	模型主要内容	模型特征	数据源精细度
1	地表模型	行政区、地形、水系、居民区、交通线等	数字高程模型（DEM）和文档对象模型（DOM）叠加实体对象的基本轮廓或三维符号	小于 1∶10000
2	框架模型	地形、水利、建筑、交通设施、管线管廊、植被等	实体三维框架和表面，包含实体标识与分类等基本信息	1∶5000～1∶10000
3	标准模型	地形、水利、建筑、交通设施、管线管廊、植被等	实体三维框架、内外表面，包含实体标识、分类和相关信息	1∶1000～1∶2000
4	精细模型	地形、水利、建筑、交通设施、管线管廊、植被等	实体三维框架、内外表面纹理与细节，包含模型单元的身份描述、项目信息、组织角色等信息	优于 1∶500 或 G1、N1
5	功能级模型	建筑、设施、管线管廊等要素及其主要功能分区	满足空间占位、功能分区等需求的几何精度，包含和补充上级信息，增加实体系统、关系、组成及材质、性能或属性等信息	G1～G2，N1～N2
6	构件级模型	建筑、设施、管线管廊等要素的功能分区及其主要构件	满足建造安装流程、采购等精细识别需求的几何精度（构件级），宜包含和补充上级信息，增加生产信息、安装信息	G2～G3，N2～N3
7	零件级模型	建筑、设施、管线管廊等要素的功能分区、构件及其主要零件	满足高精度渲染展示、产品管理、制造加工准备等高精度识别需求的几何精度（零件级），宜包含和补充上级信息，增加竣工信息	G3～G4，N3～N4

3. CIM 基础平台

CIM 基础平台应定位于城市智慧化运营管理的基础平台，由城市人民政府主导建设，负责全面协调和统筹管理，并明确责任部门推进 CIM 基础平台的规划建设、运行管理、更新维护工作。CIM 基础平台遵循"政府主导、多方参与，因地制宜、以用促建，融合共享、安全可靠，产用结合、协同突破"的原则，统一管理 CIM 数据资源，提供各类数据、服务和应用接口，满足数据汇聚、业务协同和信息联动的要求。CIM 基础平台的建设和使用及 CIM 数据采集、处理、传输、存储、交换和共享应符合国家相关法律法规、政策和标准规范的安全要求。

CIM 基础平台总体架构包括三个层次和两大体系，包括设施层、数据层、服务层，以及标准规范体系和信息安全与运维保障体系。横向层次的上层对下层具有依赖关系，纵向体系对于相关层次具有约束关系（图 2.12）。

(1) 设施层：包括信息化基础设施和物联感知设备。

(2) 数据层：应建设至少包括时空基础、资源调查、规划管控、工程建设项目、物联感知和公共专题等类别的 CIM 数据资源体系。

(3) 服务层：提供数据汇聚与管理、数据查询与可视化、平台分析、平台运行与服务、平

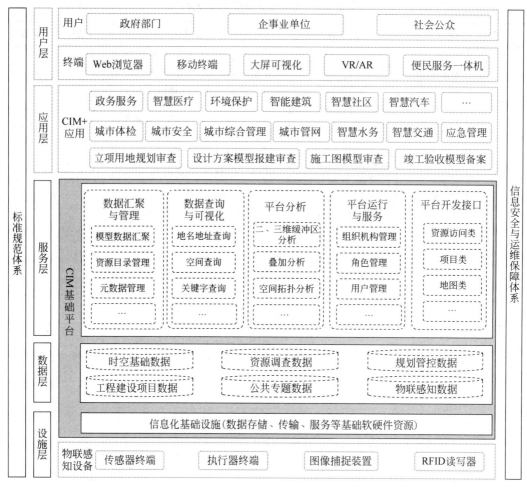

图 2.12 CIM 基础平台总体架构

台开发接口等功能与服务。

(4) 标准规范体系：应建立统一的标准规范，指导 CIM 基础平台的建设和管理，应与国家和行业数据标准与技术规范衔接。

(5) 信息安全与运维保障体系：应按照国家网络安全等级保护相关政策和标准要求建立运行、维护、更新与信息安全保障体系，保障 CIM 基础平台网络、数据、应用及服务的稳定运行。

CIM 基础平台主要建设内容包括功能建设、数据建设、安全运维。其中，功能建设必须提供汇聚建筑信息模型和其他三维模型的能力，应具备模拟仿真建筑单体到社区和城市的能力，宜支撑工程建设项目各阶段模型管理应用的能力(图 2.13)。

2.2.3 BIM/CIM 信息技术

1. 数据存储标准

BIM 技术的核心在于建筑全生命周期过程中信息模型的共享与转换，《建筑信息模型

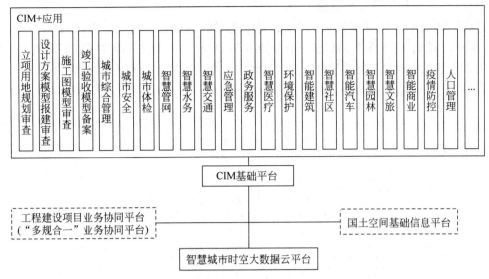

图 2.13 CIM 基础平台与其他系统关系

应用统一标准》(GB/T 51212—2016)对 BIM 数据的编码和存储提出了要求,对数据进行分类和编码是提高数据可用性和数据使用效率的基础。按有关标准存储模型数据是模型支持建设工程全生命周期各阶段、各参与方、各专业和任务应用的有效措施。

CIM 数据包括时空基础数据、资源调查数据、规划管控数据、工程建设项目数据、公共专题数据和物联感知数据等门类数据,CIM 数据采集、处理、传输、存储、交换和共享也应符合国家现行规范规定。

2. 多专业协同及数据交换标准

随着国内 BIM 的发展,很多软件都有非常强大的功能,不同使用单位根据自己的需求使用不同的软件组合,打造相应的 BIM 技术应用平台:设计单位做设计 BIM 模型,施工单位做施工 BIM 模型和应用,监理和造价咨询单位也各有自己的 BIM 模型和应用;不同模型、不同平台之间的信息不能或者难兼容,没法实现信息和数据的顺畅传递和共享,就会造成一个个的 BIM 信息孤岛。这样,为了实现工程项目系统架构模型、工程项目应用软件模型和应用软件之间的信息和数据交换,国内国外行业上都设定了相关 BIM 数据表达和交换标准,达到不同软件和平台之间的数据信息的同创共享是关键。

1) 国际 BIM 标准体系

目前国际 BIM 标准体系包含三大类标准:IFC(industry foundation classes)标准、IDM(information delivery manual)标准和 IFD(information framework for dictionaries)标准。1997 年国际数据互用联盟(International Alliance of Interoperability,IAI,现已更名为 Building SMART International)发布了 IFC 第一个版本,随着时间推移,后来的版本也持续在升级,目前最新版本是第 4 版,即 IFC4。

IFC、IDM、IFD 三者相结合成为当前 BIM 应用的系列标准,均已列为 ISO 国际标准,分别对应并解决模型数据互用需要解决的三个关键问题:①对所需交换信息的格式规范;②对信息交换过程的描述;③对所交换信息的准确定义。对 BIM 的数据信息存储与表达、交换与交付、术语与编码进行规范。

IFC标准规定了信息交换的格式，但要传递哪些信息并不涉及。通过IDM标准的制定，定义信息需求，将所需要的信息进行标准化后，应用于项目的不同阶段、不同软件系统，起到类似于桥梁的作用，保证各软件系统之间信息交换的完整性和协调性(图2.14)。

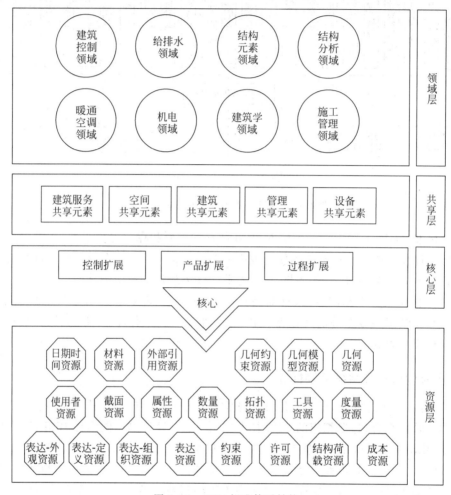

图2.14　IFC4标准体系结构

IFD标准是BIM词典，包含了BIM标准中每个概念定义的唯一标识码。不同国家和地区有不同的文化和语言，对同一事物有不同的表达，通过IFD标准，每个人能在信息交换中准确地得到所需的信息。

2）国内标准体系

国家住宅工程中心、清华大学、中建国际设计顾问有限公司、欧特克等单位共同开展了中国BIM标准课题的研究，并在2010年参考美国国家BIM标准体系，提出了中国建筑信息模型标准框架(China building information model standards，CBIMS)，包括《建筑信息模型应用统一标准》(GB/T 51212—2016)、《建筑信息模型分类和编码标准》(GB/T 51269—2017)、《建筑信息模型施工应用标准》(GB/T 51235—2017)、《建筑信息模型设计交付标准》(GB/T 51301—2018)和《建筑信息模型存储标准》(GB/T 51447—2021)(图2.15)。另外，各地根据自身情况也纷纷制定了相应的 BIM 应用标准。

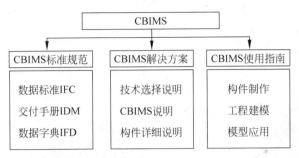

图 2.15　中国国家标准 CBIMS 体系结构

3. 可视化技术

可视化是传统 CAD 与 BIM 的区别中最为显著的一点。基于 BIM 的可视化功能,可以改善沟通环境,提高项目的观赏度及阅读能力,增加建筑整体的真实性及体验感。

所谓的可视化就是指一种利用计算机图形学、计算机图像处理技术、计算机视觉技术和辅助设计技术,将数据信息转换成图形或图像,在屏幕上显示出来的方法,目前正在飞速发展的虚拟现实技术也是以图形图像的可视化技术为依托的。如今,BIM 技术提出愈加成熟的三维成像技术,将建筑 BIM 全生命周期内的模型信息呈现在使用者面前,使人们能够观察、模拟和计算,进一步成为设计、施工、运维等必不可少的综合技术。

4. 仿真模拟技术

仿真模拟技术是对工程技术系统进行模拟仿真,包括建立模型、试验求解和结果分析三个主要步骤。结合各种专业软件和计算模型,利用 BIM 模型的信息参数,能模拟工程项目信息,开展各种空间、性能的仿真模拟计算。例如,一个基于室内环境质量分析的绿色建筑设计 BIM 模型,可以精确模拟建筑物的室内和室外各项参数信息,并为照明、采暖、通风、空调、给排水等项目的模拟分析提供基础信息。目前国内许多结构分析软件如 PKPM、YJK、Midas 等基于当前流行的 Revit 软件,均开发出与之相应的数据转换接口,实现工程可视化建模与工程仿真计算一体化,包括建筑性能仿真模拟分析、施工仿真模拟、运维仿真模拟等。

1) 建筑性能分析仿真

(1) 能耗分析:对建筑能耗进行计算、评估,进而开展能耗性能优化。

(2) 光照分析:建筑、小区日照性能分析,室内光源、采光、景观可视度分析,对建筑的采光和日照进行优化,满足建筑的舒适性要求。

(3) 设备分析:管道、通风、负荷等机电设计中的计算分析模型输出,冷、热负荷计算分析,舒适度模拟,气流组织模拟。

(4) 绿色评估:规划设计方案分析与优化、节能设计与数据分析、建筑遮阳与太阳能利用、建筑采光与照明分析、建筑室内自然通风分析、建筑室外绿化环境分析、建筑声环境分析、建筑小区雨水采集和利用。

2) 施工仿真模拟

(1) 施工模拟仿真:在虚拟环境中建模、模拟、分析设计与施工过程的数字化、可视化技术。通过虚拟施工,可以优化项目设计、施工过程控制和管理,提前发现设计和施工的问题,通过模拟找到解决方法,进而确定最佳设计和施工方案,用于指导真实的施工,最终大大降低返工成本和管理成本(图 2.16)。

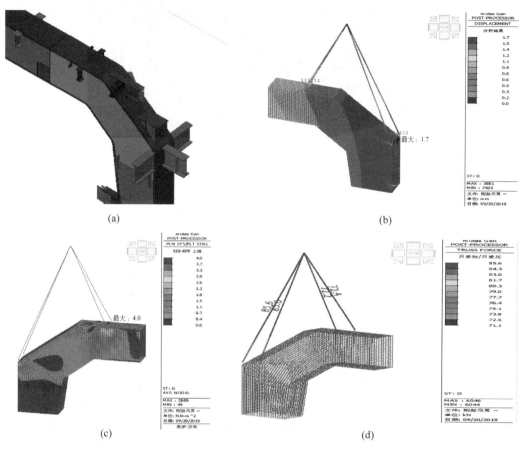

图 2.16 钢结构吊装施工模拟和受力分析
(a) 门式刚架弯折段深化 BIM 模型;(b) 门式刚架弯折段吊装变形分析;(c) 门式刚架弯折段受力分析;(d) 门式刚架弯折段吊装钢丝绳受力分析

(2) 施工进度模拟:虚拟施工随时随地直观快速地将施工计划与实际进展进行对比,清晰描述施工进度和各种动态复杂关系,施工方、监理方、业主、监管部门都能对工程项目的各种问题和情况进行了解,有效开展协同作业(图 2.17)。

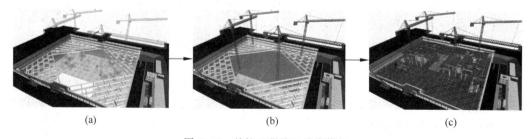

图 2.17 基坑工程施工进度模拟
(a) 2021 年 9 月;(b) 2021 年 10 月;(c) 2022 年 1 月

(3) 运维模拟仿真：利用 BIM 技术，结合智能化信息技术以实现物业的信息、设施、安全、能耗、环境和人员的数字化管理。在 BIM 技术系统中可以做到实时直观地仿真模拟信息，可以快速定位和处理故障的设施。

2.2.4　CIM 关键技术

1) GIS

GIS 是建立在三维数据模型基础上的地理信息系统，其对客观世界的表达能给人以更真实的感受，它以立体造型技术给用户展现地理空间现象，不仅能够表达空间对象间的平面关系，而且能描述和表达它们之间的垂向关系；另外，对空间对象进行三维空间分析和操作也是 GIS 特有的功能。它具有独特的管理复杂空间对象能力及空间分析能力，今天已经深入社会的各行各业中，如土地管理、电力、电信、水利、消防、交通以及城市规划等。

2) BIM

BIM 是建筑设施的物理和功能特征的数字化模型，其作为建筑信息的共享资源，成为建筑全生命周期决策的可靠基础。基于目前 BIM 在建筑、市政工程及其他基础设施建设中的广泛应用，其已成为建立 CIM 的重要基础。

3) IoT

IoT 是指通过各种信息传感器、射频识别技术、全球定位系统、红外感应器、激光扫描器等各种装置与技术，实时采集任何需要监控、连接、互动的物体或过程，采集其声、光、热、电、力学、化学、生物、位置等各种需要的信息，通过各类可能的网络接入，实现物与物、物与人的泛在连接，实现对物品和过程的智能化感知、识别和管理。在智慧城市中，传感器、摄像头、无线设备、数据中心的网络构成了关键的基础架构，使市民能够以更快、更有效的方式提供基本服务。

城市实体中通过各种物联网传感器和智能终端实时获取城市基础设施的数据，基于 CIM 基础平台的信息整合、展示能力和智能化管理，对城市基础设施、地下空间、道路交通、生态环境等运行状况进行实时监测和可视化综合呈现，实现对设备的预测性维护、基于模拟仿真的决策推演以及应急事件的快速响应处理能力，使城市运行更稳定、安全和高效。

4) CIM 平台

CIM 平台是 CIM 数据汇聚、应用的载体，是智慧城市的基础支撑平台，为相关应用提供丰富的信息服务和开发接口，支撑智慧城市应用的建设与运行。

2.3　BIM/CIM 技术发展现状

2.3.1　行业发展需求

建筑行业由于业务的需求而引发对新技术的研究，BIM 技术因此而产生；而 BIM 技术的应用需要 BIM 标准的指导与 BIM 工具的帮助；利用 BIM 工具进行建筑建造活动，创建 BIM 模型；BIM 模型反过来支持建筑行业的业务需求。这 4 个主体首尾相连，形成一个环形价值链，促进 BIM 不断向前发展（图 2.18）。

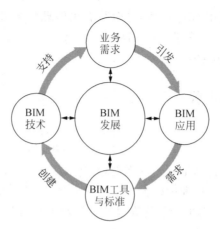

图 2.18 BIM 发展的价值链

2.3.2 BIM/CIM 技术发展及应用

1. BIM 技术发展及应用

BIM 与大数据、智能化、云计算、物联网等信息技术集成应用、智慧应用是 BIM 技术的发展方向,以物联网为基础,云计算为手段,实现数据和信息采集、传递、监控,形成设计、施工、运维、拆除改造各阶段全过程及各专业的信息有效顺畅传递与利用,实现全产业链的数据传递和共享,提升建筑行业发展水平。

目前,BIM 技术与建筑工业化、绿色建筑等领域的融合发展态势良好,建筑工业化为实现绿色建筑提供先进的生产方式,BIM 为绿色建筑和建筑工业化提供有效的技术支撑和管理工具。在建筑工业化领域,BIM 为实现建筑工程设计、生产、运输、装配及全生命周期管理提供技术保障,以实现建筑工业全产业链、全生命周期、全专业的协同工作。BIM 技术在建筑工业化中的应用主要包括标准化设计、工业化生产、装配式施工和造价、质量、运维的一体化管理。在绿色建筑领域,BIM 技术与绿色建筑的理念和方法的整合,在建筑的规划、设计、施工和运营阶段运用,促进绿色建筑的实现。按绿色建筑评价指标体系划分,BIM 与 GIS 技术的结合,在节地和室外环境方面,可对现场和建筑物空间进行场地分析,以及场地土方量、施工用地管理等;在节水与水资源利用方面,利用 BIM 技术模拟场地排水、消防用水设计以及施工用水过程,以确定最佳的排水和管网路径;在节材和材料资源利用方面,通过管线综合设计减少或避免"错、漏、碰、缺",减少原材料浪费,通过 BIM 进度模拟,进行物料管理,实现 BIM5D 应用,做到零库存施工;在节能与能源利用方面,通过 BIM 对建筑进行能耗、气流模拟、照明、人流分析及建筑物性能评价,使建筑实现可持续性建造和资源的循环利用。

2. CIM 技术发展及应用

1) CIM 建设发展现状

随着计算机技术、互联网和物联网等新型技术的迅速发展和深入应用,城市信息化发展向更高阶段的智慧化方向发展已成为必然趋势,这种发展趋势在美国、瑞典、爱尔兰、德国、法国、中国以及新加坡、日本、韩国等国家较为明显,但大部分国家都还处于有限规模、小范围探索阶段。

2）国内智慧城市建设应用规划

随着我国城镇化发展,城市管理的数据越发复杂,传统城市管理与运维发展模式已无法支撑城市的发展需求。在数字化转型的驱动下,智慧城市发展需求迫切,信息化、工业化和城镇化开始深度融合,成为新型城市建设管理新的实现思路。2018年11月住房和城乡建设部发布的行业标准《工程建设项目业务协同平台技术标准》(CJJ/T 296—2019)中有很大篇幅提到CIM,同时提出,有条件的城市可在BIM应用的基础上建立CIM,应用体系可结合城市实际需求进行拓展。2019年10月30日,国家发展和改革委员会修订发布了《产业结构调整指导目录(2019年本)》,将CIM列为鼓励性产业。同年,北京、雄安、广州、南京、厦门被列为CIM平台建设试点城市,各大城市纷纷出台了鼓励CIM行业发展的政策文件,有效推进了城市规划、建设、治理过程中的数据融合、技术融合和业务协同。因此,2019年被认为是CIM建设元年,全国多地开展CIM试点。

习近平总书记在2020年3月赴浙江考察时,在杭州城市大脑运营指挥中心指出,运用大数据、云计算、区块链、人工智能等前沿技术推动城市管理手段、管理模式、管理理念创新,让城市更聪明一些、更智慧一些,是推动城市治理体系和治理能力现代化的必由之路,前景广阔。各地城市管理者、科研人员和大数据等行业从业者纷纷表示,习近平总书记的重要讲话,为推进城市治理体系和治理能力现代化提供了重要依据。全国各地纷纷出台了智慧城市建设"十四五"规划,智慧城市建设已形成遍地开花的总体格局。

(1) 杭州——深入推进城市大脑建设

2021年3月,《中共杭州市委关于制定杭州市国民经济和社会发展第十四个五年规划和二〇三五年远景目标纲要》指出,完善城市大脑"一整两通三同直达"治理体系,增强"全域感知、深度思考、快速行动、知冷知暖、确保安全"功能,深化"一脑治全城、两端同赋能"运行模式。以统一地址库为核心,完善城市水、电、气、路、桥、隧等基础信息大数据系统,建立城市信息模型平台(CIM),形成三维透视城市感知底座,实现市政基础设施数字化连接和管理,打造"数字孪生城市"。

(2) 北京——建设成为全球新型智慧城市的标杆城市

2021年3月,《北京市"十四五"时期智慧城市发展行动纲要》颁布并提出,到2025年,将北京建设成为全球新型智慧城市的标杆城市。统筹规范的城市感知体系基本建成,城市数字新底座稳固夯实,整体数据治理能力大幅提升,全域场景应用智慧化水平大幅跃升,"一网通办"惠民服务便捷高效,"一网统管"城市治理智能协同,城市科技开放创新生态基本形成,城市安全综合保障能力全面增强,数字经济发展软环境不断优化,基本建成根基强韧、高效协同、蓬勃发展的新一代智慧城市有机体,有力促进数字政府、数字社会和数字经济发展,全面支撑首都治理体系和治理能力现代化建设,为京津冀协同发展、"一带一路"国际合作提供高质量发展平台。

(3) 深圳——打造具有深度学习能力的鹏城智能体

2021年6月,《深圳市人民政府关于加快智慧城市和数字政府建设的若干意见》提出,到2025年,打造具有深度学习能力的鹏城智能体,成为全球新型智慧城市标杆和"数字中国"城市典范。融合人工智能(artificial intelligence,AI)、5G、云计算、大数据等新一代信息技术,建设城市数字底座,打造城市智能中枢,推进业务一体化融合,实现全域感知、全网协同和全场景智慧,让城市能感知、会思考、可进化、有温度。

(4) 上海——建成具有世界影响力的国际数字之都

2021年10月,上海市人民政府办公厅关于印发《上海市全面推进城市数字化转型"十四五"规划》的通知,提出了建设目标。到2025年,上海全面推进城市数字化转型取得显著成效,对标打造国际一流、国内领先的数字化标杆城市,基本构建起以底座、中枢、平台互联互通的城市数基,经济、生活、治理数字化"三位一体"的城市数体,政府、市场、社会"多元共治"的城市数治为主要内容的城市数字化总体架构,初步实现生产生活全局转变,数据要素全域赋能,理念规则全面重塑的城市数字化转型局面,国际数字之都建设形成基本框架,为2035年建成具有世界影响力的国际数字之都奠定坚实基础。

(5) 重庆——全面建成"两中心"的建设目标

2021年12月重庆市人民政府印发《重庆市数据治理"十四五"规划(2021—2025年)》,提出到2025年全面建成"两中心"的建设目标。"十四五"期间,重庆数字规则体系日臻完善、数据聚通效能大幅提升、数据融合应用即时高效、数据要素市场规范发展、数据安全管控保障有力。其中,城市大数据资源中心全面建成,全市数据图谱与城市信息模型基本建成;数据汇聚率不低于90%;政务数据共享数量不少于20000个,公共数据开放数量不少于5000个;数据的准确性、时效性、可用性持续提升,数据共享开放水平走在全国前列。新型智慧城市运行管理中心全面建成,数据叠加、建模、分析等数据治理支撑能力显著增强,推动数字化应用全业务覆盖、全流程贯通、跨部门协同,实现"一网统管、一网通办、一网调度、一网治理"。在城市运行、政务服务、基层治理、交通出行等领域,打造一批在全国有影响力的智慧应用新范例。

2022年3月住房和城乡建设部印发《"十四五"住房和城乡建设科技发展规划》明确,到2025年,住房和城乡建设领域科技创新能力大幅提升,科技创新体系进一步完善,科技对推动城乡建设绿色发展、实现碳达峰目标任务、建筑行业转型升级的支撑带动作用显著增强。在城市基础设施数字化网络化智能化技术应用方面提出,要以建立绿色智能、安全可靠的新型城市基础设施为目标,推动5G、大数据、云计算、人工智能等新一代信息技术在城市建设运行管理中的应用,开展基于CIM平台的智能化市政基础设施建设和改造、智慧城市与智能网联汽车协同发展、智慧社区、城市运行管理服务平台建设等关键技术和装备研究。

毋庸置疑,智能化、信息化是未来城市发展的趋势。可以看出CIM技术是一个发展中的事务,CIM技术具有广阔的前景,未来具有结合各项技术、各种智慧城市场景的无限可能,为城市现代化治理提供更科学的工具,为城市人民创造更美好的生活。

2.4 BIM/CIM技术在智能建造中的应用案例

2.4.1 BIM/CIM技术在方案规划阶段的应用

在规划设计阶段,依托该地区的CIM模型,结合无人机航拍技术开展项目场地环境分析,可更好地了解掌握现场的地形、景观、交通、水系、植被等方面的技术资料,为场地环境分析提供技术支持。

图2.19为规划方案设计,根据意向方案对建筑物进行太阳辐射模拟、场地风环境模拟,确保方案的合理性。

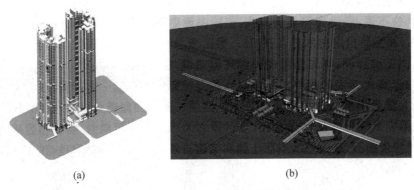

图 2.19 BIM/CIM 技术规划设计模型
(a) 建筑 BIM 模型；(b) 园区模型规划效果

2.4.2 BIM/CIM 技术在设计阶段的应用

BIM 在设计阶段不仅包含建筑设计形体、管线综合等相关信息，也可以基于 BIM 模型在不同领域中分享和协同。建立全专业 BIM 可视化三维模型，依托 BIM 软件平台的管综碰撞和净高识别、安装和维护功能需求判断，对管道密集区域进行综合排布设计，虚拟各种施工条件下的管线布设，在碰撞检查和净高分析的基础上，提前发现施工现场会存在的碰撞和冲突，在设计阶段协同解决，大幅度减少施工过程中的设计变更，提高施工现场的工作效率，节约工程成本。还可以充分发挥 BIM 虚拟漫游技术的优势，提前对设计完成品质进行预判。

(1) BIM 设计

在项目设计过程中进行 BIM 设计出图，覆盖全专业，通过 BIM 软件实现三维可视化 BIM 正向设计。通过将 BIM 技术应用到不同专业协调设计中，各个专业的工作人员能够实现信息的完全共享，便于进行协同工作，保证建筑设计以及施工能正常、有序地进行，进一步保证建筑的质量(图 2.20)。

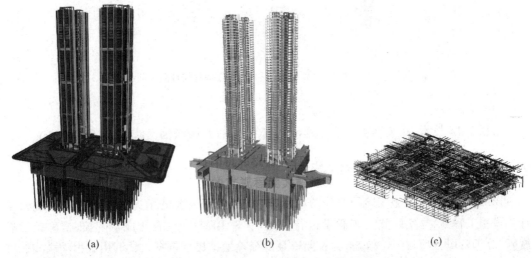

图 2.20 BIM 设计阶段各专业模型
(a) BIM 建筑模型；(b) BIM 结构模型；(c) BIM 机电模型

（2）建筑功能方案设计

使用 BIM 仿真模型，直观了解空间关系，方便空间功能的设计和分析，同时可以直接向业主或使用方呈现设计效果（图 2.21）。

图 2.21 公寓项目 BIM 可视化设计

（3）BIM 技术仿真模拟分析

使用核心模型对拟建建筑热环境、日照进行精确的模拟和分析（图 2.22）。

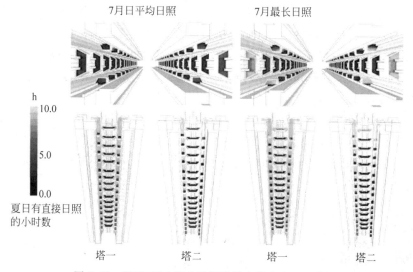

图 2.22 基于 BIM 技术进行塔楼内部庭院日照分析

（4）深化设计

依据 BIM 技术，对关键复杂节点进行可视化分析，开展深化设计（图 2.23）。

2.4.3 BIM/CIM 技术在施工阶段的应用

BIM/CIM 技术在施工阶段具体的应用有：①实现成本动态管理，利用 BIM 系统自动计算模型工程量，与实际施工工程量进行对比，实现 BIM5D 动态化成本管控，精确派发进度款，分析阶段性项目经济效益，为企业资金的统筹安排提供依据。②利用虚拟动画或二维码快速扫描对复杂钢筋节点、QC 铝模安装、脚手架搭设、砌砖铺排等施工过程进行交底，提

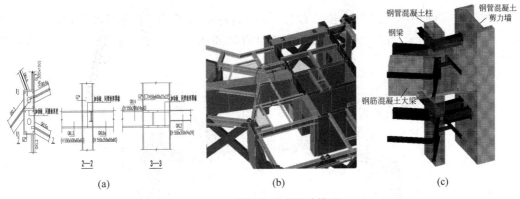

图 2.23 钢结构节点设计模型

(a) 设计图纸；(b) BIM 模型；(c) 节点模型

高施工准确性。③基于 BIM 技术的质量管理软件、BIM＋移动技术实现现场巡检（日检、周检、月检、季度检、专项检查）管理。现场管理人员可以利用 BIM 对质量问题精准定位,通过移动 APP 填写问题原因的描述、上传现场照片、确认问题责任人及整改时间。质量问题在系统中统一发起并跟踪,相应责任人收到问题提醒后及时整改并上传整改图片,跟踪流程可以根据需求增加复核环节,复核通过后验收人开始验收,任意环节不通过均可返回到整改环节重新整改,从而实现质量流程 BIM4D 在线化、协同化处理。

目前,BIM/CIM 技术在建设项目智慧建造中已经可以实现施工阶段的全过程应用,下面以深圳前海珑湾国际人才公寓的 BIM 技术应用项目为例,介绍 BIM 技术在施工各个阶段的作用和应用情况。

（1）在施工准备阶段,通过 BIM 技术,结合区域 CIM 模型提供的场地、地下管线数据,可以开展施工阶段的综合性分析,使现场施工场地的规划和施工组织计划更加合理。利用 BIM 虚拟漫游技术对基础、主体和装修三个阶段的施工现场进行三维排布,对现场的不同工作面、停车场交通路线、指示牌布置、设备进场、集水坑位置等进行规划和部署,以便更加科学地指导后期施工（图 2.24）。

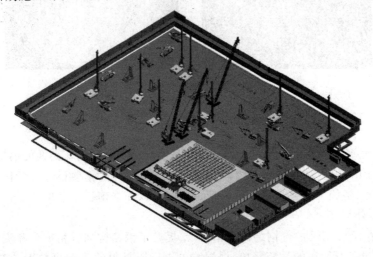

图 2.24 现场机械排布 BIM 模型

如在桩基施工中，借助三维模拟软件，进行岩层地表模拟，项目西低东高，水平距离 30m 岩层高差约 30m，在工程桩施工前为项目管理团队对工程桩入岩深度形成基本判断（图 2.25）。

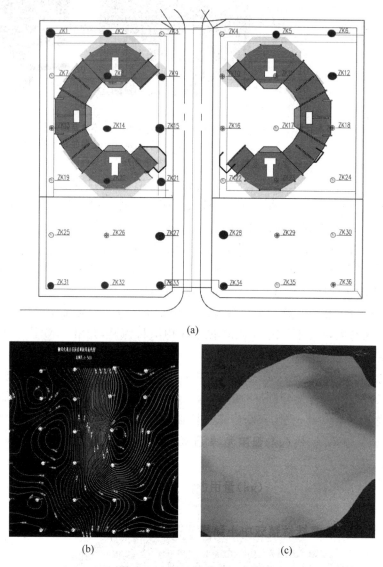

(a)

(b)　　　　　　　　　　(c)

图 2.25　BIM 桩基施工应用

(a) 现场勘察测量点位；(b) 中风化等高线；(c) 岩层地表三维模拟模型

(2) 土石方开挖前，基于 BIM 三维模型进行土方开挖方案和行车路线的模拟（图 2.26）。

(3) 通过 BIM 模型对工程量、材料用量等进行计算，可优化项目施工阶段的物资管理；通过 BIM 模型对各施工工艺进行提前模拟、检查，可以加强施工工艺的科学性，发现并解决工艺问题，减少错误率。

例如，利用 BIM 工具进行钢结构深化设计，提升了钢结构加工精准度和安装质量，导出构件的零件清单以及所用的物资清单，根据清单进行原材料的采购可精确地制订物资采购计划（图 2.27）。

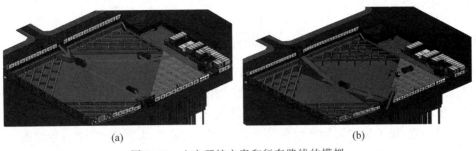

图 2.26　土方开挖方案和行车路线的模拟

(a) 第一层土方开挖汽车行走路线模拟；(b) 第二层土方开挖汽车行走路线模拟

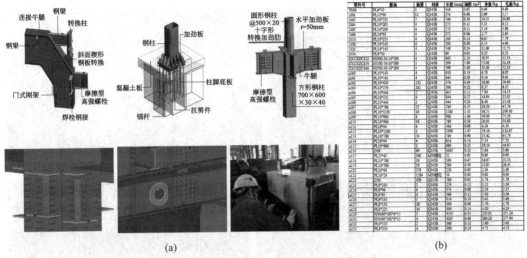

图 2.27　施工工艺设计模拟和排产清单生成

(a) 钢结构深化设计；(b) 排产清单

（4）用 BIM 模型轻量化技术的云平台对图文现场、现场工况、4D 进度、BIM 全景影像和其他自动采集的信息等进行维护、实时更新，平台系统可加强现场信息化管理，直观体现施工计划进度与实际进度的差值，准确提高现场物资体量的精确度和效率，减少信息不对称造成的矛盾和冲突，解放岗位层工作烦琐度，节约成本（图 2.28）。

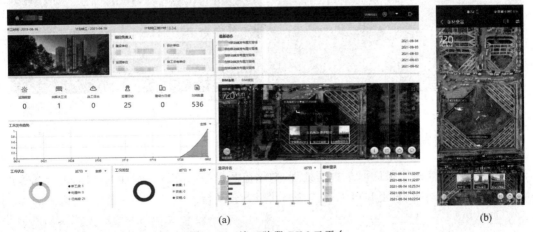

图 2.28　施工阶段 BIM 云平台

(a) 平台操作界面；(b) 移动端实景

2.4.4 BIM/CIM 技术在运维阶段的应用

在运维阶段,利用 BIM/CIM 平台大数据管理优势,工程资料上传到云平台上进行分类管理与共享,同时将工程资料与模型、构件关联,实现工程资料的科学管理;对不同阶段、不同建设主体的工程档案进行管理,便于后期运维进行快速调取,可快速解决问题。

集成多专业,提供更多智能化服务平台,可准确了解城区实时信息,可有效调配资源,优化人居环境,实现绿色生态目标。图 2.29 为北京构力科技有限公司基于 CIM 平台的智慧城区管理系统。

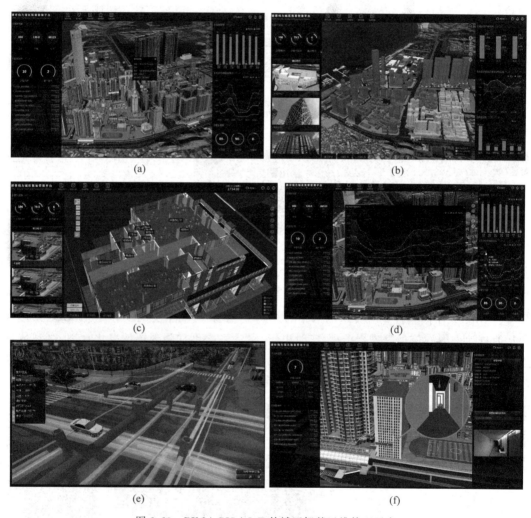

图 2.29　BIM+GIS+IoT 的城区智慧运维管理平台
(a) 城区整体情况;(b) 楼宇信息;(c) 楼层展示;(d) 城区能耗分析;(e) 市政设施管理;(f) 城区事件信息报警

通过该平台实现了城区海量数据处理、数据监测模拟和智慧化管理的目标,为城区管理中的多部门提供高效、直观和可靠的三维公共服务云平台。

复习思考题

1. BIM 技术的特性有哪些?
2. 简述 BIM 技术的应用场景。
3. CIM 的技术基础包含什么内容?
4. 如何理解 CIM 和 CIM 平台?
5. 简述 BIM/CIM 技术对智能建造发展的意义。

第 2 章课程思政学习素材

参考文献

[1] 住房和城乡建设部.建筑信息模型应用统一标准:GB/T 51212—2016[S].北京:中国建筑工业出版社,2016.
[2] 住房和城乡建设部.城市三维建模技术规范(附条文说明):CJJ/T 157—2010[S].北京:中国建筑工业出版社,2010.
[3] 住房和城乡建设部.城市信息模型(CIM)基础平台技术导则(修订版)[R].2021.
[4] 中华人民共和国国家质量监督检验检疫总局,中国国家标准化管理委员会.信息技术 备份存储 备份技术应用要求:GB/T 36092—2018[S].北京:中国标准出版社,2018.
[5] 国家市场监督管理总局,国家标准化管理委员会.物联网 信息共享和交换平台通用要求:GB/T 40684—2021[S].北京:中国标准出版社,2021.
[6] 国家市场监督管理总局,中国国家标准化管理委员会.物联网 信息交换和共享 第1部分:总体架构:GB/T 36478.1—2018[S].北京:中国标准出版社,2018.
[7] 郑华海,刘匀,李元齐.BIM 技术研究与应用现状[J].结构工程师,2015,31(4):233-241.
[8] 清华大学软件学院 BIM 课题组.中国建筑信息模型标准框架研究[J].土木建筑工程信息技术,2010,2(2):1-5.
[9] 冉龙彬,张超.BIM 应用中的数据传递和共享[J].重庆建筑,2018,17(7):33-36.
[10] 周翠.BIM 技术应用现状与发展概述[J].建筑技术,2018,49(S2):40-43.
[11] 李云贵.推进 BIM 技术深度应用,促进绿色建筑和建筑工业化发展[C]//钢结构建筑工业化与新技术应用,2016:48-50.
[12] 罗志强,赵永生.BIM 技术在建筑工业化中的应用初探[J].聊城大学学报,2015,28(4):57-59.
[13] 吴禹默,赵丹,杨振兴,等.智慧建造中 BIM 应用效用的关键影响因子分析[J].建筑经济,2021,42(11):95-98.
[14] 王爱华,陈才.智慧城市:构筑于信息高地上的城市智慧发展之道[M].北京:电子工业出版社,2014.
[15] 赵雪锋,刘占省.BIM 导论[M].武汉:武汉大学出版社,2017.
[16] 林磊.浅谈 BIM 技术发展现状及应用研究[J].福建建设科技,2021(2):3.
[17] 黄正凯,钟剑,张振杰,等.基于 BIM 平台测量机器人在机电管线施工中的应用[J].施工技术,2016,45(6):24-26.

[18] 马智亮,蔡诗瑶.基于BIM的建筑施工智能化[J].施工技术,2018,47(6):70-72,83.
[19] 秦旋,谢祥,房子涵,等.BIM技术多主体协同创新网络研究——基于深圳平安金融中心项目[J].建筑经济,2019,40(6):68-75.
[20] 孙晓峰,魏力恺,季宏.从CAAD沿革看BIM与参数化设计[J].建筑学报,2014(8):5.
[21] 陆世登,谢洁敏.全过程BIM一体化正向设计促进建筑产业融合[J].山西建筑,2019,45(21):3.
[22] 纪凡荣,曹江红.施工投标中BIM建模细度及应用研究[J].图学学报,2017,38(6):904-908.
[23] 吴志强,甘惟,臧伟,等.城市智能模型(CIM)的概念及发展[J].城市规划,2021,45(4):106-113,118.
[24] 季珏,汪科,王梓豪,等.赋能智慧城市建设的城市信息模型(CIM)的内涵及关键技术探究[J].城市发展研究,2021,28(3):65-69.

第3章
3D打印技术在智能建造领域的应用

3.1 建筑工程 3D 打印定义

3.1.1 建筑工程 3D 打印技术简介

增材制造技术又称 3D 打印(3-dimensional printing)技术,与传统制造技术通过减材加工实现构件成型不同,增材制造技术以 3D 数字化模型为基础,通过计算机控制机械装置逐层堆叠打印材料构造目标结构,它可以快速制造复杂的、非标准的几何构件,大大提高了工程适用性,图 3.1 所示为传统制造与增材制造的区别。目前 3D 打印技术已广泛应用于汽车制造、航空航天、医疗应用、工业模具等领域(图 3.2)。

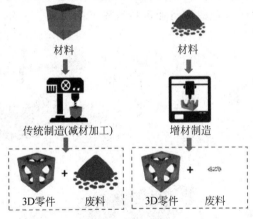

图 3.1 传统制造与增材制造的区别

传统建筑施工形式主要为混凝土结构施工,存在人工成本高、施工周期长、资源消耗高以及对周边环境影响大等问题,尤其在进行个性化、复杂造型的结构工程施工时,复杂造型模板制作和混凝土浇筑都存在困难,同时模板无法二次利用,既增加了成本又存在资源浪费,不利于建筑产业的绿色、可持续发展。增材制造作为一项新兴的高度自动化制造技术,能够很好地克服目前传统混凝土结构施工面临的这些问题。

工业 4.0 是以智能制造为主导的第四次工业革命,通过智能工厂、智能生产、智能物流等技术,将当下社会的运作效率提高到一个新高度。随着工业 4.0 建筑工业化的推广和发

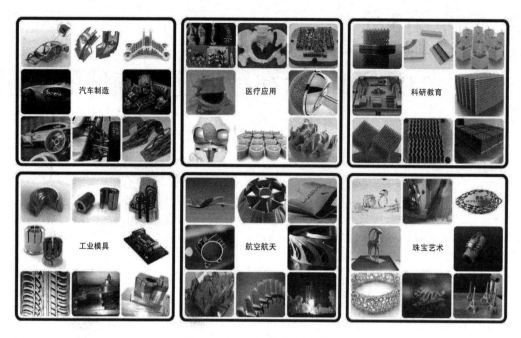

图 3.2 3D 打印技术应用领域

展,建筑工程 3D 打印技术作为一种数字化、智能化、自动化的新兴制造技术,是传统建筑行业转型升级的重要途径(图 3.3)。其集成了计算机控制、数字化模型、材料成型等技术,通过数控系统对建筑材料与结构进行合理优化,规避传统建筑工业建造模式的弊端,实现经济与资源最大化的建造目标,满足建筑行业可持续发展的需求。

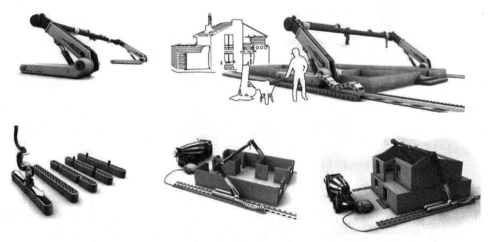

图 3.3 建筑工程 3D 打印

已有的研究表明,建筑工程 3D 打印施工可以减少 30%~60% 的建筑垃圾,降低 50%~80% 的人工成本,缩短 50%~70% 的生产时间。因此,研究和应用 3D 打印技术在土木工程领域具有重要意义。图 3.4 展示了建筑工程 3D 打印技术的发展历史,当前建筑工程 3D 打印技术已经步入高速发展时期,相关技术的研究及应用呈指数形式发展。建筑工程 3D 打印技术在建筑行业中规模不断壮大,随着新材料、新技术、新型工程应用的不断出现,建筑工程3D打印技术的潜力与价值不断被发掘,为建筑行业的智能建造开创出一片广阔的新天地。

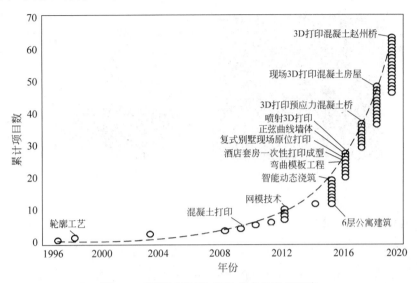

图 3.4　建筑工程 3D 打印技术的发展历史

3D 打印混凝土(3D printing concrete,3DPC)技术是建筑 3D 打印技术的重要组成部分,20 世纪 90 年代,美国纽约伦斯勒理工学院 Pegna 首次将水泥基材料用于 3D 打印,通过选择性地交替沉积砂与波特兰水泥薄层,逐层累积砂浆并利用快速蒸汽养护的方式,打印出混凝土(砂浆)结构,该工艺充分利用了材料的性能特点,并且材料可以循环使用。虽然这项工作证明了 3D 打印技术应用于建筑领域的可行性及前景并引起强烈反响,但受限于当时的水泥混凝土技术及自动化控制技术水平等,并未能在实际工程应用中得以应用。经过近30 年的发展,3DPC 技术已能够实现混凝土构件和结构的打印,包括低层房屋、办公室、桥梁、避难所等。

3.1.2　建筑工程 3D 打印技术分类

建筑工程 3D 打印技术作为目前建筑工程智能建造的研究热点,世界各地相当数量的科研机构及企业均积极参与其研究与应用。现阶段,建筑工程 3D 打印技术种类较多,按照成型材料可分为水泥基材料的 3D 打印和固体颗粒材料的 3D 打印,其中,3D 打印水泥基材料又可分为普通硅酸盐水泥基材料、硫铝酸盐等特种水泥基材料、碱激发类地聚物材料等;按照打印成品用途可分为房屋建筑 3D 打印、公共设施 3D 打印、景观雕塑 3D 打印等。除上述分类方式外,建筑工程 3D 打印技术还可依据成型工艺大致分为以下五类。

1. 挤出成型技术

挤出成型技术(图 3.5)是一种基于挤压的逐层建造技术,代表技术有轮廓工艺和混凝土打印技术。在建造过程中,新拌材料通过机械泵送至喷嘴随后对材料进行挤压,在材料挤出的同时,打印机根据打印模型移动打印头的位置,建造成所设计的结构构件。挤出成型技术的优点是控制和操作的系统较为简单,操作简便,相对的制造成本较低。该技术的不足之处在于在打印悬挑结构时需要提供支撑,防止打印材料的塌陷。此外,使用该技术进行连续打印能实现的最终打印高度受打印设备的限制,无法实现较高楼层建筑结构的打印成型。

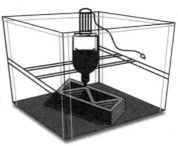

图 3.5　挤出成型技术

2. 选择沉积技术

选择沉积技术(图 3.6)是一种基于砂石粉末分层黏合叠加增材建造技术。在建造过程中,首先喷洒砂粉末并压实,通过喷挤黏结剂来选择性逐层黏结硬化砂砾粉末,清除多余的粉末,最终实现目标构件的堆积成型。选择沉积技术的优点是打印构件强度高、整体性好,可以实现中空孔洞结构和悬挑结构的打印,同时,该技术对打印材料的要求较低。该技术的不足之处在于使用打印材料的用量较大,打印过程缓慢,打印构件的尺寸受到打印设备的限制,且成本较高;此外,该技术的打印过程相对复杂,难以实现结构布筋,不适于现场施工。

3. 模具打印技术

模具打印技术(图 3.7)的代表技术为网状模具技术。模具打印技术的优点是能够植入钢筋骨架作为一种新型增强方式,同时,该技术能实现复杂异形结构的打印成型。该技术的不足之处在于打印的程序较为复杂,在打印过程中,填充材料密实度较难保证。

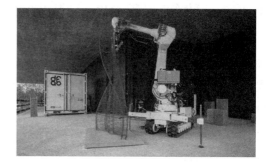

图 3.6　选择沉积技术　　　　　　　图 3.7　模具打印技术

4. 滑模成型技术

滑模成型技术(图 3.8)的代表技术为智能动态浇筑(smart dynamic casting,SDC)技术。滑模成型技术的优点是布筋方便,打印成型后的结构构件表面质量好、无分层结构。该技术的不足之处是打印系统较为复杂、控制难度较高，无法实现悬挑结构的打印成型；同时，打印结构的尺寸也受到打印设备的限制。

5. 喷射成型技术

喷射成型技术（图3.9）是一种基于材料喷涂混凝土构件层层堆叠的增材建造技术，代表技术为喷射 3D 打印（shotcrete 3D-printing，SC3DP）技术。在建造过程中，材料在喷嘴处通过加入受控的压缩空气来加速获得高动能，使得混凝土层能够适当压实，同时在两个连续层之间产生良好的力学黏结，最终实现喷射构件打印成型。喷射成型技术的优点是可对布筋结构进行喷射打印，布筋方便；同时，通过喷射堆叠能够实现悬挑结构的打印成型，施工速度快，适用于隧道施工。该技术的不足之处是喷射成型后的结构构件精度不足、表面质量差。

图 3.8　滑模成型技术

图 3.9　喷射成型技术

3.1.3　建筑工程 3D 打印设备及施工工艺

目前，混凝土 3D 打印技术在建筑工程 3D 打印的实际工程应用中占主导地位。同时，由于混凝土的打印设备与打印的最终产品质量密切相关，因此，主要介绍混凝土 3D 打印设备及施工工艺。

目前，混凝土 3D 打印设备主要分为四大类（图 3.10）：第一类塔式起重机式打印系统也叫旋转臂式打印系统，以塔式起重机式打印系统为中心，通过转动同时配合机械臂的伸缩实现圆弧形结构的打印。第二类龙门架式打印系统也叫框架式打印系统，将打印喷嘴定位在空间直角坐标中，通过在建筑物所对应的不同坐标点之间来回移动进行打印，一般具有 3 个自由度，打印尺寸受到龙门架式框架结构的限制。第三类机械臂式打印系统也会受到机械臂长度作用范围的限制，但是该系统在打印过程中可保持连续的曲率变化率，在打印层之间可进行更平滑的过渡，外观更加美观。第四类可移动式机器人打印系统可分为独立机器人和多机位组合机器人打印系统，通过对机器人行走路径和打印路径的合理规划，以实现更为灵活和高效的打印，具备 6 个完整的自由度。

混凝土 3D 打印的施工工艺主要分为现场打印和装配式打印。现场打印采用连续打印逐层叠加的方式，在基础上直接将建筑主体打印成型，需提前预留设备孔洞和构造柱的位置，再进行节点连接和二次浇筑混凝土，最终形成一体化的结构。3D 打印装配式则是在工

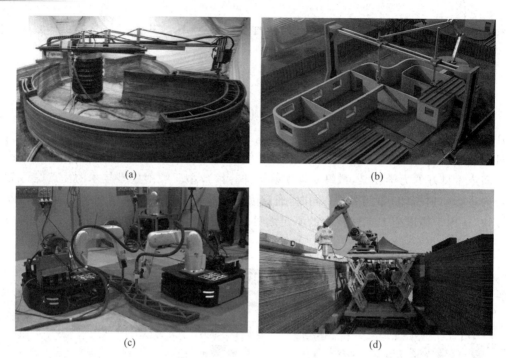

图 3.10 混凝土 3D 打印系统
(a) 塔式起重机式打印系统;(b) 龙门架式打印系统;(c) 机械臂式打印系统;(d) 可移动式机器人打印系统

厂预先打印好构件和配件,运输到建筑施工现场,通过绑扎、焊接等连接方式在现场进行装配安装。

3.2 建筑工程 3D 打印基本理论

3.2.1 建筑工程 3D 打印技术基本原理

建筑工程 3D 打印技术的基本原理是打印材料的逐层叠加,通过 3D 绘图软件绘制 3D 建筑模型,利用计算机获取 3D 建筑模型的形状、尺寸及其他相关信息,并对其进行切片处理,按某一方向将模型分解成具有一定厚度的层片文件,然后对层片文件进行检验或修正并进行正确的路径规划,最后由数控系统控制机械装置按照指定路径运动完成层片的加工与叠加,最终实现建筑物或构筑物的自动建造(图 3.11)。下面针对建筑工程 3D 打印技术的基本原理展开描述,主要拆分为以下三个过程。

1. 三维模型建立与近似处理

目前基本采用两种三维建模方法,第一种是根据设计需求,通过建筑参数化 3D 建模软件(如 CAD、Revit、3D Max、C4D 等)直接建模;第二种是利用逆向工程(如三维扫描等),根据现有模型进行扫描复制,通过点云数据构造出三维模型。通过三维设计软件或逆向工程得到的三维模型不能直接在快速成型系统中使用,需要用软件将三维模型导出为特定的近似模拟文件(如 STL 格式文件等),完成模型的建立与近似处理。

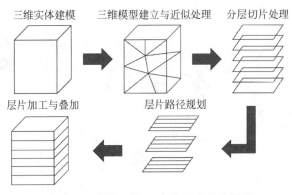

图 3.11 建筑工程 3D 打印技术基本原理

2. 模型切片处理与层片路径规划

首先将三维模型模拟文件导入建筑 3D 打印加工处理系统,输入打印层厚、打印速率、喷嘴直径等打印参数,结合加工模型特征,选择合理切片方向,用一系列等间距的平行二维模型近似拟合,完成分层切片处理;打印机械将分层得到的切片信息进行存储,并将其转化为打印喷嘴的运行填充路径,完成层片的路径规划。

3. 模型层片加工与叠加

在建筑 3D 打印数控系统的控制下,打印喷头按照层片规划路径进行材料打印,材料逐层堆叠得到最终建筑产品。需要注意的是,3D 打印建筑产品的精度与切片过程中的切片层数有关,切片层数越多,建筑产品精度越高,相应的打印时间越长,效率越低。

3.2.2 混凝土 3D 打印技术原理

3D 打印混凝土的打印过程主要涉及混凝土的挤出与逐层堆叠,打印混凝土的质量控制与打印参数的选择是实现 3D 打印结构的关键环节。3D 打印技术对混凝土的质量要求较高,在打印头挤出处,混凝土就像 3D 打印机的墨水,要求混凝土能够匀质流畅地通过管道泵喷嘴系统挤出,且表面质量良好无缺陷,即确保混凝土具备一定的工作性能;混凝土挤出后,在层层堆叠的过程中,打印头产生的挤出压力与上层混凝土的重力不会导致下层混凝土产生较大变形,打印结构不出现屈曲失稳倒塌等问题,即确保混凝土具备一定的可建造性。同时,打印层厚、打印速率、喷嘴直径等打印参数是影响打印过程质量的关键因素。混凝土的新拌性能与打印参数均会影响 3D 打印混凝土结构的打印质量,打印过程中混凝土层是否会出现断料、实际打印宽度与设计宽度是否出现较大差异、挤出后是否存在较大变形等问题均需要同步协调关注,明确 3D 打印混凝土新拌性能与打印参数之间的协调关系,是实现混凝土高质量打印的前提与保证。3D 打印混凝土系统如图 3.12 所示。

3.2.3 3D 打印技术优势

当前,传统建筑行业普遍存在的技术劳动力匮乏、资源短缺、施工效率低、施工人员安全

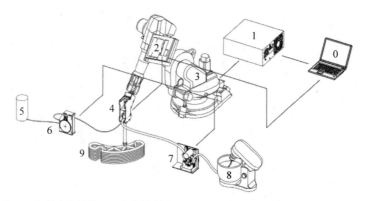

0—系统命令；1—机器人控制器；2—打印控制器；3—机械臂；4—打印头；5—促凝剂；6—促凝剂泵；7—预混料泵；8—预混料搅拌器；9—3D 打印对象

图 3.12　3D 打印混凝土系统

等问题，严重制约了行业的可持续发展。

混凝土现场浇筑技术不仅给环境带来了较为严重的破坏，还极大地浪费了人力和社会资源。此外，传统的建造模式、制造工具和建筑材料等因素限制了建筑工程生产技术，无法实现建筑工程的个性化定制、复杂建筑建造及外形独特建筑建造。目前，应用于各建筑领域的 3DPC 主要分为三种类型：3D 打印构件、3D 打印模板，以及现场整体 3DPC，如图 3.13 所示。

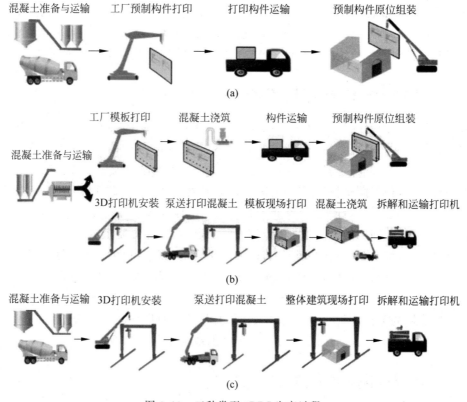

图 3.13　三种类型 3DPC 生产过程

3D 打印建筑不需要模板支护,在设计过程中免除了模板工程的设计工作,加快了设计流程;在生产过程中,不需要单独进行模板的制造,尤其是异形模板等,更不必考虑后续的模板安装、拆卸和周转问题,大大简化了生产工序。3D 打印技术机械化程度高,人工消耗量少,可以减少人力投入,节省建造原材料,降低建筑结构的建造成本,同时施工周期短、施工效率高且安全性好,能够在一定程度上缓解我国人口老龄化导致的劳动力匮乏以及施工人员雇佣成本增加对建筑行业造成的冲击。混凝土占目前世界建筑材料用量较大比重,由于其具有原材料经济易得、性能可调控及耐久性等特点,因此成为目前研究及应用最多的 3D 打印建筑材料。3D 打印混凝土不仅能像自密实混凝土那样无须振捣,还能像喷射混凝土那样便于制造复杂构件。混凝土 3D 打印技术摆脱了模具的限制,可以打印出各种曲线异形结构,满足客户的个性化定制需求,见图 3.14。同时 3D 打印混凝土建筑结构的拓扑优化使其能在满足安全、适用、耐久性能的前提下最优化材料用量,实现经济功能一体化建造。

图 3.14 3D 打印模拟莫比乌斯环房屋

3.2.4 3D 打印技术发展前景

随着城市建设的快速发展,人们对生活环境的品质和审美追求不断提升,同时随着数字技术的发展,参数化设计、非线性设计等体现时代精神的个性化设计也备受青睐。目前,3D 打印技术在航空、医疗、机械制造等领域已得到较为广泛的应用,3D 打印技术的研究和应用也已逐渐拓展至建筑领域。3D 打印技术能够有效解决传统混凝土建筑施工过程中存在的诸多问题,未来与人工智能结合后可以更加方便、智能地为设计师服务,为更多人提供舒适、自由和人性化的环境空间。其节能环保、质优高效、节省成本、施工安全、坚固耐用以及设计自由与快速呈现等方面的优势也会得到充分的体现,实现节能减排的良好发展理念。

3D 打印被认为是"具有第四次工业革命意义的制造技术",由于 3D 打印材料的技术门槛较高,直至近年,我国 3D 打印行业才开始真正发展起来。国外的建筑 3D 打印技术起步较早,已取得较大进展,世界各地出现了诸多 3D 打印建筑项目。关于打印技术在建筑工程中的应用也出现了不少设想,由于 3D 打印技术的高度机械化,它可以应用于极端环境下的建筑建造,其中较为知名的项目是美国提出的奥林匹斯计划(图 3.15),旨在开发一种利用月球土壤作为打印材料,使用 3D 打印机和机器人打印月球栖息地的方法。

近十年来,国内对 3D 打印技术的重视程度大幅提高,3D 打印材料技术和工业化水平不断提高,不断涌现出世界领先水平的 3D 打印材料,基本形成了较为成熟的产业链,除了能打印建筑外壳,还可以打印后端的家具等物件,在上下游产业均有建树。基于建筑工程 3D 打印技术的出色优势与良好前景,国内众多科研院所和企事业单位积极投入建筑 3D 打印技术及材料的研究,推动了建筑 3D 打印技术在我国的快速发展。

图 3.15　奥林匹斯月球基地渲染图

2014 年 4 月,中国盈创(上海)建筑科技有限公司首次在上海张江高新青浦园区内通过建筑 3D 打印技术打印了 10 幢建筑,截至 2020 年该公司已经利用建筑 3D 打印技术完成了别墅、公寓楼、简易房屋以及其他一些用途的结构体的打印,取得了具有影响力的成绩;2019 年 11 月,中建技术中心完成了国内首例原位两层办公楼的打印,取得了开创性的成绩;北京某建筑公司利用改进滑模工艺,墙体中设置了竖向钢筋网片,使用含粗骨料的打印混凝土,打印了别墅项目,打印成果也具有良好的示范意义。另外,辽宁某 3D 打印公司利用大型 3D 打印机,使用 C30 混凝土打印了配电房等建筑;南京某增材制造企业在 3D 打印公共设施、景观构件等方面进行了探索,取得良好进展。除此之外还有不少企业都对建筑 3D 打印设备、材料进行研究,在应用探索方面投入大量精力。

南京绿色增材智造研究院开发的南京市江北新区防疫测控方舱投入使用,防疫测控方舱高 2.9m,其平面见图 3.16。研究团队在方舱墙体的设计上,采用了 BIM 技术和模块化设计思想:将防疫测控方舱按功能划分舱室、以单元模块进行舱室构件打印,单元模块可快速安装,并可根据需求改变方舱舱室数量,由此实现快速建造并适配不同企业的具体需求。同时,在构件打印过程中,仅需工人在打印至预定高度时布设钢筋网片,混凝土打印过程无须人员干预。

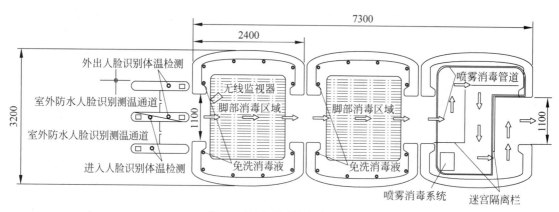

图 3.16　防疫测控方舱平面

同时,国家出台多项政策鼓励 3D 打印技术的发展。2013 年 4 月,3D 打印技术入选国家高技术研究规划。2017 年 3 月,中国工程院开展了咨询研究项目"建筑 3D 打印研发现状与发展战略研究"。2015 年 5 月,国务院正式印发《中国制造 2025》,以 3D 打印为代表的新兴技术占据重要地位。2016 年 8 月,住房和城乡建设部印发的《2016—2020 年建筑业信息化发展纲要》中提出"积极开展建筑业 3D 打印设备及材料的研究。结合 BIM 技术应用,探索 3D 打印技术运用于建筑产品、构件生产,开展示范应用"。2016 年 12 月,3D 打印技术被列入国务院发布的《"十三五"国家战略性新兴产业发展规划》。2017 年 12 月,中华人民共和国工业和信息化部、国家发展和改革委员会等 12 部门联合出台的《增材制造(3D 打印)产业发展行动计划(2017—2020 年)》提出,保持增材制造产业高速发展,年均增速在 30%以上,深化行业应用,完善增材制造产业链、初步实现全局布局等要求。目前,国内也有众多高校、科研院所、企业等开展了 3D 打印混凝土的基础研究与应用开发,一系列成功的案例也表明 3D 建筑打印在工程实际应用中存在巨大的发展前景。

3.3 建筑工程 3D 打印技术发展现状

3.3.1 3D 打印材料配合比

3DPC 应根据 3D 打印建筑的结构形式、施工工艺以及环境因素进行配合比设计,并在综合考虑混凝土的可打印性、强度、耐久性及其他性能的基础上,计算和调整配合比设计。根据 3DPC 的凝结时间、工作性能、力学性能以及耐久性能要求,使用矿物掺和料替代胶凝材料中部分水泥,降低 3DPC 的水泥用量,调节混凝土的打印工作性能。3DPC 中加入外加剂时,外加剂的品种和掺量应通过试验确定,与胶凝材料的适应性应满足设计及施工性能。

下面依据《混凝土 3D 打印技术规程》(T/CECS 786—2020)对 3DPC 的配合比设计过程进行详细说明。3DPC 配合比设计的水胶比可根据混凝土的设计强度按表 3.1 选取,并保证设计的混凝土性能符合 3D 打印施工工艺要求及结构设计要求;在 3DPC 中细骨料单位体积用量由单位体积的胶凝材料、单位体积用水量以及打印混凝土的可打印性能确定;粗骨料的用量由 3DPC 性能、3DPC 输送设备、3D 打印头出料口宽度决定,具体用量由试验确定;胶凝材料与骨料用量体积比可按表 3.2 选取,矿物掺和料可按表 3.3 选取,不同种类矿物掺和料的最大掺量宜符合表 3.4 的规定。

表 3.1 不同强度等级 3DPC 的水胶比范围

强度等级	C20	C30	C40	C50	C60
水胶比	0.40～0.46	0.36～0.42	0.34～0.40	0.30～0.36	0.28～0.34

表 3.2 胶凝材料与骨料用量体积比

强度等级	C20	C30	C40	C50	C60
胶凝材料/骨料(体积比)	0.52～0.65	0.57～0.70	0.65～0.74	0.70～0.81	0.74～0.87

表 3.3 不同强度等级的 3DPC 中的矿物掺和料用量

强度等级	C20～C30	C30～C40	C40～C50	C50～C60	C60～C70
掺和料	≤50%	≤40%	≤30%	≤20%	≤10%

表 3.4 不同种类矿物掺和料的最大掺量

矿物掺和料种类	最大掺量/%			
	硅酸盐水泥	普通硅酸盐水泥	其他通用硅酸盐水泥	非硅酸盐水泥
粉煤灰	45	35	15	30
粒化高炉矿渣粉	50	45	20	30
钢渣粉	30	20	10	20
磷渣粉	30	20	10	20
硅灰	10	10	10	10
复合掺和料	50	45	20	30

注：1. 采用其他通用硅酸盐水泥时，宜将水泥混合材掺量 20% 以上的混合材量计入矿物掺和料；
  2. 复合掺和料各组分的掺量不宜超过单掺时的最大掺量；
  3. 在混合使用两种或两种以上矿物掺和料时，矿物掺和料总掺量宜符合表中复合掺和料的规定。

3DPC 配合比应根据结构设计、施工条件以及环境条件所要求的打印性能进行设计，在综合可打印性、力学性能与耐久性要求的基础上提出试验配合比。3DPC 配合比设计宜采用质量法。当含有粗骨料时，每立方米混凝土拌和物质量可取 2350~2450kg；当不含粗骨料时，每立方米混凝土拌和物质量可取 2150~2250kg。

3DPC 配合比设计可按《混凝土 3D 打印技术规程》(T/CECS 786—2020)规定的下列步骤进行：骨料的最大粒径应根据结构设计和 3D 打印设备出料口尺寸进行确定；3DPC 的水胶比应根据表 3.1 选取；每立方米 3DPC 中胶凝材料和骨料的体积比应按表 3.2 选择，按式(3.1)计算：

$$\frac{V_b}{V_s} = \frac{m_b/\rho_b}{m_s/\rho_s} \tag{3.1}$$

式中：$\frac{V_b}{V_s}$——胶凝材料和骨料的体积比；

m_b——每立方米 3D 打印混凝土中胶凝材料的用量(kg)；

ρ_b——胶凝材料的表观密度(kg/m³)；

m_s——每立方米 3D 打印混凝土中骨料的用量(kg)；

ρ_s——骨料的表观密度(kg/m³)。

每立方米混凝土中用水量应根据每立方米混凝土中胶凝材料质量以及水胶比确定，并可按式(3.2)计算：

$$m_w = m_b(m_w/m_b) \tag{3.2}$$

式中：m_w——每立方米 3D 打印混凝土中水的质量(kg)；

m_w/m_b——3D 打印混凝土的水胶比。

每立方米混凝土中水泥和矿物掺和料的质量应根据表 3.3、表 3.4 选择，并按式(3.3)和式(3.4)计算矿物掺和料用量和水泥用量：

$$m_f = m_b \beta_f \tag{3.3}$$

$$m_c = m_b - m_f \tag{3.4}$$

式中：m_f——每立方米 3D 打印混凝土中矿物掺和料用量(kg)；

β_f——矿物掺和料掺量(%)；

m_c——每立方米 3D 打印混凝土中水泥用量(kg)。

根据 3D 打印混凝土拌和物性能要求,选取外加剂种类并根据试验确定用量,并按式(3.5)计算:

$$m_a = m_b \alpha \tag{3.5}$$

式中:m_a——每立方米 3D 打印混凝土中外加剂的质量(kg);

α——每立方米 3D 打印混凝土中外加剂占胶凝材料总量的质量百分数(%)。

3DPC 的配合比可按式(3.6)进行计算:

$$m_c + m_b + m_s + m_a = m_{cp} \tag{3.6}$$

式中:m_{cp}——每立方米 3D 打印混凝土拌和物的假定质量(kg)。

计算得出的 3D 打印混凝土配合比应通过试配进行调整,配合比的调整应符合下列规定:3D 打印混凝土试配时应采用工程实际使用的原材料,每盘混凝土的最小搅拌量不宜小于 20L;试配时,按照计算的混凝土配合比进行试拌,检查拌和物的可打印性和可打印时间。当拌和物可打印性和可打印时间不能满足要求时,宜保持胶凝材料不变,合理调整外加剂用量、用水量及骨料用量等,直到符合要求为止,并根据试拌结果提出混凝土强度试验用的基准配合比;3DPC 强度试验时以基准配合比为基础,保持胶凝材料不变,计算基准水胶比±0.02 的两个水胶比参数,外加剂用量根据基准配合比试验结果适当调整,分别按三个配合比拌制混凝土,并测试拌和物的可打印性和可打印时间;3DPC 强度试验时每种配合比至少应制作两组试件,标准养护条件下,分别测定 1d 和 28d 混凝土抗压强度;根据 3DPC 试配结果选取拌和物性能和抗压强度满足设计和施工要求的配合比作为选定配合比;在选定配合比的基础上,按照《普通混凝土配合比设计规程》(JGJ 55—2011)的规定进行配合比的调整与确定,确定的配合比即为设计配合比。

打印过程中或打印完成后,养护宜在 3DPC 达到初凝后进行,保持混凝土表面潮湿。3DPC 终凝前宜采用喷雾养护方式,终凝后宜采用喷淋洒水或覆盖保湿等养护方式,养护时间不宜少于 7d。在风速较大的环境下养护时,应采取防风措施。

3.3.2 3D 打印材料性能要求

满足 3D 打印工艺的水泥基复合材料的制备和性能优化是发展 3D 打印的重点与核心。3DPC 成型方式不同于普通混凝土,通常需要经历管道泵送、打印头挤压成型、逐层堆叠及后期养护等流程,打印材料除了要满足传统混凝土施工工艺对材料工作性能的要求外,为保证 3D 打印建筑的可靠性,配制的 3DPC 材料需要满足打印建造及使用过程中各环节的性能要求,需满足混凝土 3D 打印工艺对材料挤出性、建造性、凝结时间和早期强度等 3D 可打印性能的要求,此外,还要求其具有良好的可泵性、可打印性(挤出成型性及分层堆积性)、力学性能及耐久性等。

下面依据现有建筑工程 3D 打印规范对 3DPC 的性能测试方法进行阐述,首先是 3DPC 的基本力学性能试验方法,根据中国建筑材料联合会的协会标准《3D 打印混凝土基本力学性能试验方法》(T/CCPA 33—2022)规定,力学性能试验包括立方体抗压强度试验、轴心抗压强度试验、静力受压弹性模量试验、抗折强度试验、劈裂抗拉强度和界面黏结强度试验、抗剪强度试验,标准中关于上述测试方法部分说明如下,具体测定方法参见《3D 打印混凝土基本力学性能试验方法》。

1. 立方体抗压强度试验

考虑到 3DPC 力学性能的各向异性,上述标准规定了 3DPC 抗压强度分为 X、Y、Z 3 个方向(图 3.17)。混凝土试块的抗压强度在每个测试方向的试件一组为 6 块,与《混凝土物理力学性能试验方法标准》(GB/T 50081—2019)中规定的 3 块一组有所区别。这主要是考虑到 3DPC 试件抗压强度测试数据离散性较普通浇筑混凝土试件大,因此增大测试次数,减少检测误差。加荷速率与普通混凝土抗压强度测试规定一致,3 个方向的加载速率应相同,依据常规测试的 Z 方向的强度确定加载速率。

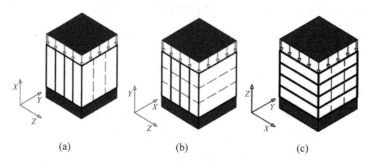

图 3.17 立方体抗压强度试验加载示意
(a) 沿 X 方向加载;(b) 沿 Y 方向加载;(c) 沿 Z 方向加载

2. 轴心抗压强度试验

根据 3DPC 中所用骨料粒径的不用,将轴心抗压强度试块分为两种规格,并根据工程中构件的实际受力方向确定测试的方向(X、Y、Z)。当混凝土最大骨料粒径不超过 5mm 时,应采用边长为 100mm×100mm×300mm 的棱柱体试件进行试验;混凝土最大骨料粒径超过 5mm 时,应采用边长为 150mm×150mm×300mm 的棱柱体试件进行试验。与立方体抗压强度试验相同,混凝土试块的轴心抗压强度在每个测试方向的试件一组为 6 块。

3. 静力受压弹性模量试验

与轴心抗压强度试验相同,根据 3DPC 中所用骨料粒径的不同,将静力受压弹性模量试块分为两种规格,并根据工程中构件的实际受力方向确定测试的方向(X、Y、Z)。不同于《混凝土物理力学性能试验方法标准》(GB/T 50081—2019)中混凝土试块的静力受压弹性模量试验每组试件应为 6 块,其中 3 个用于测定轴心抗压强度,另外 3 个用于测定静力受压弹性模量,考虑到 3DPC 试件静力受压弹性模量测试数据离散性较普通浇筑混凝土试件大,3DPC 试件静力受压弹性模量测试每个轴向以 12 块试件为一组,其中 6 块用于测定轴心抗压强度,另外 6 块用于测定静力受压弹性模量,增大测试次数,减少检测误差。

4. 抗折强度试验

3DPC 棱柱体试件抗折强度试验加载形式和参数如表 3.5 所示,根据工程中构件实际受力情况确定测试的方向,测试时沿试件的 X、Y、Z 向施加荷载进行抗折强度试验。

表 3.5　3DPC 棱柱体试件抗折强度试验加载形式和参数

试件尺寸/(mm×mm×mm)	加载形式	支座跨距/mm	加载跨距/mm
70.7×70.7×300	四点弯	212.1	70.7
100×100×400	四点弯	300	100
150×150×550	四点弯	450	150

5. 劈裂抗拉强度和界面黏结强度试验

根据工程中构件实际受力情况确定测试的方向,用于测试劈裂抗拉强度时,每个测试方向以 6 块试件为一组;测试界面黏结强度时,每种测试界面以 6 块试件为一组。

6. 抗剪强度试验

抗剪强度试验试块的尺寸应满足要求,当试件横截面尺寸为 70.7mm×70.7mm 时,棱柱体试件的长边边长为 200mm;试件横截面尺寸为 100mm×100mm 时,棱柱体试件的长边边长为 300mm;试件横截面尺寸为 150mm×150mm 时,棱柱体试件的长边边长为 450mm。根据工程中构件实际受力情况确定测试的界面,每种测试界面以 6 块试件为一组。抗剪强度试验采用的双面剪切试验装置如图 3.18 所示,应保证上下刀口垂直相对运动,无左右移动。刀口宽度宜为试件公称高度 H 的 1/10,上刀口外缝间距等于 H,上下刀口错位 a 应为 0~1mm。

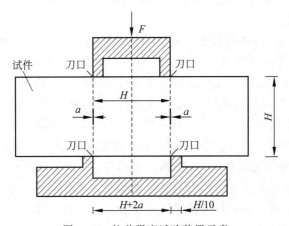

图 3.18　抗剪强度试验装置示意

依据《3D 打印混凝土基本力学性能试验方法》(T/CBMF 183—2022),3DPC 拌和物的性能试验方法包括流动性、挤出性、开放时间、建造性、湿坯强度和弹性模量以及凝结时间。

7. 流动性试验

3D 打印砂浆拌和物的流动性按《水泥胶砂流动度测定方法》(GB/T 2419—2005)规定的流动度测定方法进行测试,3D 打印混凝土拌和物的流动性按《普通混凝土拌合物性能试验方法标准》(GB/T 50080—2016)规定的坍落度试验进行测试。

8. 挤出性试验

本方法用于测定3D打印混凝土拌和物从打印头挤出时的连续性和均匀性。挤出性试验的设备及器具应符合下列规定：拌和物打印性试验所使用挤出系统装置宜与打印建造时一致；尺寸测量应使用钢尺进行，钢尺的量程不应小于300mm，分度值不应大于1mm。具体操作步骤如下：连续打印长度≥$100d$，层厚≥$0.5d$ 的打印条带，d 为打印头内侧截面的等效直径；观测打印条带的表观质量，应无肉眼可见的撕扯断裂等现象；在条带宽度方面，测量5个间隔不小于$10d$ 的不同位置处的打印条带宽度，计算平均值和偏差，偏差宜控制在±5%以内；在条带厚度方面，测量5个间隔不小于$10d$ 的不同位置处的打印条厚度，计算平均值和偏差，偏差宜控制在±5%以内。

9. 开放时间试验

本方法用于测定混凝土拌和物保持连续可打印的时间，开放时间试验的试验设备及器具应与挤出性试验一致。具体操作步骤如下：混凝土拌和物宜以5~10min为间隔，通过挤出成型的方式打印长度不小于$100d$ 的条带；记录打印条带出现中断或者不连续时所对应的时间，记为开放时间。

10. 建造性试验

可采用圆柱筒坍落度试验或打印体稳定性试验。

1）圆柱筒坍落度试验

本方法用于测定3D打印混凝土拌和物的形状保持能力，具体步骤和程序应符合下列规定：试验中所用圆柱筒内壁润湿无明水；混凝土拌和物试样应分三层均匀地装入圆柱筒内，每装一层混凝土拌和物宜用捣棒由边缘到中心螺旋形均匀插捣10~15次，捣实后每层混凝土拌和物试样高度约为筒高的1/3；插捣底层时，捣棒应贯穿整个深度，插捣第二层和顶层时，捣棒应插透本层至下一层的表面；顶层混凝土拌和物装料应高出筒口，插捣过程中，混凝土拌和物低于筒口时，应随时添加；顶层插捣完后，将多余混凝土拌和物刮去，并沿筒口抹平；垂直平稳地提起圆柱筒，并轻放于试样旁边；当试样不再继续坍落或坍落时间达30s时，用钢尺测量出筒高与坍落后混凝土试样最高点之间的高度差；坍落度筒的提离过程宜控制在3~7s；从开始装料到提起圆柱筒的整个过程应连续进行，并应在150s内完成；混凝土拌和物坍落度值测量应精确至1mm。

2）打印体稳定性试验

本方法用于测定混凝土拌和物在垂直堆积过程中的稳定性，具体操作步骤如下：连续打印长度≥$100d$，宽度方向宜并排打印且总宽度不宜超过10cm的非封闭式结构；打印过程中以及打印完成后短时间内发生倒塌或大的变形，则认定达到了打印体稳定性的极限状态，并记录末层打印时的时间；打印完成后，测量首层和末层的宽度，以底层宽度为基准，二者偏差宜控制在±5%以内；打印完成后，测量打印成型后的打印体高度。

11. 湿坯强度和弹性模量试验

本方法适用于通过连续加载的方法测定3D打印混凝土拌和物的湿坯强度和弹性模

量,具体操作步骤如下:放置表面光滑的塑料薄板于压力试验机的下部加载端,或可放置保鲜薄膜,以消除加载端对试样的接触摩擦力;将圆柱筒试模放置于塑料薄板或者保鲜薄膜上,后将混凝土拌和物灌入试模,使用捣棒将试模内的拌和物振捣密实后,将多余的拌和物抹平;缓慢将试模提起,此时混凝土拌和物应保持稳定;将面积大于圆柱状模型顶面的保鲜薄膜放置于模型顶面;如果使用的是塑料薄板,应慢慢将其放在圆柱模型顶面,静置不少于 30s 观测变形情况;试验过程中应连续均匀加载,加载速度应取 30mm/min,或加载速率依据实际打印材料参数以及打印建造速率换算得出的压力增长速率;加载至圆柱状湿坯开裂破坏或压力值达到峰值,即可停止试验,记录此时试验机压力荷载。如最大轴向应力不明显,则取轴向应变为 20% 时对应的压力荷载。

12. 凝结时间测试

3D 打印混凝土拌和物的凝结时间测试按《普通混凝土拌合物性能试验方法标准》(GB/T 50080—2016)规定的凝结时间试验测定,3D 打印砂浆拌和物的凝结时间测试按《建筑砂浆基本性能试验方法标准》(JGJ/T 70—2009)规定的凝结时间试验测定。

3.3.3 技术局限与研究方向

虽然建筑工程 3D 打印技术的发展已取得较大进步,但目前仍不够完善与成熟,探索 3D 打印技术与建筑工程的融合并非一朝一夕之事,需要直面并克服在材料发展、工艺瓶颈、技术标准、质监管控、打印质量和综合造价等多方面存在的困难和问题。3D 打印技术是一项多个学科跨界融合的技术体系,包括建筑模型的数字化、结构设计、混凝土材料、适应建筑大体量特点的智能打印系统、混凝土体内或体外钢筋增强、整体打印或打印构件部品装配式建造技术等,研究与制造的难度及复杂性高。现阶段打印材料、打印设备、打印方法、打印结构体系、施工工艺和标准体系等一系列关键问题亟待解决,下面列举部分建筑工程 3D 打印的技术局限。

1. 打印结构可行性问题

3D 打印建筑是水泥基材料的逐层叠加,打印构件表面粗糙程度不均匀,降低建筑美观效果(图 3.19),而且建筑构件尺寸要求不一,对相应的打印机要求也不一样,基于打印机的构造及工作原理,会限制其应用范围。另外,3D 打印建筑物具有不可逆性,对打印机的打印过程具有严格要求,这增加了打印建筑精度的技术操作难度。同时,对于常见的高层建筑来

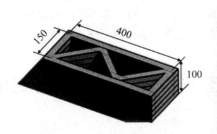

图 3.19 3D 打印构件

说,一次性3D打印是无法做到的,只能先打印预制件再拼装,类似于装配式建筑,这就丧失了快速成型的优势。

2. 3D打印建筑设计和施工标准问题

作为一种新型技术,3D打印混凝土特殊的配合比设计和多样的施工工艺导致了其标准与规程存在较大的困难。目前3D打印建筑在我国暂时还没有相关具备执行力的国家或行业标准/规范,虽然3D打印建筑可相对参考现有建筑标准/规范在楼层高度、平面布局、构件尺寸、管综排布等方面的限定要求,但在涉及材料强度要求、安全可靠性、荷载强度、抗震减震等领域的实际要求时,现有的设计和施工标准/规范并不适用。新技术、新材料的出现都需要一定的发展时期以形成行业规范,这需要逐步建立3D打印建筑在设计方法、施工工艺、验收标准等方面的相关标准体系。

3. 3D打印材料问题

3D打印水泥基材料在建筑工程打印中既要满足力学性能的要求又要兼备良好的工作性能,同时还需要满足打印结构可建造性要求,下层材料需达到足够的强度和承载力,防止结构因为上层材料堆积导致变形,确保打印结构的精度。此外,打印结构的配筋或打印材料与特种纤维的黏结也是工程应用中的一大难题。由于混凝土是脆性材料,为了克服其脆性破坏,需要对混凝土结构进行配筋或纤维增强。目前打印建筑结构中钢筋的放置多采用手动放置,背离了机械化、自动化的初衷,同时也降低了建筑工程的施工效率。而在纤维增强方面,基于挤出的3D混凝土打印技术存在明显的各向异性,打印结构存在层间薄弱环节,目前纤维增强仍无法解决这一方面难题,相关进展仍有待研究。

4. 研究方向

虽然建筑工程3D打印技术目前在实体建造的相关基础性研究和工程应用中略显不足,但其发展潜力巨大。建筑工程的3D打印技术虽然是一项新兴技术,但是其与传统混凝土结构制造工艺也存在相通之处,亟待明确打印材料发展方向,理清打印结构发展思路,制定打印工程发展战略。依据国内外建筑行业发展现状,3D打印技术在有潜力建筑领域逐步应用、逐渐替代当下传统建筑技术,即便不能完全替代传统建筑方式,也将是新技术与传统工艺更深层次融合的补充。

将来可能通过科技进步,进一步实现材料粉末甚至分子层级重组的技术突破,最终实现建筑工程3D打印在本质上颠覆整个传统建筑领域,实现真正意义的自动化、机械化、智能化的增材制造。对于国内建筑行业,我们需要专注于升级为集成式、精细化、技术密集型的新生产方式,着力发展具有自主知识产权的建筑工程3D打印技术,以数字建造技术构建中国建筑行业的"信息化"时代,为全面推进绿色智能建造贡献中国力量。

3.4 建筑工程3D打印技术在智能建造领域的应用案例

经过近年来的持续发展,3D打印技术已在全球各地建造了许多令人惊叹的建筑结构,包括3D打印的房屋、办公室、桥梁、基础设施、雕塑等。下面列举一些国内外典型的3D打印建筑案例,并分析其特点。

3.4.1 国外案例

1. 迪拜市政府大楼

(1) 项目介绍:2019 年由 Apis Cor 建成的迪拜市政府大楼(图 3.20)是目前全球面积最大的 3D 打印建筑,其高达 9.5m,项目面积为 $640m^2$。

图 3.20 迪拜市政府大楼

(2) 项目特点:此建筑项目的地基是传统的建筑结构,而墙壁由 3D 打印建造,加固的方法是采用钢筋和普通混凝土人工填充 3D 打印的柱子模板。在这个项目中,使用的 3D 打印材料是由 Apis Cor 开发并在当地生产的一种基于石膏制成的混合物,3D 打印整个建筑的墙体结构只需要 3 个工人和配套的机器装置。

2. 3D 打印房屋 Prvok

(1) 项目介绍:2020 年由 Stavebni Sporitelna Ceske Sporitelny 建筑协会和 Scoolpt 建筑工作室的 Michal Trpak 合作开发了捷克的第一个 3D 打印房屋 Prvok(图 3.21),建筑面积为 $43m^2$。打印过程耗时 22h,包括隔板在内总共使用了 17t 混凝土。

图 3.21 捷克第一个 3D 打印建筑 Prvok

(2) 项目特点:房屋被固定在可漂浮的浮桥平台。项目团队开发了一种用于打印的新型混凝土,这种混凝土中富含纳米聚丙烯纤维可塑剂,使得混凝土可产生更好的有机形状。与传统房屋建造相比,该打印住宅可以节省 50% 的成本,建造速度也快了 7 倍;与砖瓦建筑相比,3D 打印减少了 20% 的 CO_2 排放。

3. Kisawa Sanctuary 度假酒店

（1）项目介绍：Kisawa Sanctuary 度假酒店是 2021 年 11 月完成的全球首个 3D 打印的度假酒店（图 3.22），其位于非洲东海岸本格拉岛的南端。

图 3.22　全球首个 3D 打印的度假酒店——Kisawa Sanctuary 度假酒店

（2）项目特点：酒店的建筑主体结构并非直接用打印技术完成，而是通过打印组件后建造。该项目以当地砂子和海水砂浆为原料，利用打印技术创建指定的建筑元素，包括瓷砖、地板、砖石、室内家具等，建造了世界上第一个 3D 打印的度假胜地。独特创新的构建方式实现了生态循环的建筑理念，在减少建筑垃圾产生的同时也节省了人力成本。

4. 德国 3D 打印居民楼

（1）项目介绍：2020 年德国北莱茵威斯特法伦州贝库姆市 PERI 建材公司使用 3D 打印技术建造了德国第一座 3D 打印居民楼（图 3.23）。该房屋由两层独立式房屋组成，每层楼的居住空间约为 80m^2。

（2）项目特点：该居民楼是由三层材质的空腔墙组成，里面填充了绝缘材料。项目的建造使用了 BOD2 3D 打印机，该打印机能够打印宽 12m、长 27m、高 9m 的建筑物，打印速度高达 18m/min。

5. 美国"零能耗"住宅

（1）项目介绍：2022 年，建筑工作室 Lake Flato 和建筑技术公司 ICON 在美国得克萨斯州东奥斯汀的一个住宅区完成了一座 3D 打印的"零能耗"现代牧场式住宅（图 3.24），耗时不到两周打印成型。

图 3.23　德国第一座 3D 打印的居民楼

图 3.24　美国"零能耗"住宅

(2) 项目特点：项目从设计之初就充分考虑了 3D 打印技术，对房屋的结构做了优化，节省了建造时间和成本。其墙壁由专门的 3D 打印水泥基材料 lavacrete、绝缘材料和用于加固的钢材共同制成。

3.4.2　国内案例

1. 3D 打印赵州桥

(1) 项目介绍：2020 年 7 月 21 日，坐落于河北工业大学的装配式混凝土 3D 打印赵州桥(图 3.25)正式获得"全球最长的 3D 打印桥"吉尼斯世界纪录称号。

图 3.25　3D 打印赵州桥

(2) 项目特点：这座由河北工业大学马国伟教授团队共同建造的 3D 打印桥梁，全长 28.15m，净跨度 17.94m。项目将经历千年的赵州桥与现代 3D 打印技术相结合，是对建造科技与中华传统文化的传承与弘扬。

2. 苏州 3D 打印河流护岸

(1) 项目介绍(图 3.26)：2019 年，苏申外港线(江苏段)实施航道整治工程，全线按三级标准建设，整治总里程 29.4km，概算总投资 14.63 亿元。作为该整治工程的一项重要内容，屯村段护岸在施工中运用了 3D 打印技术。这是 3D 打印技术在国内首次应用于内河航道整治工程。

图 3.26　苏州 3D 打印河流护岸

(2) 项目特点：首先，3D 打印技术使用的原材料中含有大量经过特殊处理的建筑废材，实现了建筑材料的循环利用。经计算，1m 护岸的造价降低了约 30%。其次，3D 打印技术降低了工程施工难度，提高了施工效率，屯村段护岸前后只用了 4d 就完成了安装。

3. 深圳 3D 打印景观广场

(1) 项目介绍：2021 年，国内首个 3D 打印景观广场(图 3.27)由中国二十冶集团有限公司和中冶赛迪工程技术有限公司 EPC 联合体、清华大学徐卫国教授团队合作打造。

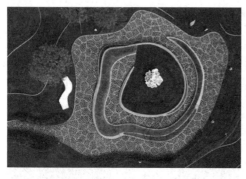 

图 3.27　深圳 3D 打印景观广场一角

(2) 项目特点：景观广场以"水"为概念设计，景观具有较多流线型的艺术元素，如果以人工施工来完成将存在极大困难，难以满足其艺术性、精确性的要求，而采用 3D 打印技术圆满实现了"设计什么样，成型什么样"，无论是中空、镂空还是传统施工无法完成的设计都能够直接"生成"，除必要的操作人员外无须其他人力投入，在保证施工质量的同时减少了材料和人工的消耗。

4. 3D打印"流云桥"

(1) 项目介绍：2021年，成都龙泉驿区驿马河公园建成了全球最长的高分子3D打印桥"流云桥"（图3.28）。流云桥全长66.8m，其中3D打印部分桥长21.58m、最宽处8m、最高处2.68m。桥梁设计的灵感来源于驿马河自由奔腾的形态，以及舞动的丝绸。

图3.28 流云桥景观及流云桥的打印过程

(2) 项目特点：桥梁采用分段打印、现场拼装的施工方式。在打印过程中，采用三维激光点云扫射检测技术，以保证成型和拼接安装的精度。对桥段进行最终模拟打印后，使用抗老化与耐候性极佳的高分子颗粒料ASA-GF，通过五轴增减材一体机（BGAM）进行$7\times24h$不间断3D打印。整个3D打印桥耗费12t材料，仅用35d便完成了全部桥体的3D打印工作。

5. 3D原位打印办公楼

(1) 项目介绍：2019年11月，一栋7.2m高的双层办公楼在中建二局广东建设基地拔地而起，建筑的主体结构采用中建机械制造的建筑3D打印机现场打印。

(2) 项目特点：该办公楼也是世界首例原位3D打印双层示范建筑（图3.29），标志着原位3D打印技术在建筑领域取得的突破性进展。这栋示范建筑是由中建股份技术中心和中建二局华南公司联合立项课题"建筑3D打印技术研究与应用示范"的展示工程；打印设备由中建机械公司设计制造，为中国技术、中国制造的一次试验成品，打印用到的材料、设备、工艺及控制软件均为自主研发。

图 3.29　世界首例原位 3D 打印双层示范建筑

3.4.3　与其他技术结合

1. 3D 打印建筑与 BIM 技术结合

BIM 技术可以解决建筑可视化的问题，也就是创建模型，再解决各类信息与模型关联的问题。BIM 技术的成果可用于进度虚拟、成本计量、三维校核等工作，其中当然也包括 3D 实体快速呈现。BIM 和 3D 打印的衔接，也就是虚拟和现实的衔接。

目前，BIM 与 3D 打印技术集成应用主要有三种模式：基于 BIM 的整体建筑 3D 打印、基于 BIM 和 3D 打印制作复杂构件、基于 BIM 和 3D 打印的施工方案实物模型展示。

3D 打印在建筑工程领域的应用不仅仅局限于建筑整体的 3D 打印，在复杂构件制作、微缩模型（方案展示模型、风洞模拟模型、沙盘等）制作等方面也均有应用，BIM 模型可以直接用 3D 打印机打印出来，应用实例如图 3.30、图 3.31 所示。

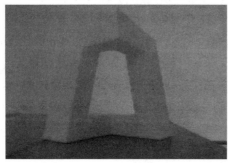 

图 3.30　3D 打印 BIM 模型与央视新址 CCTV 大楼

图 3.31　3D 打印 BIM 模型与深圳国际贸易中心大厦

2. 3D打印建筑与物联网的结合

2016年,来自美国爱达荷州的CC3D实现连续打印复合材料,并且可以快速地利用3D打印将各种纤维、金属和塑料打印在一起,形成一个完整的、功能性电子部件。2016年,中国建筑第三工程局有限公司第一建设公司研发的"混凝土装配式工业化住宅信息化建造与管理技术",通过BIM深化设计和3D打印预拼装技术,应用预制建筑信息系统(prefabricated construction information system,PCIS)构件物联网系统编码建立构件唯一身份,应用3D激光扫描技术获取构件三维点云数据,实现了构件生产、验收、安装及后期运维管理,图3.32展示了3D打印建筑与物联网结合使用的效果图。

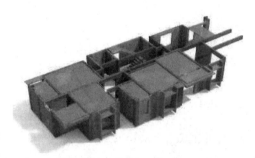

图3.32 3D打印建筑与物联网的结合

3. 3D打印建筑与AI结合

加拿大建筑公司菲利普·比斯利以其创新的"生活建筑"设计而闻名,近期推出了其最新的创意:"星形胶质细胞"(图3.33)。这一概念性建筑作品融合了3D打印照明组件、传感器、玻璃制品、人工智能等元素,能够对观众的行动做出反应及回应。例如,它可以被编程为与其周围的人发生某种类型的交互作用,发出光、声甚至是振动,引起观众的情绪反应和联系。

图3.33 "星形胶质细胞"建筑

复习思考题

1. 简要概括什么是建筑工程3D打印技术。
2. 建筑工程3D打印技术可按照哪些标准进行分类?按照成型工艺可以分为哪几类?各有什么特点与不足?
3. 建筑工程3D打印技术的基本原理是什么?混凝土的3D打印技术有哪些关键影响因素?
4. 建筑工程3D打印技术的优势主要表现在哪些方面?
5. 影响3D打印材料配合比的因素包括哪些?

6. 建筑工程3D打印材料有哪些性能要求？

7. 3D打印技术是否还能与其他智能建造技术结合？分别具有哪些优势？

第3章课程思政学习素材

参考文献

[1] 张翼,朱艳梅,任强,等.3D打印建筑技术及其水泥基材料研究进展评述[J].硅酸盐通报,2021,40(6):1796-1807.

[2] PEGNA J. Exploratory investigation of solid freeform construction[J]. Automation in Construction,1997,5(5):427-437.

[3] LONG W J,TAO J L,LIN C,et al. Rheology and buildability of sustainable cement-based composites containing micro-crystalline cellulose for 3D-printing[J]. Journal of Cleaner Production,2019:239.

[4] LIM S,LE T,WEBSTER J,et al. Fabricating construction components using layered manufacturing technology[C]//Global Innovation in Construction Conference. Loughborough University,2009:512-520.

[5] HACK N,LAUER W V. Mesh-mould: robotically fabricated spatial meshes as reinforced concrete formwork [J]. Architectural Design,2014,84(3):44-53.

[6] AEL,BARS,BML,et al. Complex concrete structures[J]. Computer-Aided Design,2015,60:40-49.

[7] KLOFT,HARAL KRAUSS,HANS-WERNER HACK,et al. Influence of process parameters on the interlayer bond strength of concrete elements additive manufactured by shotcrete 3D printing (SC3DP)[J]. Cement and Concrete Research,2020:134.

[8] 肖建庄,柏美岩,唐宇翔,等.中国3D打印混凝土技术应用历程与趋势[J].建筑科学与工程学报,2021,38(5):1-14.

[9] ZHANG X,LI M,LIM J H,et al. Large-scale 3D printing by a team of mobile robots[J]. Automation in Costruction,2018,95:98-106.

[10] 丁烈云,徐捷,覃亚伟.建筑3D打印数字建造技术研究应用综述[J].土木工程与管理学报,2015,32(3):10.

[11] 张培.基于快速成型的三维模型数据处理技术研究[D].洛阳:河南科技大学,2013.

[12] GOSSELIN C,DUBALLET R,ROUX P,et al. Large-scale 3D printing of ultra-high-performance concrete-a new processing route for architects and builders[J]. Material & Design,2016,100:102-109.

[13] XIAO J,JI G,ZHANG Y,et al. Large-scale 3D printing concrete technology: current status and future opportunities[J]. Cement and Concrete Composites,2021,122:104-115.

[14] 王香港,王申,贾鲁涛,等.3D打印混凝土技术在新冠肺炎防疫方舱中的应用[J].混凝土与水泥制品,2020(4):5.

[15] 雷斌,马勇,熊悦辰,等.3D打印混凝土可塑造性能的评价方法研究[J].硅酸盐通报,2017,36(10):3278-3284.

[16] 王瑜玲,王春福,张飞燕.3D打印混凝土性能要求及相关外加剂研究进展[J].硅酸盐通报,2021,40(6):11.

[17] 齐甦,李庆远,崔小鹏,等.3D打印混凝土材料的研究现状与展望[J].混凝土,2021(1):36-39.

第4章
动态定位技术在智能建造领域的应用

4.1 动态定位技术概念

4.1.1 动态定位的定义

动态定位是指对移动的被测对象进行定位跟踪,以获取移动被测对象的位置信息。移动对象指空间中的移动实体,在智能建造领域,移动对象通常包括施工车辆、机器人、施工人员、建筑材料以及各种辅助施工的机械化设备等。动态定位能为智能建造带来诸多便利,以智慧工地为例,如图 4.1 所示,动态定位可以为智慧工地提供移动对象的实时位置以及轨迹跟踪信息,一方面可以保障施工人员和装备安全,防止移动对象进入危险区域。若在工地出现事故,精准的位置信息也方便救援人员及时进行救援;另一方面,通过移动对象定位可自动完成考勤工作,提高工地管理效率。此外,还可以提供热力图分布、车辆调度、视频联动等服务。

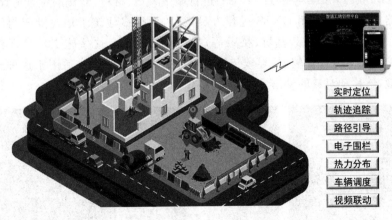

图 4.1 动态定位

根据参考基准的不同,动态定位通常有三种划分方式。

1) 按坐标参考系划分

动态定位被划分为绝对动态定位和相对动态定位。绝对动态定位指确定被测对象在三维地心坐标系下的坐标信息。相对动态定位指确定被测对象在指定独立坐标系下的坐标信息。

2) 按被测对象运动状态划分

动态定位被划分为连续动态定位和准动态定位。连续动态定位指测量基准站不变,以固定的时间间隔,准确、连续地获取被测对象的坐标信息。准动态定位指流动的被测对象依次在选定的一系列流动站上,以搬站或换站的方式,各观测若干时间以获取相对动态坐标信息。

3) 按数据处理方式划分

动态定位被划分为实时动态定位和非实时动态定位。实时动态定位指实时获取运动中的被测对象的坐标信息。非实时动态定位指通过后处理方式,获得已经完成连续运动过程的被测对象的动态坐标信息。

4.1.2 智能建造领域动态定位面临的挑战

动态定位通常应用于测绘领域,包括位置服务、土地测绘、公路测量、地下管线管网测量、工程测量、海洋测绘、地质勘探等。近年来,随着智能建造的发展,动态定位开始应用于智能建造领域。由于智能建造要求在既定的时空范围内通过功能互补的机器设备完成各种工艺操作,实现人工智能与建造要求的深度融合,使施工平台精准掌握人员和机器人的位置,指挥两者配合作业,并保障人员及设备安全,因此,动态定位在智能建造中显得尤其重要。在智能建造领域进行动态定位,也面临一系列挑战,主要包括封闭/半封闭空间、环境动态复杂、终端受限等。

1. 封闭或半封闭空间

在室外环境,由于信号没有被建筑物遮挡,可以使用以北斗为代表的全球卫星导航系统(global navigation satellite system,GNSS)进行施工人员、材料、器械的位置追踪。例如,开阔区域的道路施工,可以使用GNSS进行人员定位,但很多建筑工地是处于封闭或半封闭空间,如隧道、地铁、地下管廊、基坑、桥梁等,如图4.2所示。这些施工环境通常无法接收GNSS信号或者GNSS信号较弱,导致传统的GNSS定位方法无法适用于这种封闭或半封闭的施工环境,给移动对象的动态定位带来挑战。

(a)　　　　　　　　　(b)　　　　　　　　　(c)

图4.2 封闭或半封闭施工环境

(a)隧道施工;(b)深基坑施工;(c)地铁施工

2. 环境动态复杂

施工场景环境经常出现变化,属于动态环境。主要包括两方面的原因:一方面,大量施工人员、建筑材料、器械设备在施工场地不断转移位置,从而形成变化的环境;另一方面,随着建筑施工的逐步开展,如架立柱、放置梁、铺设板、建造围护结构(包括墙壁和屋顶等),形成开阔空间到半封闭空间,甚至封闭空间的动态过程。施工环境的不断变化,使得在基于射频信号的定位过程中会产生难以处理的时变噪声,这些不同类型的时变噪声被认为是非平稳噪声,这些噪声可能会表现出随机游走特性,这使得它们更难以通过简单的统计方法来消除,从而影响动态定位的精度。另外,施工环境变化也会造成预先布设的定位基站无法满足定位需求,需要重新布设定位基站,这给动态定位系统带来较大挑战。施工环境的动态变化也会使得施工现场的地图出现变化,需要及时进行地图测量及更新,这也增加了动态定位系统的成本。

施工环境通常比较复杂,建筑工地中充满了数量众多的障碍物,包括钢筋堆、混凝土堆、金属堆、玻璃堆、工程塑料、复合材料等。这些材料会影响电磁波信号的传播,进而影响定位精度。此外,嘈杂的环境、正在开发的基础设施、电气设备和通信系统均会影响使用电磁波的动态定位系统的性能。隧道、地铁、地下管网等封闭式空间中的施工环境更加复杂,不仅有许多大型障碍物,而且环境温度高、潮湿,这些都可能影响动态定位的效果。

3. 终端受限

在施工环境下,定位终端的体积、功耗和成本都面临一定的挑战。对于施工人员定位来说,要求定位终端方便易携带,其体积大小受到很大的限制。另外,由于移动终端通常是通过移动式电源进行供电,终端的体积也会限制电源的容量,继而影响系统的持续使用时间。动态定位需要以一定的频率向施工管理平台发送移动对象的位置,对移动终端的功耗带来挑战,如前文所述,移动终端的体积限制了电源的容量,因此,对定位算法的设计提出了很高的要求。智能建筑领域的动态定位技术面临的另外一个问题是终端的成本受限,由于移动对象数目众多,若定位终端的成本较高,将会极大地限制其应用及推广。

另外,大部分施工环境都属于封闭和半封闭空间,需要通过定位基站实现定位,包括WiFi、蓝牙、射频识别(radio frequency identification,RFID)、UWB(超宽带技术)等。基站布设成本也限制了动态定位的应用,由于施工环境经常发生变化,需要频繁地布设定位基站,因此,基站的布设成本是限制相关应用的重要因素之一。此外,基站的供电在很多施工现场也面临较大的问题。施工环境复杂,通常存在多粉尘、高湿度的现象,定位终端和基站也会经常出现振动的现象,要求定位终端和基站具备一定的防尘、防潮和防振功能,这无疑进一步增加了定位终端和基站的成本。这些限制条件都给智能建造领域的动态定位带来挑战。

4.2 动态定位技术的基本原理

本节主要介绍几种动态定位技术的基本原理,主要包括几何交会定位、情景分析法、航位递推定位、多源融合定位、同时定位与地图构建(simultaneous localization and mapping,

SLAM)几类。

4.2.1 几何交会定位

几何交会定位是指利用对同一被测对象离散测量的距离、角度,通过三角几何的基本原理,计算待测目标的位置。具体可以分为三类,分别为距离交会定位、角度交会定位以及边角测量定位。

1. 距离交会定位

距离交会定位一般通过测量激光、电磁波、声波等信号的飞行时间、相位、强度测量值推算定位目标与多个参考基站之间的距离或者距离差值,通过至少3个不同基站可以对目标进行距离交会定位。距离交会定位的精度取决于距离测量的精度,常用的测距方法主要包括接收信号强度(received signal strengths,RSS)、到达时间(time of arrival,TOA)和到达时间差(time difference of arrival,TDOA)。

1) RSS

RSS方法通过观测移动目标接收到的射频信号的强度与其发射强度的差值,基于信号衰减模型推算出移动目标到基站的距离,从而实现对移动目标的定位。其定位原理如图4.3所示,通过测量移动对象P到基站A、B、C的距离,基于三个基站的位置,通过解方程得到移动对象P的坐标。

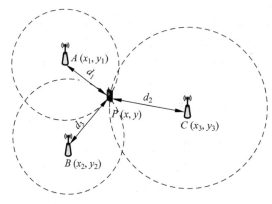

图4.3 距离交会定位

如图4.3所示,基站A、B、C的位置已知,分别为:(x_1,y_1),(x_2,y_2),(x_3,y_3),P点到A、B、C的距离分别为d_1、d_2、d_3,得到如下方程:

$$\begin{cases}(x-x_1)^2+(x-y_1)^2=d_1^2\\(x-x_2)^2+(x-y_2)^2=d_2^2\\(x-x_3)^2+(x-y_3)^2=d_3^2\end{cases} \quad (4.1)$$

通过式(4.1),将定位问题转化为求解方程问题,即求解未知数(x,y),通过解方程,可得到P点的坐标。在实际应用中,由于测距存在一定误差,通常要求可接收到基站的数目大于3个,才可以实现定位。当基站数目大于3个时,可使用最小二乘法求解P点的坐标。RSS测距法通过信号衰减模型基于接收信号强度值估计移动终端和基站之间距离,信号衰减模型通常是在理想环境下得到的,在实际工程应用中通常无法得到准确的测距结果,尤其是在复杂的施工环境下,测距的精度会更差。因此,基于 RSS 方法的定位精度通常较差。

2) TOA

TOA 方法通过直接观测信号在移动终端和定位基站的传播时间,计算两者之间的距离。和 RSS 方法相同,为了实现二维空间的定位,TOA 方法必须得到 3 个以上非共线的测量单元的观测值。TOA 方法的定位原理类似于 RSS 方法,也是采用距离交互的方法实现定位,如图 4.3 所示。两者的差别在于距离计算的方法不同,RSS 通过接收信号强度差值估算距离,TOA 通过信号传播时间和信号的传播速度乘积得到距离,如图 4.4 所示,定位基站在 t_1 时刻发送定位信号,移动终端在 t_2 时刻接收到定位信号,则定位基站和移动终端之间的距离 $d=c(t_2-t_1)$。

图 4.4 TOA 测距原理

由 TOA 的原理可知,要获取准确的测距值,要求移动终端和定位基站之间保持高精度的时间同步,细微的时间误差会造成巨大的定位误差。例如,在基于射频信号的定位系统中,电磁波的传输速度为 3×10^8 m/s,时间误差 1ms,则测距误差为 3×10^5 m,若要求 1m 的定位精度,则时间同步要求在 1×10^{-9} s。近年来,基于音频信号的定位技术成为研究热点,2021 年,武汉大学陈锐志教授团队发布了全球首款基于 RISC-V 架构的室内高精度音频定位芯片 Kepler A100,可以实现基于智能手机的高精度定位。由于声音传播速度为 340m/s,对时间同步的要求远小于射频信号,因此,音频定位具有较好的应用前景。此外,TOA 方法的定位精度容易受到多径效应和非视距遮挡的影响,在复杂的施工环境下,其定位精度受到较大挑战。

3) TDOA

TDOA 的原理是利用不同定位基站接收到的移动终端发射信号的到达时间差,对移动目标进行定位。TDOA 的定位原理如图 4.5 所示,对于每一个 TDOA 的测量值,可以通过时间差乘以信号传播速度得到移动终端到两个定位基站的距离差值,根据双曲线的定义,可以确定移动基站处于两个定位基站为焦点的双曲线上。由两组距离差值,可以确定两个双曲线,两个双曲线的交点即移动终端的定位结果。如图 4.5 所示,移动目标 P 的位置位于以 A、C 为焦点的双曲线和以 A、B 为焦点的两个双曲线的交点处。

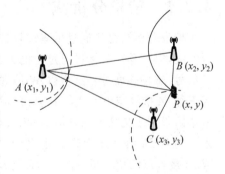

图 4.5 TDOA 定位原理

TDOA 方法要求测量单元之间保持时间同步,且具有精确计时的功能,对移动终端没有这方面的要求。因此,相对于 TOA 方法来说,TDOA 方法可以降低移动端的成本。

2. 角度交会定位

角度交会定位一般采用机械码盘、无线电测角、摄影测量等方式,测量目标到多个基站之间的到达角(angle of arrival,AOA),根据两个方位角和基站之间的基线长度就可以对目标进行平面定位,增加两个垂直角即可进行三维定位。如图4.6所示,通过测量移动终端 P 到基站 A 和基站 B 的夹角 θ_1 和 θ_2,以及 A 和 B 之间的距离 d,即可计算出 P 的坐标位置。常用的角度定位系统有全站仪交会定位系统、双目交会定位系统。

3. 边角测量定位

边角测量定位通过方位角和距离,采用极坐标的原理进行定位。如图4.7所示,通过测量 P 点到 O 点的距离 d,以及 $\angle POX$ 的角度 θ_1,可以计算 P 的坐标。常见的边角测量定位系统包括雷达、激光跟踪仪。

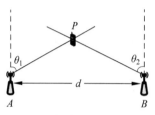

图4.6 角度交会定位原理

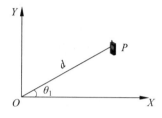

图4.7 边角测量定位

从几何交会定位的原理来看,几何交会定位都需要定位基站作为基础设施,而且需要已知基站的位置,且要求移动终端和定位基站之间满足视距(line of sight,LOS)的条件,在非视距(non line of sight,NLOS)条件下,几何交会的定位精度会受到很大程度的影响。因此,几何交会定位适用于开阔的固定场景,在智能建造领域的复杂场景,定位算法需要根据环境进行优化,以提升定位精度。

4.2.2 情景分析法

情景分析法是指通过采集情景特征,通过将实时获取的情景特征与预先采集的特性进行匹配,以对移动目标进行定位的方法,又称位置指纹法。可以采用的位置指纹有WiFi、调频信号、磁场强度等。这里以WiFi位置指纹定位方法介绍基于情景分析的室内定位方法。WiFi位置指纹定位方法一般包括离线采集和在线定位两个阶段,如图4.8(a)所示。离线采集阶段用于构建室内环境的WiFi位置指纹数据库;在线定位阶段通过比较及匹配实时采集的WiFi信号强度确定用户的位置信息。图4.8(b)为深圳大学汇星楼所采集的某WiFi接入点的位置指纹图。WiFi位置指纹定位的算法主要包括确定性方法、概率性方法和机器学习方法三类。

1. 确定性方法

确定性方法使用采样点处采集的来自每个接入点的信号强度的平均值作为该点的位置指纹,然后采用确定性的推理算法估计用户的位置。例如,微软研究院提出的RADAR系统采用信号空间最近邻法和信号空间 k 近邻法,在位置指纹数据库中找出与实时接收的信号强度最接近的一个或多个样本,将它们对应的采样点或多个采样点的平均值作为定位结果。

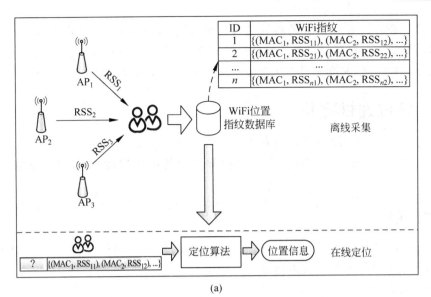

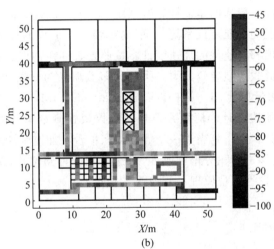

图 4.8　WiFi 位置指纹法
(a) 定位原理；(b) 位置指纹图

2. 概率性方法

概率性方法通过条件概率为位置指纹建立模型,并采用贝叶斯原理估计用户的位置。Nibble 系统是一个较早采用贝叶斯方法进行位置估计的定位系统。Nibble 将检测到的信号质量划分为四个等级,然后计算移动目标在室内区域各个位置上的概率。在使用贝叶斯方法时,需要知道检测到的信号强度在某个位置的条件概率函数,可以采用直方图法或核方法获取。直方图法将信号强度在最小值和最大值之间划分成若干个区间,统计每个区间内的信号强度出现的次数。核方法将每个测量样本的概率用高斯核函数表示。因此,在某个位置接收到的信号强度的密度估计是所有样本密度的平均值。

3. 机器学习方法

机器学习方法将定位问题作为分类问题处理。机器学习方法在离线阶段,将接收信号强度和对应的位置坐标作为分类器的输入信息，进行训练，得到信号强度与位置关系的模型。使用的机器学习模型包括重复神经网络的方法、多层感知机网络、径向基函数网络、支持向量机等。近年来，深度学习方法也被广泛应用于位置指纹定位中。

4.2.3 航位递推定位

航位递推定位是已知初始定位状态，通过测量载体在短时间内的位移、姿态增量进行积分递推，实现动态定位。这里介绍两种常用的航位递推技术，即惯性定位和视觉递推定位。

1. 惯性定位

惯性定位是利用惯性传感器采集的运动信息，通过积分定位方法或者基于行人航位推算，经过各种运算得到物体的位置信息。

1) 积分定位法

基于积分定位的方法一般指的是惯性导航系统(inertial navigation system, INS)，是以惯性传感器为基本传感器的导航定位系统，一般简称惯导。惯导的传感基本单元是可测量载体运动角速度的陀螺仪和加速度的加速度计。按照是否存在物理的跟踪稳定平台可将惯导划分为平台式惯导和捷联式惯导两大类。当前大多数惯导为捷联式惯导，捷联式惯导的惯性传感器(也称惯性测量单元，inertial measurement unit, IMU)一般包括三个测量轴正交的陀螺仪和三个正交加速度计。捷联式惯导陀螺仪根据测量角速度积分计算载体的姿态，维持一个稳定的姿态参考系，相当于一个数字跟踪平台。加速度计测量值投影到姿态参考系后，根据牛顿运动定律进行积分得到速度，对速度积分得到位置，从而实现姿态、速度、位置全导航状态的测量，惯性定位原理示意如图4.9所示。

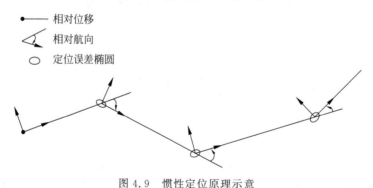

图4.9 惯性定位原理示意

从应用的角度一般按照陀螺性能和成本对惯导进行划分，如表4.1所示，可将惯导划分为导航级、战略级、汽车级和消费级。导航级主要用于军事用途、航空航天领域，一般属于欧美发达国家对中国禁运产品；战略级主要用于军事用途以及民用高精度动态测量等领域；汽车级主要用于工业上的定位定姿；消费级则主要应用于消费电子产品，如智能手机、智能手表等穿戴式设备。

表 4.1　惯导性能分级　　　　　　　　　　　　　　°/h

级　别	导　航　级	战　略　级	汽　车　级	消　费　级
性能	<0.01	0.01～10	10～200	>200
应用	航空、航天、武器装备	测量、武器装备	汽车、无人机	消费电子

2) 行人航位推算

基于积分定位的方法通过加速度对时间二次积分得到距离的变化值,在每一次积分计算中会累积误差,因此,基于积分定位的误差将随时间而累积,无法长时间工作。为了克服积分法的缺点,部分学者基于运动康复学对人体步态的研究成果,发现行人的步态具有周期性的特征,如图 4.10 所示。根据行人步态的生理学特征,提出行人航位推算(pedestrian dead reckoning,PDR)。

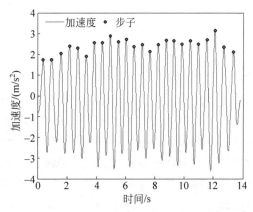

图 4.10　行人行走过程中产生的加速度信息

PDR 的基本思想是利用加速度计检测行人行走的步数,结合步长估计,得到行人的前进距离,同时通过角度传感器估算行人的航向角,从而推算行人的行走轨迹。PDR 的基本原理如下:

$$\begin{bmatrix} x_k \\ y_k \end{bmatrix} = \begin{bmatrix} x_{k-1} + \Delta D_{k-1} \cos(\theta_{k-1}) \\ y_{k-1} + \Delta D_{k-1} \sin(\theta_{k-1}) \end{bmatrix} \quad (4.2)$$

式中,(x_k, y_k) 表示行人位置;θ_k 表示前进方向;θ_{k-1} 表示第 $k-1$ 步的航向角;ΔD_{k-1} 表示距离的变化值。

$$\Delta D_k = \text{step\_}n \times \text{step\_}l \quad (4.3)$$

式中,step_n 表示步数;step_l 表示步长。

由 PDR 的原理可知,PDR 主要由三个部分组成:步子检测、步长估算和航向估计。

① 步子检测用于获取行人前进的步数,是移动距离轨迹的基础。图 4.10 为行人行走产生的加速度信号,步子检测的目的在于通过该加速度信号检测出前进的步数。步子检测的方法包括阈值法、峰值检测法、步态分析法及相关系数法。

② 步长估算用于估计每一步的长度,常用的计算模型为步频步长模型,该模型认为行人的步长与步频有一定的线性关系,通俗来说,当行人快速行走时,其步长大于慢速行走时。

③ 航向估计通过方向传感器得到,主要包括电子罗盘和陀螺仪。通过陀螺仪数据对时

间进行一次积分,可以得到前进方向的变化值,通过电子罗盘,可以获取前进方向的绝对值。由于陀螺仪存在观测误差,通过陀螺仪数据积分获取的角度变化值会出现累积误差问题,而电子罗盘容易受到磁介质的影响,使得观测的角度值误差较大。因此,直接通过方向传感器获取的角度信息误差较大,通常使用滤波融合的方法实现航向估计。航向估计误差是PDR的主要误差来源。

基于积分定位的方法需要专业的惯性设备,价格昂贵,适用性不强。随着智能手机等移动终端的普及,PDR技术已广泛应用于行人室内定位领域,由于智能手机中内置的惯性传感器精度较差,导致PDR的累积误差过大。惯性定位的方法可以实现自主定位,无须依赖定位基站,然而,惯性定位存在累积误差的问题,无法长时间定位,另外,惯性定位只能实现相对定位。因此,在实际应用中,通常将惯性定位与其他定位方法结合使用。

2. 视觉递推定位

视觉递推定位是通过相机传感器获取的连续图像序列估计相机运动的姿态,是增强现实、虚拟现实、无人驾驶、机器人定位的关键技术之一。其中,视觉递推定位方法按照是否需要提取图像的特征点,分为基于特征点法的视觉递推定位以及不提取特征的直接法的视觉递推定位。相比于直接法的视觉递推定位,基于特征点法的视觉递推定位运行稳定,对环境的光照变化、动态物体不敏感,一直以来被认为是视觉定位的主流方法。

在基于特征点法的视觉递推定位中,相机运动过程所获取的相邻两帧图片构成立体像对,立体像对间的图像存在重叠,即会同时观察到三维场景中的某些场景以及特征点。而这些共同的像素特征点与立体像对间相机的相对运动存在对极约束关系。立体像对间的像素特征点与相机运动形成对极约束关系,如图4.11所示,包括共面关系和极线约束。

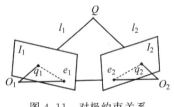

图4.11 对极约束关系

(1) 共面关系:从两相机中心O_1、O_2出发的两射线经过两成像平面的两像点并相交于物方空间中的点Q,构成几何平面O_1QO_2,称为极平面。

(2) 极线约束:空间点Q的投影点q_1在右成像平面上对应的同名特征点q_2必定位于极平面与右成像平面的交线l_2上,l_2表示右成像平面上的极线。两个相机的连线称为基线,基线和像平面的交点为极点,用e_1和e_2表示。根据对极约束的几何关系,Q在左视图上像点记为x,右视图上像点记为x',可以得到关于基础矩阵$\boldsymbol{F}$和匹配点对的关系:

$$x'\boldsymbol{F}x = 0 \quad (4.4)$$

当相机内参已知,利用$n(n \geqslant 8)$组匹配的公共像素特征点对即可求解基础矩阵$\boldsymbol{F}$。基础矩阵$\boldsymbol{F}$经过矩阵分解,得到相邻图像序列间的旋转和平移矩阵。相机运动的相对变换矩阵由旋转矩阵和平移矩阵构成,用于推算相机的运动姿态。

如图4.12所示,若已知拍摄图像i时的相机坐标值,即可通过对极约束求出连续每两帧图像间的相机运动的相对变换矩阵(旋转矩阵和平移矩阵),从而推出图像$i+1$、图像$i+2$和图像$i+3$对应的相机坐标值,最终得到相机在拍摄图像i到$i+3$的运动过程中的轨迹。

视觉递推定位比其他定位方式有诸多优势,例如,视觉递推定位无须提前部署硬件设

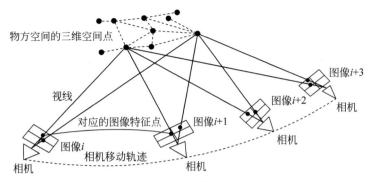

图 4.12　视觉递推定位原理

施,也不需要建立数据库,仅利用相机获取的环境图像序列即可在一段时间内完成连续的定位定姿,特别适用于 GNSS 失效下的未知或封闭场景的定位。同时,视觉递推定位方法能够生成未知场景的点云信息,为后续地图构建和导航提供了有力支持。然而,视觉递推定位也存在一定的缺点。首先,基于特征点法的视觉递推定位在特征点较弱的场景下定位精度会大幅度降低,目前只适合于运动较小、图像整体亮度变化不大的情形。其次,视觉递推定位的误差会随着时间不断累积,直至定位跟踪丢失,这使得纯视觉递推定位无法长时间使用。对于低成本的定位应用,为了消减视觉定位的累积误差,一般考虑在视觉定位的过程中引入回环检测的方法或结合其他传感器的信息,如 IMU、GNSS 等。

4.2.4　多源融合定位

在复杂环境下,单源定位受到较大的外界干扰,其定位精度往往达不到预期要求。几何交会定位方法在非视距环境下定位误差较大,同时,由于多径效应的影响,几何交会法的稳定性较差。情景分析法需要预先建立位置指纹数据库,且需要对位置指纹数据库持续更新,工作量较大,在定位过程中存在误匹配问题。航位递推法的定位误差会随时间而累积,无法长时间定位。在实际应用中,通常采用多源融合定位的方法解决移动对象动态定位的问题。相较于传统的单源定位方法,多源融合定位可以充分利用每一个定位源的优势,从而提供较好的定位结果。多源融合定位是指基于信息融合技术,将来自不同导航源的同构或者异构的定位信息按照相应的融合算法进行融合定位。常见的多源融合定位方法有加权融合定位、基于贝叶斯估计的滤波融合定位、基于因子图的融合定位等。

1. 加权融合定位

加权融合定位是一种最简单直观的融合定位方法,它将多个导航源提供的定位信息分别给予相应的权重,从而获取最后的融合定位结果,融合定位 $F(x)$ 可以表示为

$$F(x)=w_1f_1(x)+w_2f_2(x)+\cdots+w_nf_n(x) \tag{4.5}$$

式中,$f_1(x),f_2(x),\cdots,f_n(x)$ 表示不同的导航源信息;$w_1,w_2,\cdots,w_n$ 表示权重因子,需要满足所有权重因子的和为 1。加权融合定位的原理如图 4.13 所示,其具有运算简单、实现方便的特点,但是当权重因子选取不当时,往往不能获得较好的融合定位结果。

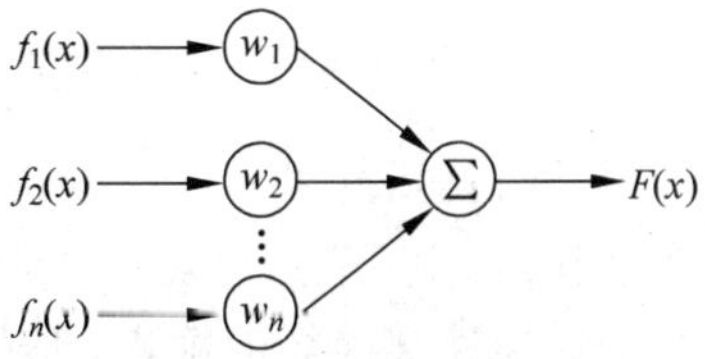

图 4.13　加权融合定位原理

2. 基于贝叶斯估计的滤波融合定位

贝叶斯估计是指充分利用先验信息,将每一次检验过程动态地认为是对先验信息的不断修正的过程,而基于贝叶斯估计的滤波融合定位法正是利用这一优势,对传感器采集的先验信息加以利用,提高系统预测的准确性。

当假设系统状态模型和观测模型都是线性模型,且符合高斯分布,同时假设噪声也是高斯分布时,其概率密度函数可以由均值和方差表示。此时采用卡尔曼滤波估计状态的最小方差,可以得出最优结果。但是,当系统状态模型是非线性时,贝叶斯滤波中的状态后验概率密度函数将难以求解。为此,贝叶斯滤波的各种近似解相继出现,如扩展卡尔曼滤波、无迹卡尔曼滤波、粒子滤波等。

在多源融合定位中,传统的卡尔曼滤波器已广泛使用。卡尔曼滤波器建立在线性代数和隐马尔可夫模型上。其基本动态系统可以用一个马尔可夫链表示,该马尔可夫链建立在一个被高斯噪声(即正态分布的噪声)干扰的线性算子上。系统的状态可以用一个元素为实数的向量表示。随着时间状态的每一步推移,这个线性算子就会作用在当前状态上,产生一个新的状态,并会带入一些噪声,同时系统的一些已知的控制器控制信息也会被加入。同时,另一个受噪声干扰的线性算子产生出这些隐含状态的可见输出。其模型原理如图4.14所示,图中 x 代表状态向量,u 代表控制向量,z 代表量测向量,F 代表状态转移矩阵,B 代表输入-控制矩阵,H 代表量测矩阵,R 代表量测噪声矩阵,Q 代表过程噪声矩阵,w 代表过程噪声矩阵,v 代表量测噪声矩阵。

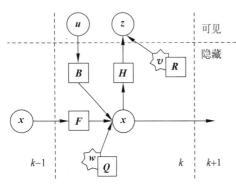

图4.14 卡尔曼滤波器模型

为了从一系列有噪声的观察数据中用卡尔曼滤波器估计出被观察过程的内部状态,必须把这个过程在卡尔曼滤波的框架下建立模型。也就是说对于每一步 k,定义矩阵 F_k、H_k、Q_k、R_k,有时也需要定义 B_k。卡尔曼滤波模型假设 k 时刻的真实状态是从 $k-1$ 时刻的状态演变而来,符合式(4.6):

$$x_k = F_k x_{k-1} + B_k u_k + w_k \quad (4.6)$$

式中,F_k 表示作用在 x_{k-1} 的状态变换向量;B_k 表示作用在 k 控制器向量 u_k 的输入-控制模型;w_k 表示过程噪声,并假定其符合均值为零。

在时刻 k,对真实状态 x_k 的一个测量模型 z_k 满足式(4.7):

$$z_k = H_k x_k + v_k \quad (4.7)$$

式中,H_k 表示量测模型,它把真实状态空间映射成量测空间;v_k 表示量测噪声。

3. 基于因子图的融合定位

因子图是指基于贝叶斯网络或者马尔可夫随机游走模型的概率图像模型。因子图模型由变量节点、因子节点以及联系两者的边组成。若包含多变量的全局函数 $g(x_1, x_2, \cdots, x_n)$ 可被分解为局部函数的乘积,则有

$$g(x_1, x_2, \cdots, x_n) = \prod_{j \in J} f_j(X_j) \tag{4.8}$$

式中,x_n 表示变形节点;局部函数 f_j 表示因子节点;X_j 表示第 j 个局部函数 $f_j(\cdot)$ 的自变量点集,再由表示相互关系的边将因子节点与相应的变量节点联系起来,下面给出一个具体的例子。设 $g(x_1, x_2, x_3, x_4, x_5)$ 为一个包含 5 个变量的全局函数,同时该函数可通过式(4.8)来得到:$g(x_1, x_2, x_3, x_4, x_5) = f_A(x_1, x_2) f_B(x_2, x_3, x_4) f_C(x_4, x_5)$,则其对应的因子图原理如图 4.15 所示。

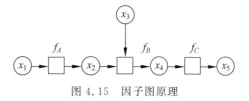

图 4.15 因子图原理

因子图的因式分解特性为多源信息融合的精度提高提供了可能性。在基于因子图的多源融合定位算法中,将每一个导航源视作一个变量节点,变量节点在函数节点实现局部融合,最终通过基于和积算法的消息传递过程,得到最终的融合结果。

4.2.5 SLAM 技术

SLAM 全称为 simultaneous localization and mapping,中文为同时定位与地图构建,其基本定义为搭载特定传感器的主体,在没有环境先验信息的情况下,在运动过程中建立环境模型,同时估计自己的位置姿态。SLAM 最早在机器人领域提出,它指的是:机器人从未知环境的未知地点出发,在运动过程中通过重复观测到的环境特征定位自身位置和姿态,再根据自身位置构建周围环境的增量式地图,从而达到同时定位和地图构建的目的。

通俗来说,SLAM 主要解决两个问题:第一,我在什么地方? 第二,周围环境怎么样? 就如同人到了一个陌生环境中一样,SLAM 试图解决的就是恢复观察者自身和周围环境之间的空间关系。"我在什么地方?"解决的是定位问题,而"周围环境怎么样?"则是解决建图问题。解决了这两个问题,实际上就完成了对自身和周围环境的空间认知。在此基础上,就可以进行路径规划到达目的地。

关于 SLAM,可使用位置方程和观测方程来进行描述:

$$\begin{cases} x_k = f(x_{k-1}, u_k, w_k) \\ z_{k,j} = h(y_j, x_k, v_{k,j}) \end{cases} \tag{4.9}$$

式中,x_k 表示机器人 k 时刻所处的位置;u_k 是传感器 k 时刻的运动数据,作为输入参数;$z_{k,j}$ 是 k 时刻机器人与环境特征 j 建立的观测数据。另外,位置方程和观测方程中均需要考虑噪声,即 w_k 和 $v_{k,j}$。以上便是前端里程计,虽然其可以完成基本的 SLAM,但会存在累计误差漂移。因此,还需要进行后端优化,得到最优的位姿图。基本 SLAM 原理如图 4.16 所示。

一个完整的 SLAM 系统包括五个部分,分别是:传感器信息读取、前端里程计、回环检测、后端非线性优化和建图,如图 4.17 所示。

(1) 传感器信息读取:主要为相机图像或激光点云信息的读取和预处理。如果在机器人中,还可能有码盘、惯性传感器等信息的读取和同步。

(2) 前端里程计:前端里程计的任务是估算相邻图像(点云)间相机(激光雷达)运动,

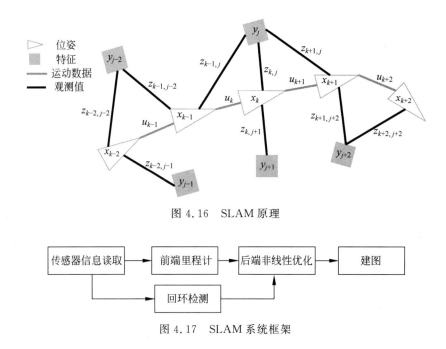

图 4.16 SLAM 原理

图 4.17 SLAM 系统框架

以及局部地图的样子。首选是对相机采集到的图像或者激光雷达采集到的激光点云进行帧间特征匹配。例如,传感器在 k 时刻观测到特征地标 y_j。通过对 $k-1$ 时刻的观测数据进行搜索,匹配到相同的观测特征 y_j。在完成相邻帧间的特征匹配后,接下来就是根据该特征进行帧间的运动估计。在图 4.16 中,k 时刻传感器观测到特征地标 y_j,产生 $z_{k,j}$。使用如前文中的对极约束等配准方法求使得 $z_{k-1,j}$ 与 $z_{k,j}$ 间差值最小的运动数据 u_k,使用 u_k 对 x_{k-1} 进行扰动,便得到当前时刻 k 对应的位姿 x_k。

(3) 后端非线性优化:前端里程计利用邻帧估算的位姿在长时间后会产生较大的误差漂移,因此需要后端优化来进行修正。后端优化的思路就是从全局(传感器整个运动过程)中选取一些关键帧,利用这些关键帧之间的关系建立起时间和空间跨度更大的、需要同时满足的全局约束(如图 4.18 中的约束 $s_{k+4,k}$ 和约束 $s_{k+6,k-2}$),以优化之前得到的不够准确的各帧位姿。目前主流的后端优化算法是位姿图优化,其原理如图 4.18 所示,以 k 以及 $k+4$ 时刻的传感器数据作为关键帧,根据被重复观测到的特征地标 y_{j+1},可以得到观测值 $z_{k,j+1}$ 和 $z_{k+4,j+1}$,如同在前端里程计所做的那样,可以得到两帧之间运动数据并利用这个运动数据来构造约束 $s_{k+4,k}$。根据约束 $s_{k+4,k}$ 对当前轨迹中的每一个 x_i 进行优化,则称为后端(全局)优化。

(4) 回环检测:回环检测判断传感器是否到达过先前的位置,如果检测到回环,它会把信息提供给后端进行检测。在图 4.18 中,当传感器在 $k-2$ 时刻与 $k+6$ 时刻的位置十分接近时,则可能在此检测到一次回环。

(5) 建图:建图指根据估计的轨迹,建立与任务要求对应的地图。算法经过上述过程已经得到一个较为准确的轨迹与位姿,将定位轨迹和传感器获取到的移动路径上周边环境的信息相匹配起来便得到完整的地图。定位轨迹越精确,得到的最终地图也越精准。图 4.19 为激光雷达 SLAM 得到的深圳大学物理与光电大楼一楼部分场景的点云图。

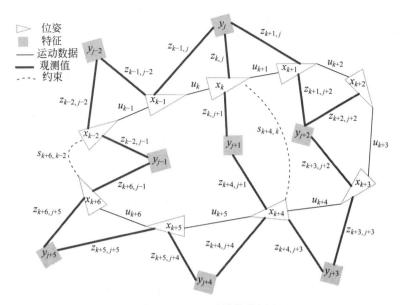

图 4.18 SLAM 后端优化原理

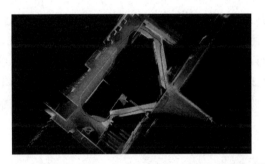

图 4.19 深圳大学物理与光电大楼一楼部分场景点云图

按照移动平台(机器人、无人车等)携带的传感器不同可以将 SLAM 分为二维激光 SLAM、三维激光 SLAM、视觉 SLAM 以及融合 SLAM 等。其中二维激光 SLAM 成本低、结构简单,能够满足绝大多数室内场景下的需要;三维激光 SLAM 能够获取更丰富的信息,但是价格昂贵,大多用于无人机或者自动驾驶等场景;视觉 SLAM 主要通过单目、双目或 RGB-D 深度相机传感器实现;融合 SLAM 主要有激光和视觉融合、IMU 和视觉融合等,通过多个传感器之间优势互补得到更加精准的测图结果,在实际工程应用中,通常使用融合 SLAM 的方法。

4.3 智能建造中的动态定位技术

4.3.1 全球卫星导航系统

全球卫星导航系统(global navigation satellite systems,GNSS)是对一类覆盖全球的空间定位的卫星系统的统称,目前包括美国全球定位系统(global positioning system,GPS)、中国北斗导航系统(BeiDou,BD)、俄罗斯格洛纳斯导航系统(Glonass)以及欧盟伽利略导航系统(Galileo)。GNSS由卫星星座、地面监控站和用户接收机三部分组成。卫星星座向用户接收机连续播发测距信息和导航电文,并接收来自地面监控站编制的导航电文以及状态调整命令等信息;地面监控站连续对导航卫星进行跟踪观测,计算出卫星运行的精密轨道星历、卫星钟差改正数等参数,然后编制成标准格式;用户接收机接收来自导航卫星的测距信息和导航电文,给出观测时刻用户的三维位置、速度以及接收机钟差。GNSS采用空间交会原理进行定位,其工作原理如图4.20所示,这是最简单的单点定位模式(single point positioning,SPP),定位精度为数十米。

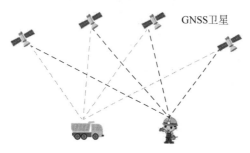

图4.20 GNSS定位原理示意

GNSS的精密定位模式包括精密单点定位模式(precise point positioning,PPP)以及差分定位模式(differential GNSS,DGNSS)。一般来说,精密单点定位需要约30min的收敛时间,收敛后能实现厘米级单历元动态定位。差分定位技术的原理如图4.21所示,将一台GNSS接收机安置在位置已知的基准站上进行观测。根据基准站已知精密坐标与GNSS接收机计算出的坐标,计算出真实坐标与GNSS定位得到的坐标的改正数,并由基准站实时将这一数据发送出去。用户接收机在进行GNSS观测的同时,也接收到基准站发出的改正数,并对其定位结果进行改正,从而提高定位精度。差分定位主要包括实时模式(real time kinematic,RTK)和后处理模式(post process kinematic,PPK)。与PPP相比,RTK和PPK定位模式仅需要几秒钟的观测数据即可实现初始化,可提供厘米级精度的动态定位。

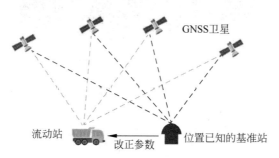

图4.21 差分定位原理示意

差分定位的实现方式主要有两种,一种是自架基站,主要针对周边无稳定基站的野外区域,基本原理为在无遮挡区域建立临时基站,采用差分定位技术实现高精度定位;另一种为基于较密集的连续运行参考站(continuously operating reference stations,CORS),用单台接收机即可实现高精度定位。目前,国内多家服务商均可提供CORS服务,用户只需购买相关产品,即可使用高精度定位的服务。

4.3.2 GNSS拒止环境下的定位技术

在智能建造领域,一些场景属于封闭及半封闭空间,例如隧道、地铁、深基坑等,在这些场景内,无法接收GNSS信号,通常称为GNSS拒止环境,本节介绍几类常用的GNSS拒止环境下的定位技术。

1. WiFi 定位技术

WiFi 是日常生活中最常用的无线通信技术之一。WiFi 定位系统可以利用现有的 WiFi 基站和智能手机即可实现定位。由于 WiFi 基站的广泛覆盖和智能手机的普及，WiFi 定位可节约大量的基站布设及终端成本，易于推广应用。目前在大型商超、医院、地铁等环境均已广泛应用。WiFi 定位系统可实现大范围的动态定位与跟踪监测，定位精度通常可达 3～5m。

WiFi 定位技术主要分为几何交会法和情景分析法。基于 WiFi 的几何交会法通常采用 RSS 方法进行测距，定位误差较大，情景分析法需要预先采集定位场景的位置指纹地图，并及时更新，这极大地限制了 WiFi 定位技术的推广应用。近年来，研究者们提出了一系列基于众源数据的位置指纹地图更新方法，可以有效地降低位置指纹地图的采集成本。2018 年，Google 发布了 Android Pie 的开发者版本，支持基于 WiFi RTT(round-trip-time)的室内定位技术，定位精度可达 1～2m。WiFi RTT 功能允许设备测量与其他支持设备的距离，从而实现移动终端的定位。相对于基于 RSS 的测距方法来说，WiFi RTT 采用的往返时间测距法精度更高。

2. 蓝牙定位技术

蓝牙也是生活中常用的无线通信技术，通常用于短距离数据传输，如蓝牙耳机、无线鼠标等。早期的蓝牙设备功耗较大，无法长时间使用。2013 年 9 月，苹果公司在发布的移动设备系统 iOS7 上配备了 iBeacon 功能，推动了蓝牙技术在定位领域的应用。iBeacon 采用蓝牙低功耗(bluetooth low energy，BLE)技术，其工作方式是，配备 BLE 通信功能的设备使用 BLE 技术向周围发送自己特有的 ID，接收到该 ID 的应用软件会根据该 ID 执行相应的命令。例如，在店铺里设置 iBeacon 基站，可以向智能手机用户推送广告咨询信息。iBeacon 凭借其低成本、易安装、低功耗的优点，被广泛应用于室内定位领域。与 WiFi 定位类似，iBeacon 的定位技术包括几何交会法和情景分析法两种，通过预先安装蓝牙基站，实现移动终端的定位，如图 4.22 所示。

图 4.22 蓝牙定位

2019 年，蓝牙技术联盟推出了低功耗蓝牙核心规范 BLE5.1，正式纳入基于 AOA/AOD (angle of departure)的定位功能，定位精度可达厘米级，为基于蓝牙的定位应用带来巨大发展机遇。

3. 射频识别定位

射频识别(radio frequency identification，RFID)是一种自动识别技术，通过无线射频方式进行非接触双向数据通信，利用无线射频方式对记录媒体(电子标签或射频卡)进行读写，从而达到识别目标和数据交换的目的，其被认为是 21 世纪最具发展潜力的信息技术之一。RFID 的应用非常广泛，典型应用有动物晶片、汽车晶片防盗器、门禁管制、停车场管制、生产线自动化、物料管理等。

基于RFID的定位技术利用射频信号进行非接触式双向通信交换数据以达到识别和定位的目的，最常应用的定位方法是邻近检测法。专业的RFID定位系统在合适的条件环境下，如行李分拣系统中，定位精度可以达到厘米级精度。RFID定位技术早期在煤矿工程中应用比较广泛，用于煤矿工人的定位。

4. ZigBee定位技术

ZigBee也称紫蜂，是一种低速短距离传输的无线网上协议，底层是采用IEEE 802.15.4标准规范的媒体访问层与物理层，主要特色有低速、低耗电、低成本、支持大量网上节点、支持多种网上拓扑、低复杂度、快速、可靠、安全。ZigBee技术可以用于在大量的无线传感节点之间通信，所用参加通信的传感器节点会以接力的形式传递数据，通信效率很高。

基于ZigBee的室内定位技术通过若干待测节点和参考节点与网关之间形成组网，网络中的待测节点发出广播信息，并从各相邻的参考节点采集数据，选择信号最强的参考节点的坐标。通过计算与参考节点相关的其他节点的坐标，对定位引擎中的数据进行处理，并考虑距离最近参考节点的偏移值，从而获得待测节点在大型网络中的实际位置。

5. 超宽带定位

超宽带(ultra wide band, UWB)技术是近年来提出的室内高精度无线定位技术，具有高达纳秒级别的时间分辨能力。UWB定位技术的基本原理是利用在室内环境中部署若干能接收UWB脉冲信号的定位基站，移动对象携带或安装可发送UWB脉冲信号的定位标签，由于定位标签发送的脉冲信号到达各定位基站的时间不同，故后台定位算法将利用该时间差来计算定位标签的位置。UWB定位技术用来传输数据的脉冲信号功率谱密度极低、脉冲宽度极窄，因此具备了时间分辨率高、空间穿透能力强等特点，在LOS环境下能获得优于厘米级的测距和定位精度，可满足工业应用的需求。

UWB最初便是用于军事工业用途，2002年才发布商用化规范，就目前的情况而言，UWB设备价格昂贵，部署成本比较高。因此，虽然其在专业领域中应用广泛，但是在消费级市场的应用受到一定的限制。2019年，苹果公司在发布的iPhone11智能手机上集成了UWB芯片，为基于移动终端的高精度定位提供可能。

6. 伪卫星定位技术

伪卫星是指安装在地面附近的能够发射类似于GNSS信号的装置，其本质是一个GNSS信号模拟器，可以作为室内环境中对GNSS信号的补充。伪卫星定位技术通过卫星信号生成器和发射器构成的伪卫星进行定位。因此，伪卫星装置相当于位置可以灵活放置的模拟导航卫星，通过发射类似于卫星导航的信号提高局部地区的定位和导航功能。在卫星数过少，或者信号遮挡严重等不利于观测的场合，可以通过应用伪卫星定位技术来改善卫星星座结构，从而改善卫星定位精度；甚至在卫星导航系统不能正常使用的特殊条件下，伪卫星也可以完全代替导航卫星，进行单独定位导航，实现伪卫星的单独组网布局定位。

伪卫星系统能增强卫星定位系统在复杂环境下的实时定位导航能力，增加卫星导航的连续性、准确性、可靠性，提高定位精度。作为卫星的增强手段和工具，伪卫星在信号结构上和定位原理上都与卫星定位系统密切相关。伪卫星技术定位的规模化难度较低,同时定位精度为亚米级,能够满足大多数时候的定位需求。

7. 超声波定位技术

超声波是一种应用广泛的传统技术。它在自然界中被动物用来导航或交流。超声系统可分为宽带系统和窄带系统。宽带超声需要更多的功耗,但可以实现更高的精度。使用插孔输入连接器将外部模拟乘法器连接到智能手机,可以在智能手机上实现超声波定位。

在几乎没有噪声干扰的环境中,超声波可以实现非常高的定位精度。然而,由于噪声的存在,精度和精度性能显著降低。超声波系统最严重的限制是超声波不能穿透墙壁,覆盖率低。因此,在超声系统的环境中需要部署大量超声接入点来提高精度,这导致超声波定位技术的可扩展性较低。

8. LoRa 定位技术

LoRa(long range radio)全称长距离无线电,是 Semtech 公司创建的低功耗局域网无线标准,它的最大特点就是在同样的功耗条件下比其他无线方式传播的距离更远,在同样的功耗下比传统的无线射频通信距离扩大 3~5 倍,实现了低功耗和远距离的统一。LoRa 技术的问世改变了目前业界在通信距离和能耗两个指标之间左右为难的处境,实现了一种低成本、通信距离远、能量消耗少且系统容量大的通信协议。

LoRa 定位技术是使用上文提到的 TDOA 来实现地理位置定位的。LoRa 定位的前提是所有 LoRa 网关共享一个相同的时基,并且需要至少 3 个 LoRa 网关来接收数据信号。当一个 LoRa 终端设备发射一段数据信号,其所在网络范围内的所有 LoRa 网关都会接收到这段信号,并传输给网络服务器。网络服务器通过比较信号强度、到达时间、信噪比和其他参数来计算终端设备最可能的位置。

4.4 动态定位技术在智能建造领域的应用案例

4.4.1 施工阶段

1. 施工人员定位

目前在智能建造中用于确定建筑工人位置的定位技术主要为基于 UWB 的定位技术和基于 RFID 的定位技术。建筑工人的位置可通过其随身携带的 UWB 或 RFID 定位标签获取,实时显示在监控中心的信息管理平台上,如图 4.23 所示。管理人员无须进入施工现场就可以掌握每个人员的实时位置及分布情况。这既方便管理人员施工管理,又能帮助急救人员及时处理危险紧急情况。例如,若有施工人员长时间静止不动、进入一些危险区域或遇到其他紧急危险时,该系统会帮助施工人员触发危险报警,管理人员和急救人员便可通过报警人员的位置快速找到求救人员。

近年来,智慧工地中的定位技术已得到广泛的应用。例如,遂宁中石油某建筑工地的施工环境大、装置多、厂区面积广,施工现场人员数量众多且来源复杂。传统的管理方法不仅

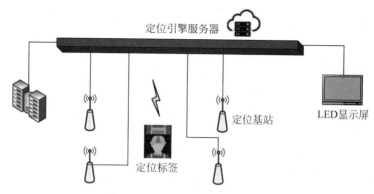

图 4.23　人员位置信息管理平台

人员管理的效率低下,也无法针对现场进行远程监管,特别是当有不规范施工导致危险发生时,无法第一时间实施救援。四目科技为该天然气净化公司提供了符合《建筑工人实名制管理办法(试行)》要求的智慧工地解决方案。通过该公司提供的高精度定位系统与其他应用系统集成方案,遂宁中石油建筑工地实现智能考勤管理及安全施工管理,同时达到"不具备封闭式管理条件的工程项目,应采用移动定位、电子围栏等技术实施考勤管理"的要求。

在新加坡樟宜机场的扩建项目中,其扩建工地面积大、安全隐患多,参与作业的施工人员人数众多。单独依靠传统的管理模式,施工人员难以管理,不仅无法对作业人员实时分布、作业状态、工时考勤等进行高效监管,也无法对不同类型人员的准入区域进行限制。通过引入智慧工地人员定位项目,在扩建施工现场部署定位基站,同时为施工人员配发定位标签卡(工牌型及安全帽型的形式)形成高精度的人员定位系统,实现在施工过程中人员智能化管理,助力该机场扩建能够高效有序推进,如图 4.24 所示。

图 4.24　新加坡樟宜机场智慧工地人员定位项目

2. 施工装备定位

施工装备定位主要用于监测装备的实时位置,实时监测施工装备的位置既能用于施工路径的规划,又能帮助施工人员规避安全风险。目前,高精度 GNSS 定位技术已经应用于多种大型工程机械装备的作业和状态监测上,特别是挖掘机、推土机、平地设备、打桩机、钻孔机、取料机等工程机械设备。基于 GNSS 高精度定位技术的机械控制单元可以辅助操作员进行机械施工作业，提高工程质量和施工效率，提高了作业的安全程度。

四川川交路桥有限责任公司与清华大学联合研发的定位压路机系统由卫星定位系统、基站定位系统共同组成。定位压路机上的微波通信天线和卫星定位系统对压路机进行实时定位，实现了无人压路机机群联动作业，如图 4.25 所示。无人压路机可以通过定位系统自动规划最优路径，通过其安装的导航传感器实现精准位置、航向和车轮转角设定，从而实现自动导航、自动行驶、自动碾压和自动转向的任务。

图 4.25　定位压路机

上海北斗卫星导航平台有限公司推出的定位打桩机系统，采用高精度 GNSS 定位技术，引导打桩机的钻头精确指向设定的位置进行打桩，如图 4.26 所示。该定位打桩机能够控制其打桩深度和方向，并精确记录压路机振动振幅达到规定值以后压实的路面轨迹，同时驾驶员能够从显示引导屏上清楚地看到需要打桩的位置信息。该系统确保了作业过程中不会出现遗漏作业区域，提高了施工效率。

图 4.26　定位打桩机

华测导航推出的 TX63 挖掘机引导控制系统采用北斗高精度定位技术和惯导倾斜传感技术，实时计算挖掘机铲斗斗尖三维坐标，并根据车载平板电脑中的三维设计图纸进行引导挖掘。其全自主研发的 EX-Tech 挖掘机模型算法，能够达到 3cm 的挖填精度，提升了土方工程施工质量和效率，如图 4.27 所示。

3. 无人化施工

建筑行业属劳动密集型行业，施工人员复杂，需要大量人员共同作业。由于施工场地空间有限，施工机械设备多，交叉作业，施工周期长，作业环境属高粉尘、高温和高湿的恶劣复杂环境，建筑施工过程中的事故容易多发，造成巨大的人员伤亡和财产损失。无人化施工能

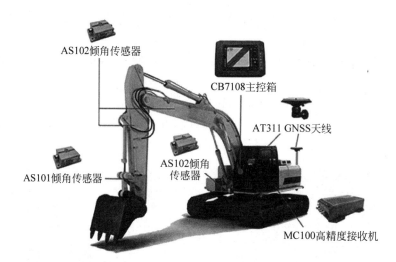

图 4.27 挖掘机引导控制系统

减少施工人员的投入,最大限度地保证施工人员的生命安全。

以隧道施工为例,其施工过程中存在施工技术复杂、施工面大、工作空间局限、建设时间长、地质条件复杂等特点。施工单位以产品机器人化为目标,打造具有智能感知和分析决策功能的隧道智能施工机器人并实现应用,逐渐实现施工过程中的机器换人目标。隧道施工装备机器人自动化是实现隧道少人化、无人化施工的必然趋势,是践行隧道智能建造的重要途径,能让隧道建造更智能、更高效、更安全、更环保。

施工单位研制的超前钻探机器人,可对前方隧道施工地质进行快速超前勘测及预报,如图 4.28(a)所示,在福宜高速顺利完成超前探孔施工;其研制的装药机器人可实现快速装药,自动送退管、精准控制装药量的功能,如图 4.28(b)所示,装药机器人在郑万高铁进行了应用,大幅减少了装药人员数量;其研制的锚杆机器人能实现一体化锚杆钻孔、安装和注浆施工,提高了隧道结构稳定性,如图 4.28(c)所示,在郑万高铁的单根锚杆钻孔、安装和注浆任务中进行了成功应用。

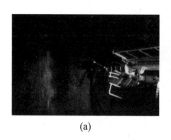
(a)

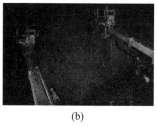
(b)

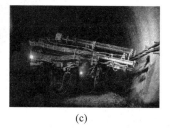
(c)

图 4.28 无人化施工设备
(a)超前钻探机器人;(b)装药机器人;(c)锚杆机器人

在 2020 年 12 月 4 日雄安新区对外骨干道路上,由 2 台高等级摊铺机、2 台单钢轮压路机、2 台轮胎压路机、1 台双钢轮压路机组成的无人化自动化施工机群,相互配合进行水稳摊压作业,如图 4.29 所示。路机无人机群系统采用自动驾驶技术、3D 自动摊铺技术、智能压实技术和可视化技术等智能技术,经过北斗卫星的精准定位导航,车辆运行精度达到 5cm,

实现了全流程数据的自动协同,大大提升了路面平整度作业的效率。同时,无人驾驶机群的工作数据可以上传到云端,操作人员可实时监控调整,确保其工作的质量。系统还具备可以实时自动生成质量报表和回放施工轨迹动画的功能,为施工工艺改进和未来大数据、人工智能提供数据基础。

图 4.29　无人驾驶摊压技术

动态定位技术是无人化施工的关键技术之一,一方面能实现施工装备的定位功能,另一方面能帮助确定施工目标的精准位置。例如,在锚杆机器人的应用中,需要准确地知道去顶钻孔的位置,才能实现精准作业。在室外开阔空间,可以使用 GNSS 技术实现动态定位,如我国的北斗卫星导航系统;然而,在封闭或半封闭空间中,如隧道施工,则需要综合使用多传感器融合的定位技术实现精准定位,使用的技术包括 SLAM、几何交会定位、航位递推等。

4. 装配式建筑

国务院办公厅在 2016 年和 2017 年分别颁发了《国务院办公厅关于大力发展装配式建筑的指导意见》和《国务院办公厅关于促进建筑业持续健康发展的意见》,其中都明确指出大力发展装配式建筑是实现我国建筑行业传统产业升级的主要措施之一。预制构件是装配式建筑的基本要素,预制构件的追踪定位是一个动态过程。目前通过人工的方法对全部构件追踪定位和监督管理,容易造成构件丢失、查找困难和安装错误等问题,通过动态定位技术准确地定位和追踪预制构件,能够实现构件精细化管理,合理优化资源配置,提高装配式建筑生产施工效率。

中建海龙科技有限公司研发的基于 BIM 和 RFID 的预制构件全过程管理技术,实现了装配式建筑标准化设计、信息化管理、施工过程管控和运维管理过程中的构建精细化定位。构件内预埋的 RFID 芯片,在生产、运输、安装等环节可由相关责任人录入状态信息,实现质检有备案、生产有监督、运输有追踪、安装有说明的全过程施工管理,如图 4.30 所示。

4.4.2　安全运维

2019 年 9 月,中共中央、国务院印发《交通强国建设纲要》,明确指出强化交通基础设施养护,加强基础设施运行监测检测,提高养护专业化、信息化水平,增强设施耐久性和可靠性,推广应用交通装备的智能检测及监测和运维技术。

图 4.30 RFID 技术应用于预制构件全过程管理

1. 桥梁检测

桥梁是交通基础的关键枢纽节点,桥梁存在的安全病害会给桥梁的使用造成巨大的安全隐患,因此桥梁检测的任务紧急且重要。目前桥梁检测方法主要以人工现场调查法为主,包括:①望远镜/长焦相机等设备对桥梁进行远距离观察;②借助桥梁检测车近距离观察;③搭设支架近距离观察。望远镜观察工作量巨大,速度较慢,且容易造成检测人员眼睛疲劳,漏检率高,此外,会存在桥梁下部地面条件不允许作业的情况,同时,长焦相机容易受到光照、分辨率、拍摄角度等因素的干扰,普适性较差。桥梁检测车费用昂贵,占用桥面车道,影响行车安全,容易造成交通拥堵,且检测人员在起落架上行车,存在严重的安全隐患;搭设支架的方法工程量较大,工期较长,且受到地面环境的影响。

随着无人机技术的发展,配备诸如 GNSS、惯导、激光雷达、相机等传感器的无人机使大规模桥梁检测成为可能,如图 4.31 所示。基于无人机的桥梁检测可以大幅提高桥梁检测的效率,降低检测人员的安全风险。动态定位技术能为无人机提供精准的位置信息,是实现无人机桥梁检测的关键技术之一。桥梁检测环境复杂,包括开阔空间和桥下半封闭空间,在开阔空间中的定位可使用 GNSS 定位技术,在半封闭空间中的定位使用多传感器融合的 SLAM 定位技术。

(a) (b)

图 4.31 无人机桥梁检测
(a) 开阔空间;(b) 桥梁下部结构

此外，桥梁检测无人机还需要考虑防撞、荷载、功耗等因素，国内外相关团队研制了球形防撞无人机系统，利用碳纤维材料形成的球形三自由度全向防撞外框，大大缩小了无人机桥下检测过程中的安全距离，使其能最大限度对桥面进行贴近飞行，从而获得更精细的测量结果。国外比较具有代表性的防撞型工业无人机为瑞士 Flyability 公司开发的 Elios 无人机，国内为深圳大学李清泉教授团队研发的自动检测产品，如图 4.32 所示。除了桥梁检测，防撞无人机还可以用于隧道、地下管廊等封闭空间的安全检测。

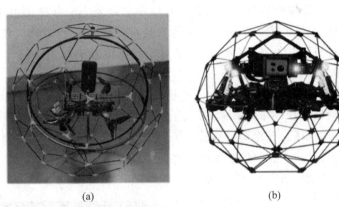

图 4.32　防撞无人机

(a) 深圳大学研发的防撞无人机；(b) 瑞士 Flyability 防撞型工业无人机

除了桥梁检测的无人化之外，桥梁的缆索检测也需要无人化。线缆检测机器人系统搭载视觉、超声等多种检测仪器，具备全自动运行能力，能实现对桥梁拉索损伤的准确定位和多维度检测，如图 4.33(a)所示。爬壁检测机器人系统采用永磁吸附设计，能在钢箱梁桥底面、侧面等钢结构表面灵活自主运动，其搭载视觉、超声等多种检测仪器能对钢结构进行多维度检测，能提供桥梁病害精确位置信息，这为桥梁安全运维提供决策依据，如图 4.33(b)所示。

图 4.33　桥梁检测机器人

(a) 线缆检测机器人；(b) 爬壁检测机器人

2. 隧道检测

截至 2018 年年底，我国铁路隧道总长 16331km，公路隧道总长 17000 余 km，地铁隧道总里程超过 6600km，我国已成为世界上隧道工程建设与运营规模最大、数量最多和发展最快的国家。隧道运营过程中会出现不同类型和程度的病害，如果不加以控制和维护，会严重影响隧道的结构安全和正常运营，甚至危及隧道内行车人员的生命安全。

移动三维激光测量系统集成的多个传感器能快速地采集隧道的空间数据，成为隧道检测的主要设备之一。由于隧道是地下空间工程，GNSS信号被完全屏蔽，无法使用GNSS和惯性导航系统组合的导航定位定姿方法，只能单纯依靠INS数据进行惯性推算位置信息；此外，在快速移动过程中，驾驶方位的快速变化和路面严重抖动导致移动测量系统传感器的姿态时刻发生变化。由于惯性导航系统组合的导航定位定姿方法存在初始化误差、系统误差和噪声误差等，惯性定位的定位结果误差会随着时间不断累积，这就难以建立传感器测量数据与隧道实际空间的映射关系，因此，移动测量系统亟待解决封闭空间无GNSS条件下的高精度定位定姿问题。

武汉汉宁轨道交通技术有限公司研制的地铁隧道测量系统（railway mobile measurement system，RMMS）以轨道移动小车为载体，集成了组合定位定姿系统、激光扫描仪、多传感器同步控制电路以及存储单元、车轮编码器及安装组件、嵌入式计算机以及电源供电系统等设备，在同步控制单元的控制下能使各个传感器之间实现时间同步和协同工作，实现隧道的全断面空间数据的快速采集，如图4.34所示。

 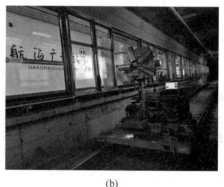

(a)　　　　　　　　　　　　　　　(b)

图4.34　地铁隧道测量系统
(a) 系统实物；(b) 作业过程

在封闭空间中的高精度定位定姿问题上，地铁隧道测量系统通过固定连接安装刚性传感器平台，在平台上集成多种传感器，实现动态条件下测量平台位姿基准和隧道数据的协同测量。刚性平台能维持各传感器在动态条件下的稳定，使传感器之间几乎不产生相对位移，施工人员只需通过对测量系统的静态标定即可获得传感器到刚性平台的姿态转换参数。刚性传感器平台通过惯性测量推断平台的位置与姿态信息，利用里程计辅助惯性导航系统提高相对定位精度，同时能与激光雷达扫描控制点数据融合提高绝对位置精度，这三种数据融合为隧道检测提供高精度位姿基准。

3. 城市管网检测

城市管网系统（给排水管网、油气运输管网等）是城市基础设施的重要组成部分。城市管网长期运输相关物质，管道易出现腐蚀老化、破损、变形、塌陷等病害，这不仅导致水体黑臭和水环境污染，甚至会造成城市内涝、油气泄漏等城市重大安全事故。对于已建设的管道,市政管理人员需要进行快速高效的管道检测,及时发现管道病害,并进行管道维修整改,解决环境污染和城市安全问题。

城市管网具有里程长、结构复杂等特点,这导致大范围检测成本高昂、进度缓慢。现代管道检测方法包括激光检测法、超声波检测法和压力波检测法等。这些方法通过声波和激光等手段检测管道变形和病害,检测精度较高,但其设备成本高昂、操作复杂且无法检测含水管道。闭路电视(closed circuit television,CCTV)检测法和全景视觉传感器检测法通过拍摄管道内壁影像,利用计算机视觉技术识别病害区域,是目前应用最广的管道检测方法,但其视觉传感器需要工作人员操作牵引设备辅助前进并提前对管道进行清淤抽水,这导致单次检测范围小,作业强度大。针对目前存在的城市管网检测难、检测效率低和检测人工作业大等问题,深圳大学李清泉教授发明了一种流体驱动的排水管道检测胶囊,该设备作业效率高,能够实现自主定位和自动检测管道病害。几种典型的城市管网检测机器人如图 4.35 所示。

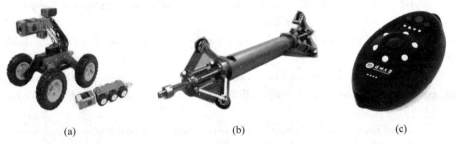

图 4.35 城市管网检测机器人
(a) CCTV 检测机器人;(b) 管道三维姿态测量仪;(c) 管网检测胶囊

动态定位技术是确定管网检测机器人位置的主要方法,通过其提供的管网病害准确位置,可以方便市政人员后期的开挖维修作业,管网环境属于封闭环境,无法接收 GNSS 信号,因此无法使用 GNSS 定位方法,通常使用视觉、惯性导航系统、里程计等多传感器融合定位方法。

复习思考题

1. 什么是动态定位技术?
2. 简述智能建造领域动态定位面临的挑战。
3. 简要阐述几种动态定位技术的基本原理,分析它们的优缺点。
4. 列出 TDOA 的定位方程,阐述 TDOA 和 TOA 的不同点。
5. 四大全球卫星导航系统包括哪些? 我国为什么要自主研发北斗导航系统?
6. 简述 GNSS 定位的原理。什么是 GNSS 拒止环境?
7. 除了本书中介绍的动态定位技术在智能建造领域的应用案例,请查阅相关资料,再列出至少 3 类应用。

第 4 章课程思政学习素材

参考文献

[1] 陈湘生,徐志豪,包小华,等.中国隧道建设面临的若干挑战与技术突破[J].中国公路学报,2020,33(12):1-14.
[2] 李清泉.动态精密工程测量[M].北京:科学出版社,2021.
[3] 孔祥元,郭际明,刘宗泉.大地测量学基础[M].武汉:武汉大学出版社,2010.
[4] 李清泉,周宝定,马威,等.GIS辅助的室内定位技术研究进展[J].测绘学报,2019,48(12):1498-1506.
[5] 李清泉,张德津,汪驰升,等.动态精密工程测量技术及应用[J].测绘学报,2021,50(9):1147-1158.
[6] 陈锐志,陈亮.基于智能手机的室内定位技术的发展现状和挑战[J].测绘学报,2017,46(10):1316-1326.
[7] LI C T,CHENG J C P,CHEN K. Top 10 technologies for indoor positioning on construction sites[J]. Automation in Construction,2020,118(12).
[8] ZAFARI F,GKELIAS A,LEUNG K K. A survey of indoor localization systems and technologies[J]. IEEE Communications Surveys & Tutorials,2019,21(3):2568-2599.
[9] YASSIN A,NASSER Y,AWAD M,et al. Recent advances in indoor localization:a survey on theoretical approaches and applications[J]. IEEE Communications Surveys & Tutorials,2016,19(2):1327-1346.
[10] SHAHI A,ARYAN A,WEST J S,et al. Deterioration of UWB positioning during construction[J]. Automation in Construction,2012,24:72-80.

第5章 物联网技术在智能建造领域的应用

5.1 物联网概念及发展简史

物联网主要指通过互联网或其他网络接入方式,将融合传感器、数据处理、软件等技术的实物进行连接与数据交换,实现物与物、物与人的泛在连接,实现对物品和过程的智能化感知、识别和管理。

1982年卡耐基梅隆大学研制的可乐自动贩卖机是物联网的早期尝试,该设备可以通过网络上传设备中可乐余量情况,方便管理。1995年比尔盖茨在《未来之路》一书中描绘了未来万物互联的景象,为未来信息技术的发展指明方向。在国内,物联网早期被称作传感网,1996年清华大学基于光检测器,构建了基于并联与串联组网的时分复用光纤传感器网络。该系统可以用于检测油库油罐的液位以及温度情况,实现自动化油库管理。以上是国内外早期物联网的实践,主要是将传感器或者工业设备与网络进行连接,实现远程管理和控制。1999年,宝洁(P&G)公司的凯文·艾什顿为了解决分销店铺中商品余量信息不准确的问题,首次提出了"物联网"的概念。艾什顿提出采用射频识别技术将所有商品或物品与网络连接起来,实现商品供应链的智能化管理。同年在美国召开的移动计算和网络国际会议提出"传感网是下一个世纪人类面临的又一个发展机遇"。2003年,美国《技术评论》提出传感网络技术将是未来改变人们生活的十大技术之一。2005年11月17日,在突尼斯举行的信息社会世界峰会上,国际电信联盟(International Telecommunication Union,ITU)发布了《ITU互联网报告2005:物联网》,正式提出了"物联网"的概念。报告指出:无所不在的物联网通信时代即将来临,世界上所有的物体从轮胎到牙刷、从房屋到纸巾都可以通过互联网进行数据交换。射频识别技术、传感器技术、纳米技术、智能嵌入式技术将得到更加广泛的应用和关注。

5.2 物联网技术发展趋势

物联网是继计算机、互联网与移动通信网之后的第三次信息技术产业浪潮。中国社会科学院指出,未来物联网产业规模将比互联网大30倍。物联网将成为下一个万亿元级别的信息产业业务。2016年,物联网被国家列入"十三五"规划的重点发展领域,《2020年国务院政府工作报告》提出加强新型基础设施建设。物联网作为新基建中的重要一环,能帮助基础设施实现数字化和智能化转型,具有广阔的发展前景。

《2020—2021中国物联网发展年度报告》对我国物联网行业的发展趋势进行了总结：①物联网在制造业、车联网、能源等行业应用加速，全球活跃物联网连接设备量首次超越非物联网设备，达到117亿。物联网安全支出增长显著，平台市场商业运营模式不断丰富。放眼全球，美国持续聚焦网络通信技术研发应用，美国首部国家物联网安全法正式生效；欧盟数字化转型成为战略重点，全方位强化物联网数据安全与治理，加大核心数字技术投资力度。日本将物联网作为制造业创新内核，深入推进超智能"社会5.0"建设。韩国则积极部署6G先导计划和芯片产业发展，突出物联网基础设施建设及数据共享。②我国物联网产业规模保持高速增长，物联网与实体经济融合应用生态愈加成熟。2020年以来，我国5G等网络基础设施建设步伐加快，物联网技术支撑体系和标准体系持续完善。从行业应用看，工业互联网发展进一步提速，智慧城市、车联网等势头强劲，物联网与人工智能、区块链、边缘计算等新一代信息技术融合应用态势明显。数据显示，全国物联网产业规模突破1.7万亿元，"十三五"期间物联网产业年均增速超20%。③物联网行业赋能作用加速显现，龙头企业投资布局力度不断加大。在全球数字化转型背景下，物联网在数字经济发展中起到的行业赋能作用加速显现，各行业场景应用更加深入多元；智能物联网从蓄力期进入增长期，开放平台化日益成为行业主要推动力；物联网行业应用渗透催生边缘计算需求增长，智能化成为未来重要方向。

目前物联网相关基础技术逐步成熟和完善，物联网技术正在多个领域加速应用和落地。具体而言，物联网技术在智慧工厂、智慧农业、智慧工地、智慧城市等多个领域都有落地应用（图5.1）。

图 5.1　物联网在各行各业的应用
(a) 智慧工厂；(b) 智慧农业；(c) 智慧工地；(d) 智慧城市

5.3 物联网关键技术

物联网技术的蓬勃发展得益于相关基础技术的出现和成熟,其中最核心的技术可以概括为感知层、网络层、应用层三个层面的关键技术。图5.2所示为智能建造领域的物联网关键技术框架,以下章节将对物联网相关关键技术进行详细介绍。

图 5.2 物联网关键技术框架

(1) 感知层属于物理层,包括感知和收集环境信息的传感器,可以感知物理参数或识别环境中的其他智能对象。关键技术主要包括传感器技术、嵌入式系统技术(微控制单元)。

(2) 网络层负责连接其他智能设备、网络设备和服务器,并传输和处理传感器数据。关键技术包括无线网络技术,如 RFID、WiFi、Bluetooth、ZigBee、LoRa、NB-IoT 等。

(3) 应用层负责向用户提供特定的服务,在该层可以部署物联网的各领域应用,如结构健康监测、智慧建筑、智慧工地和智慧交通等。关键技术包括云计算、边缘计算、物联网云平台、安全和隐私技术。

5.3.1 物联网传感器

1. 振动传感器

振动传感器可以用于感知结构的振动情况,被广泛应用于建筑与桥梁等大型结构的长期安全状态监测,即结构健康监测。振动传感器的基本原理如图 5.3 所示,传感器内质量块通过弹性材料与外壳连接,在外部振动作用下内部质量块发生振动。通过测量内部质量块的振动幅值,间接测量外部环境的振动情况。振动传感器主要包括加速度式振动传感器和速度式振动传感器,振动传感器根据其测量原理通常可分为压电式、电磁式、电容式和压阻式等。

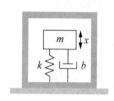

图 5.3 振动传感器基本原理

(1) 压电式振动传感器利用压电晶体(如石英晶体、压电陶瓷等)的"压电效应"测量加速度。当受到振动时,传感器内的质量块受惯性力作用,施加在压电晶体上的力发生变化。压电晶体受力变形后产生极化现象,在压电材料表面产生符号相反的电荷,从而可以根据产生电荷的大小测量加速度。当外力去除后,压电材料又重新恢复到不带电状态,这种现象称为压电效应,具有压电效应的晶体称为压电晶体。压电式振动传感器具有动态范围大、频率范围宽、坚固耐用、受外界干扰小等特点,是目前工程界广泛使用的振动测量传感器,图 5.4 所示为压电式振动传感器示意。

(2) 电磁式振动传感器主要利用法拉利电磁感应原理,外部环境振动时,内部质量块做切割电磁场运动,产生感生电流。质量块运动速度越快,产生的感生电流越大,因此电磁式振动传感器主要用于测量振动速度。相较于压电式振动传感器,电磁式振动传感器通常具有更低的噪声密度,并且价格便宜,但尺寸相对较大,目前广泛应用于地震台网地震动监测与大型结构监测,图 5.5 所示为电磁式振动传感器示意。

图 5.4 压电式振动传感器   图 5.5 电磁式振动传感器

(3) 电容式振动传感器将质量块与电容电极相连。振动时电容电极之间的间隙发生变化,使电容值产生变化,进而实现加速度的测量。电容式振动传感器具有测量精度高、输出稳定、温度漂移小等优点。

(4) 压阻式振动传感器根据压阻效应的原理,利用半导体材料制成电阻测量电桥,当质量块受力运动时,质量块作用在半导体上的力产生变化,使其电阻率发生变化。压阻式振动传感器的灵敏度较小、频带很宽,可对较大的加速度值进行测量,适用于冲击测量。

MEMS(micro-electromechanical systems)简称微机电系统,是由微米级的微型机械传

感器、执行机构和微电子电路组成并集成封装在芯片中,具有质量小、体积小、灵敏度高、低功耗等优点。MEMS 加速度计是 MEMS 领域的重要组成部分,广泛应用于各类便携式电子设备的振动测量。例如,手机、游戏手柄、虚拟现实头盔等设备中均安装有 MEMS 加速度传感器。MEMS 加速度计从原理上可分为压阻式、热流式和电容式等,其中电容式 MEMS 加速度计由于精度较高、技术成熟,是目前应用最为广泛的 MEMS 加速度计,图 5.6 所示为常见的 MEMS 加速度计。

2. 位移、应变传感器

位移传感器是将位移量转换成电信号的装置。常用的位移传感器可分为电感式位移传感器、光电式位移传感器、毫米波及超声波式位移传感器等。位移传感器在各领域得到广泛的应用,如结构变形与挠度测量、电梯门自动控制、智能汽车车距保持等,都利用到了位移传感器。应变传感器主要测量被测物的变形

图 5.6　MEMS 加速度计

量,在工程领域常用的应变传感器主要有电阻式应变传感器、光纤光栅应变传感器,以下将简述常见的位移、应变传感器。

(1) 电感式位移传感器:利用电磁感应原理将被测位移量转换成线圈自感系数和互感系数的变化,再由电路转换为电压或电流的变化量输出,实现位移量到电量的转换。拉杆式差动式(linear variable differential transformer,LVDT)位移传感器是其中一种,其具有结构简单可靠,灵敏度高,测量精度高等优点(图 5.7(a))。

(2) 光电式位移传感器:该类传感器将位移量通过光的反射转换为光的变化量,再利用光电效应将光信号转换为电信号,实现位移或者距离的测量。激光位移传感器是光电式位移传感器最常见的一种,为非接触距离传感器。其在测距、定位领域上尤为出色,广泛应用于高精度自动化控制以及桥梁、铁路等的挠度、微小位移监测以及位移精准控制,同时在智能驾驶领域也有大量应用(图 5.7(b))。

(3) 毫米波及超声波式位移传感器:该类传感器通过发射并接收反射回来的毫米波或超声波,推算出物体的距离,目前大量应用在自动驾驶领域(图 5.7(c)、(d))。

(4) 电阻式应变传感器:该类传感器通常粘贴在待测物表面,通过将应变变化转换为传感器电阻的变化,然后通过电桥电路,输出正比于被测应变量的电信号。电阻式应变传感器广泛应用于水利水电、桥梁隧道、高铁、机械、航空航天等领域。电阻式应变传感器示意如图 5.8(a)所示。

(5) 光纤光栅应变传感器:该传感器通过将应变转换为光纤光栅的波长漂移,从而测量物体表面的应变量。光纤光栅应变传感器可以粘贴在待测结构的表面或埋设在结构的内部。光栅传感器具有测量精度高、动态范围广、可靠性高的特点,在大型土木工程结构、航空航天等领域的健康监测得到了广泛应用(图 5.8(b))。

3. 视觉传感器

视觉是自然生物获取外部环境信息的一种重要方式,而计算机则通过视觉传感器将环境信息转换为图像数据,以此感知外部环境。视觉传感器作为计算机的"眼睛",在一些精度

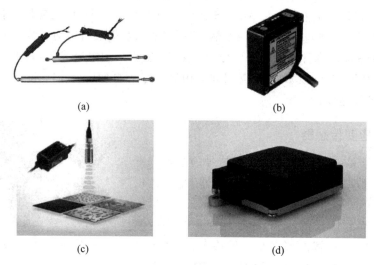

图 5.7 位移传感器

(a) 拉杆式差动式位移传感器;(b) 光电式位移传感器;(c) 超声波式位移传感器;(d) 毫米波式位移传感器

图 5.8 应变传感器

(a) 电阻式应变传感器;(b) 光纤光栅应变传感器

要求高或危险程度大的工程环境下可以代替人类视觉进行测量、检测与识别等操作,有效提高了工作效率与安全性。

视觉传感器主要由一个或多个光学图像传感器,以及辅助图像传感器获取信息的其他元件组成,主要可以分为以下几种不同类型。

1) 可见光传感器

可见光传感器顾名思义,即主要采集可见光信号,输出数据为普通彩色图片的视觉传感器。可见光传感器作为应用最广泛的视觉传感器,其在物联网领域有着大量的应用,如基于视觉的钢筋数量识别,可实现施工现场材料数量的管理(图 5.9)。

2) 红外线传感器

红外线传感器主要采集被测物体发出的红外线辐射。通常温度越高的物体发射的红外线越强烈,因此可以通过红外线传感器间接测量被测物体的温度。红

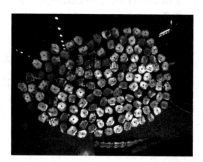

图 5.9 基于视觉传感器的钢筋数量识别

外线传感器在可见光不足的黑暗环境或温度敏感环境的检测中具有显著的优势,如利用外墙材料脱空后吸热能力发生变化的特性,可采用红外传感器对建筑外墙脱空情况进行检测(图5.10)。

图 5.10　基于红外传感器的外墙检测

5.3.2　物联网微控制单元

微控制单元(microcontroller unit,MCU)又称单片微型计算机(single chip microcomputer)或者单片机,它采用大规模集成电路技术把具有数据处理能力的中央处理器(CPU)、随机存储器(RAM)、只读存储器(ROM)、多种端口I/O和中断系统、定时器/计数器等功能(可能还包括显示驱动电路、脉宽调制电路、模拟多路转换器、A/D转换器等电路)集成在一片芯片上,形成芯片级的计算机(图5.11)。

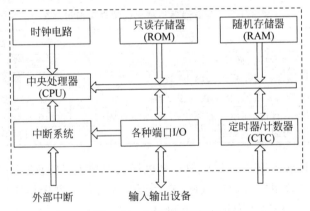

图 5.11　MCU 组成框架

目前MCU使用广泛,大量应用于汽车电子、家用电器、电动工具、智能建筑、健康与护理等众多领域。诸如手机、PC外围、遥控器、汽车电子、步进马达、机器手臂的控制等,都可见到MCU的身影(图5.12(a))。MCU同样大量应用物联网传感节点,负责传感器数据采集与数据处理。

图5.12(b)为智能健康监测领域中无线加速度监测节点示意。该物联网节点中MCU作为"中央处理器",负责收集MEMS加速度传感器测得的建筑振动,同时从GPS模块收集位置信息与时间同步信息。MCU完成计算与数据处理之后,将测量结果通过无线传输接

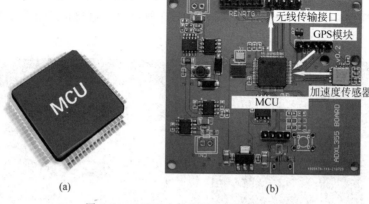

图 5.12 MCU 在物联网中的应用示意
(a) MCU 芯片；(b) 基于 MCU 的物联网节点

口发送给云服务器，实现智能健康监测。

5.3.3 物联网传输手段

1. 有线物联网

早期的物联网结构比较简单，只需完成两个或多个设备之间近距离内的数据传输，实现物物相连，多采用有线方式进行组网，包括 ETH、RS-232、RS-485、M-Bus、PLC 等。表 5.1 所示为各种有线通信技术的特点和适用场景。

表 5.1 各种有线通信技术的特点和适用场景

通信方式	特　　点	适　用　场　景
ETH	协议全面、通用、低成本	智能终端、视频监控
RS-232	一对一通信、成本低、传输距离较近	少量仪表、工业控制
RS-485	总线方式、成本低、抗干扰性强、传输距离远	工业仪表、抄表等
M-Bus	针对抄表设计、使用普通双绞线、抗干扰性强	工业能源消耗数据采集
PLC	针对电力载波、覆盖范围广、安装简便	电网传输、电表

（1）以太网（ethernet，ETH）是一种计算机局域网技术，通过物理层的连接、数字信号和对应介质访问层协议组成一个局域网，它是当今现有局域网中最通用的通信协议标准。仍有大量物联网设备采用以太网接入互联网。

（2）RS-232 串口是目前最常用的一种串行通信接口，被广泛用于计算机外设连接。RS-232 属单端信号传送，存在共地噪声和不能抑制共模干扰等问题，因此一般用于 20m 以内的通信，常用的串口线一般只有 1~2m。

（3）RS-485 总线也是一种常用的串行通信接口，采用平衡发送和差分接收，具有抑制共模干扰的能力，加上总线收发器具有高灵敏度，能检测低至 200mV 的电压，使得信号传输到千米以外，解决了 RS-232 串口通信距离短的问题。RS-485 采用半双工的工作方式，可以联网构成分布式系统，用于多点互联时非常方便。目前，RS-485 远程抄表通信方案在写字楼、公寓等场景中被广泛应用。

（4）M-Bus(meter-bus)也称用户仪表总线，是一种专门为消耗测量仪器如电表、水表设计的总线协议。可以在几千米的距离内连接几百个从设备，满足公用事业仪表可靠、低成本的组网要求，已经广泛应用于水表、电表、燃气表等消耗量仪表计量领域。

（5）电力线通信(power line communication, PLC)是一种利用电力线传输数据和媒体信号的通信方式。把载有信息的高频信号加载到电流中，通过电线将高频传输给接收信息的适配器，再把高频信号从电流中分离出来实现信息传递。几乎所有工业行业都需要用到PLC，如冶金、机械、轻工、化工、纺织等工业的开关量控制，对电流、电压、温度、压力等模拟量的控制。PLC在数据采集、信号传输、运动控制(机床位移)方面都发挥了巨大作用。

2. 无线物联网

无线物联网或无线传感器网络(wireless sensor network, WSN)是一项利用无线通信技术把大量移动或静止的传感器节点以自由组织和多跳方式构成的无线网络，能够采集、处理和传输网络覆盖地理区域内的被感知对象的物理信息，并最终把这些信息发送给网络的所有者。时至今日，无线物联网已经广泛而深入地分布在日常生活的方方面面，为人们的生活和工作带来极大便利，图5.13所示为无线传感器网络的应用场景。

图5.13　无线传感器网络的应用场景

1) 无线传感器网络结构

传感器节点集成了数据采集单元、数据处理单元、数据传输单元以及能量供应单元。其中数据采集单元主要指传感器模块采集监测区域内的信息，如运动信息(加速度、位移等)、环境信息(光照强度、气压、温湿度)等；数据处理单元包含处理器和存储器，负责处理传感器采集的数据并存储，同时管理路由协议及各项运行任务；数据传输单元主要是无线通信模块，负责收发采集的信息数据，完成节点之间的信息交流；能量供应单元为整个传感器节点的所有硬件提供电源，通常采用微型电池模块或太阳能电池模块。

无线传感器网络中的节点分为汇聚节点(也称网关或基站)和用户节点(终端节点)。汇聚节点借助无线通信技术与用户节点进行通信，并对收集的终端数据进行分析处理。无线物联网常见的网络拓扑结构包括星型结构、树型结构和网状结构,如图 5.14 所示。

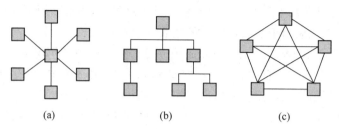

图 5.14 无线物联网的网络拓扑结构类型
(a)星型结构;(b)树型结构;(c)网状结构

(1)星型结构是由中央节点和子节点组成,其特点是结构简单,扩展性强,管理和维护相对容易,且网络延迟时间较小,传输误差低。因此,星型网络拓扑结构是目前应用最广泛的一种网络拓扑结构。然而,由于执行集中式通信控制策略,星型结构中央节点非常复杂,对中央节点要求相当高,一旦中央节点出现故障,则整个网络将瘫痪。

(2)树型结构由自上而下的多级星型结构组成,形同一棵树,树的顶端、中间和低端分别相当于网络中的核心层、汇聚层和边缘层。它采用分级的集中控制方式,其传输介质可有多条分支,但不形成闭合回路。树型结构具有易于扩展、故障隔离较容易的特点,一旦某一分支的节点或线路发生故障,可以轻松地将故障分支与整个系统隔离开来。与星型结构类似,树型结构的不足之处在于各个节点对根节点的依赖性很高,如果根节点发生故障,则全网不能正常工作。

(3)网状结构在所有节点之间建立点对点链路,即在整个网络中建立全连接关系。由于节点之间有许多条相连路径,可以为数据流的传输选择适当的路由,从而绕过失效的部件或过忙的节点,减少碰撞和阻塞。这种结构虽然通信协议比较复杂,建设成本较高,但由于其较高的可靠性受到用户的欢迎,尤其在广域网中得到广泛应用。

2)物联网无线通信技术种类

物联网无线通信技术按传输距离主要分为近场无线通信、无线局域网和低功耗广域网三类。近场无线通信主要实现非接触式标签识别或者数据传输,如具有代表性的射频识别技术。无线局域网是指应用无线通信技术将一个区域内物联网设备互联起来,构成可以互相通信和实现资源共享的网络体系,包括 WiFi、Bluetooth、ZigBee 等。低功耗广域网(low-power wide-area network,LPWAN)是一种目前广泛应用于物联网领域的低功耗、长距离通信的无线网络。LPWAN 技术从频谱角度又可分为两类:一类是工作于未授权频谱的 LoRa、Sigfox 等技术;另一类是工作于授权频谱下,3GPP 支持的 2G/3G/4G/5G 蜂窝通信技术,如 NB-IoT、eMTC。如表 5.2 所示为各种无线通信技术的特点。

表 5.2 各种无线通信技术特点

名称	通信技术	传输速度	通信距离	成本/元	是否授权	优 点	缺 点
近场无线网	RFID	1~424Kbit/s	<10m	低于10	否	价格便宜、无须电源、体积小、耐久性好	安全性不够强、技术标准不统一

续表

名称	通信技术	传输速度	通信距离	成本/元	是否授权	优点	缺点
无线局域网	WiFi	11～54Mbit/s	20～200m	100	否	应用广泛、传输速度快、距离远	设置麻烦、功耗高、成本高
	Bluetooth	1Mbit/s	20～200m	10～40	否	组网简单、低功耗、低延迟、安全	传输距离短、传输数据量小
	ZigBee	20～250bit/s	2～20m	20～100	否	低功耗、自组网、低复杂度、可靠	传输范围小、速率低、时延不确定
低功耗广域网	LoRa	<10Kbit/s	城内：1～2km 城外：15km	20～60	否	成本低、电池寿命长、抗干扰强、覆盖广	非授权频段
	Sigfox	<100bit/s	3～10km	10～40	否	传输速率低、成本低、范围广、技术简单	数据传输量小、非授权频段
	NB-IoT	<200Kbit/s	15km以上	20～60	是	高质量、传输数据量大、低时延、广覆盖	成本高、协议复杂、电池耗电大
	eMTC	<1Mbit/s	—	50～80	是	低功耗、海量连接、高速率、支持VoLTE	模块成本高

以下将对智能建造领域应用广阔的几种无线通信技术进行介绍。

(1) RFID

RFID 是自动识别技术的一种,通过无线射频方式进行非接触数据通信,从而实现目标标签识别与数据交换。RFID 技术最早主要应用于零售业,如采购、存储、包装、装卸、运输、配送、销售到服务等整个环节都能见到 RFID 的身影。生活中的公交卡、无人超市很多也都应用了 RFID 技术。随着智能建造领域的发展,智慧工地常将 RFID 标签植入建筑装配式构件或者施工设备中。实现建筑施工进度监控、全生命周期管理,极大地提高了施工现场的管理水平。

(2) ZigBee

ZigBee 也称紫蜂,4.3.2 节介绍了 ZigBee 技术在定位领域的应用。在数据通信领域,ZigBee 技术同样具有传统网络通信技术所不可比拟的优势。ZigBee 不仅能够实现近距离通信,同时能耗较低,如 2 节 5 号干电池可支持 1 个 ZigBee 节点工作 6～24 个月,甚至更长。该技术最早是为了弥补蓝牙通信无法满足工业自动化对功耗、组网规模方面的需求而出现的。ZigBee 的优点主要包括低功耗、低复杂度、可靠以及低成本,适用于数据吞吐量小、网络建设投资少、网络安全要求较高、不便频繁更换电池或充电的场合,目前在消费类电子设备(如儿童遥控玩具、游戏机等)、智能家居、工业控制(如医疗设备控制、电力、物流管理等)、农业自动化等领域获得广泛应用。

(3) LoRa

LoRa 作为 LPWAN 技术的代表之一,凭借其低功耗、远距离、抗干扰强、组网灵活以及部署成本低等优点一举成为无线通信领域的后起之秀,备受青睐。LoRa 的优势得益于其线性调频扩频调制技术,它既具有低功耗的特性,又提高了网络利用率和抗干扰能力,使用不同扩频因子的终端设备即使用相同的频率同时发送也不会产生干扰。目前,LoRa 主要在全球非授权频段运行,其通信范围一般在 2～5km,最长距离可达 15km,应用研究主要集中在远程抄表、智慧农业和智慧城市领域。

(4) NB-IoT

NB-IoT(narrow band internet of things)是第三代合作伙伴项目(3GPP)于 2016 年提出的一种基于现有长期演进(long term evolution,LTE)功能构建的新型窄带物联网系统,由于工作于授权频段下,NB-IoT 可直接接入公共网络,非常适合应用在公共网络。作为 LPWAN 中应用最广泛的两种无线通信技术,LoRa 和 NB-IoT 都具有低功耗、广覆盖、广连接的优势,但两者的参数特征不尽相同。相比之下,LoRa 在覆盖范围、功耗和部署成本方面更胜一筹,而 NB-IoT 则在数据传输速率和可靠性方面更具优势。因此,NB-IoT 技术更适用于一些通信频繁并要求高服务质量的场景,如工业物联网领域。受政策激励,中国三大运营商均积极布局 NB-IoT 网络,其中,中国电信 NB-IoT 网络最早于 2017 年 7 月正式商用,截至 2020 年 5 月,中国电信 NB-1oT 用户规模已突破 1 亿,建成了全球首个连续覆盖、规模最大、覆盖最广、频段最优的 NB-IoT 商用网络,NB-IoT 基站超 40 万。NB-IoT 的应用正迅速推广,已成为物联网领域的研究热门。

3) 物联网应用层协议

以上 LoRa、NB-IoT 等都是物联网的网络层协议,这些协议定义了对应无线传输手段工作的频率、调制解调方法、硬件模组等信息。为了实现物联网硬件模块与云服务器的通信,还需要应用层协议的支持。常见的物联网应用层协议有 MQTT、CoAP、HTTP 等,以下将简要介绍这三种应用层协议。

(1) MQTT

消息队列遥测传输协议(message queuing telemetry transport,MQTT)是为大量计算能力有限,且工作在低带宽、不可靠的网络远程传感器和控制设备通信而设计的协议。MQTT 协议是目前应用非常广泛的物联网应用层协议,具有低协议开销、对不稳定网络容忍度强、低功耗的特点。MQTT 协议可以使用发布/订阅消息模式,提供一对多的消息发布,通信方式灵活。物联网节点可以作为发布者也可以作为订阅者。作为发布者时,可以将信息发布给代理,代理再将信息推送所有该主题的订阅者,如图 5.15 所示。

(2) CoAP

受限制的应用协议(constrained application protocol,CoAP)是一种在物联网世界的类 Web 协议。CoAP 名字中"受限"主要指可以运行在资源受限的物联网设备上。物联网设备的 MCU 运行内存和计算能力都非常有限,传统的 HTTP 协议应用在物联网上就显得过于庞大而不适用。MQTT 和 CoAP 作为物联网协议应用都很广泛,但两者也有很大的区别。MQTT 是多对多通信协议,采用发布/订阅的模式,不同客户端之间通过中间代理传送消息。CoAP 主要是点对点协议,使用请求/响应模型,实现客户端与服务器之间的通信。此外 MQTT 的特点是可以保持长连接,具有一定的实时性,云端向设备端发送消息,设备端可以在较短的时间内接收到并做出响应。而 CoAP 的特点是低功耗,数据发完就可以休眠,所以 CoAP 更适合定期数据采集的场合,适合纯粹的传感器设备,特别是电池供电的传感器设备。

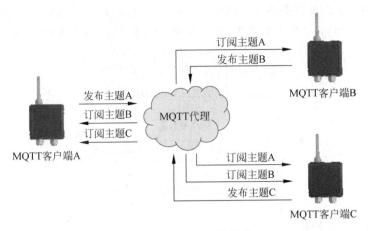

图 5.15　MQTT 消息传输模型

(3) HTTP

超文本传输协议(hyper text transfer protocol,HTTP)是一种用于分布式、协作式和超媒体信息系统的应用层协议,是因特网上应用最为广泛的一种网络传输协议。该协议基于请求-响应模式。HTTP 协议的优势在于应用广泛,开发成本低。但该协议对物联网节点的计算以及网络资源要求高,主要应用于计算能力较强的物联网节点。

5.3.4　云计算技术

云计算(cloud computing)是在原有网格计算(grid computing)、并行计算(parallel computing)和分布式计算(distributed computing)的基础上扩展发展而成的,其最基本的概念是通过网络将庞大的计算处理任务拆成无数个较小的子任务,再交由服务器计算分析之后将处理结果回传给用户。通过这项技术,用户可以在某段时间内实现海量信息的快速计算与处理。

云计算把许多计算资源集合起来(包括服务器、存储、数据库、网络、软件、分析和智能),通过软件实现自动化管理,只需要很少的人参与,就能申请使用所需的计算资源。因此,用户可以根据实际计算需求,动态弹性地申请云计算服务,从而帮助用户降低运营成本,并能根据业务需求的变化调整对服务的使用。

随着我国云计算需求的快速扩张,数据和算力正在成为像水、电一样的生产力要素。2022 年 2 月 17 日,国家发展改革委等部委大力推行"东数西算"工程,着力在京津冀、长三角、粤港澳大湾区、成渝、内蒙古、贵州、甘肃、宁夏等 8 地启动建设国家算力枢纽节点,并规划了 10 个国家云中心集群。"东数西算"工程充分利用了云计算技术的特点,将东部经济发达地区海量的计算需求迁移到电力价格较为低廉的西部地区,既支撑东部算力需求,也带动西部发展。

云计算的核心技术主要包括以下几部分。

1) 虚拟化技术

虚拟化技术可以将物理服务器虚拟为多台虚拟机。在一个服务器节点上可以同时运行多个虚拟机,每个虚拟机可运行不同的操作系统,并且应用程序都可以在相互独立的空间内运行而互不影响,从而显著提高计算机的工作效率。从表面来看,这些虚拟机都是独立的服务器,但实际上,它们共享物理服务器的CPU、内存、硬件、网络等资源,如图5.16所示。

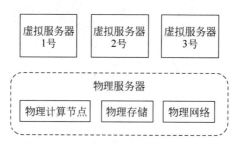

图5.16 云计算的虚拟化技术

2) 分布式数据存储技术

为了保证海量数据存储的高效性与可靠性,云计算通常采用分布式存储技术。例如,电商平台每天都将产生PB级(1PB=1024TB)的交易数据,这些数据量无法存储在一个机器里。为了满足数据量大以及数据备份的要求,通常将数据划分为多份,分别在不同的服务器上存储与处理。

3) 大数据并行处理技术

MapReduce是当前云计算主流并行编程模式之一。MapReduce模式将任务自动分成多个子任务,通过Map和Reduce两步实现任务在大规模计算节点中的任务计算与分配。Map主要目的是过滤和聚集数据,表现为数据的1对1的映射。Reduce是根据Map的分组计算和总结,表现为多对一的映射,通常完成数据的聚合操作。MapReduce的核心概念是将输入数据集映射到键-值对集合,然后对所有包含相同键的键-值对完成归约。图5.17为MapReduce的编程模式示意。

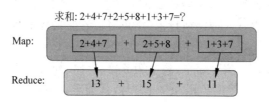

图5.17 MapReduce编程模式示意

5.3.5 边缘计算技术

1. 边缘计算的定义

边缘计算(edge computing)是一种分布式计算概念,它将部分计算功能集成到边缘设备(也称为边缘节点),允许在数据收集源附近实时处理和分析数据。边缘计算的出现主要是因为当前物联网节点产生的数据量呈现爆发式增长,将所有数据传输到远程云端进行处理分析,再将结果回传到用户端的传统集中式云计算方法正面临严峻的挑战。区别于集中式云计算,边缘计算将计算与存储能力下沉到网络边缘,将密集型计算任务迁移到距离传感器较近的边缘服务器,或者直接在传感器内部的计算单元完成计算(图5.18)。边缘计算模式可以有效降低数据传输造成的网络压力,实现更快更好的网络服务响应,满足用户在实时业务、智能应用、隐私保护等方面的关键需求。同时边缘计算的数据可以与云端计算相互共享、协同工作,从而有效减小云端负荷。

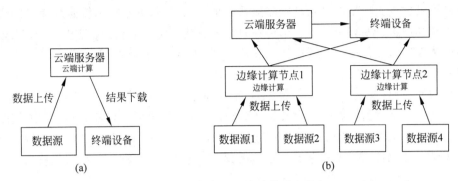

图 5.18 云计算与边缘计算对比示意
(a) 云计算;(b) 边缘计算

2. 边缘计算的发展与应用

随着边缘计算技术的发展与应用,有关边缘计算的标准化工作也在逐步发展推进中。欧洲电信标准协会在 2015 年发布了关于移动边缘计算的白皮书,对边缘计算的定义、应用、架构与部署方案等内容进行了描述。2016 年年底,华为、Intel 与中国信息通信研究院等 62 家单位在北京成立边缘计算产业联盟,旨在搭建边缘计算产业合作平台,推动技术开放合作。边缘计算当前已有很多应用场景,部分代表应用与设想如下。

1) 基于边缘计算的视频分析

当前城市环境中分布着大量的监控摄像头,在人流密集区域基本可以实现监控的无缝、无死角对接,并且这些监控摄像头的数量还在不断增加中。随着摄像头数量的增多与拍摄分辨率的提升,所采集到的视频数据量将有明显的增长,如果采用集中式云计算的方式处理这些数据,将产生大量的传输流量与时间损耗。通过采用多接入式边缘计算技术,将一个区域内的摄像头接入附近的边缘计算平台,在边缘侧进行数据处理后,仅对处理结果进行传输,可以有效减少云端计算负荷与数据传输负荷。

2) 智慧城市

边缘计算技术可以将智慧城市的计算与存储下沉到边缘计算单元上,从而降低云服务器的计算需求与网络带宽需求,有助于智慧城市中海量物联网设备的接入以及更大范围的推广应用。例如,通过分布在城市道路上的传感器对城市路况进行监测,并通过边缘计算单元对车辆拥堵情况与事故多发路段进行统计分析。边缘计算单元仅上传道路状态信息,避免海量传感器数据直接传输到云服务器,降低传输数据量,提升路况分析的实时性。

5.4 物联网技术在智能建造领域的应用案例

5.4.1 结构健康监测

结构健康监测(structural health monitoring,SHM)是指通过一定的算法监测土木、航空航天和机械工程结构损坏或性能退化情况,保证其适用性和耐久性。在过去的几十年里,随着大型复杂结构建造的增多,结构健康监测已被广泛使用,从早期的有线监测向着无线监测的趋势蓬勃发展。典型的结构健康监测系统由传感器、数据采集和传输系统、用于数据管理的数据库和健康诊断算法组成。结构健康监测系统通常包括结构状态监测(如结构应力、位移和加速度等),还包括结构周边环境参数监测(如温度、湿度和风速等)。以下是两个结构健康监测的实际工程案例。

【例 5-1】 港珠澳大桥于 2018 年 10 月正式通车运营,跨越珠江口伶仃洋海域,连接香港、珠海和澳门,是目前世界上长度最长、综合难度最大的超大型跨海大桥。该桥总投资约 1200 亿元人民币,设计使用寿命 120 年,全长 55km。其中主体工程由 3 座斜拉桥、1 条海底隧道和 4 座人工岛组成,总长约 29.6km,桥梁路段长约 22.9km,海底隧道长约 6.75km,图 5.19 所示为港珠澳大桥的"风帆桥"。

图 5.19 港珠澳大桥"风帆桥"

港珠澳大桥地处台风多发地区,且处在海域环境,长期服役过程中容易受到环境侵蚀、材料老化、长期荷载效应、突发性灾害等因素的综合影响,这些影响将导致结构的损伤累积和抗力衰减。为保障大桥的安全运行,避免灾难性事故的发生,港珠澳大桥上建立了一套技术先进、管理可靠的结构健康监测系统。该系统结合自动化健康监测技术和人工巡检技术,以 GIS 平台、分布式数据库管理系统和互联网技术为基础,采用现代传感器测试、信号分析、远程智能控制、计算机技术、损伤识别和结构安全评估等现代设备和技术,实现了结构现场监测站与远程监测中心联动一体,远程用户可以通过互联网连接到现场监测站。同时,可以通过网络对系统进行控制和配置,评估结构健康状态。

系统总体框架如图 5.20 所示。系统分为现场监测站和远程监控中心。现场监测站主要放置数据采集设备,包括解调仪、振动采集器、数字信号采集设备。巡检人员可以通过巡检终端设备输入巡检动态数据并进行管理。远程监控中心配置了系统所需的各种服务器,包括数据采集、数据分析、Web 和数据库服务器。系统部署完成后,用户可以通过软件界面使用系统。

系统采用多种传感器,通过这些传感器可以实现对港珠澳大桥结构全方位信息的长期监测,其监测内容如下:

(1) 临界环境荷载(风速和风向、外部和内部温湿度、运输荷载和地震荷载);

(2) 关键结构构件和控制截面(主梁和塔式起重机)的变形;

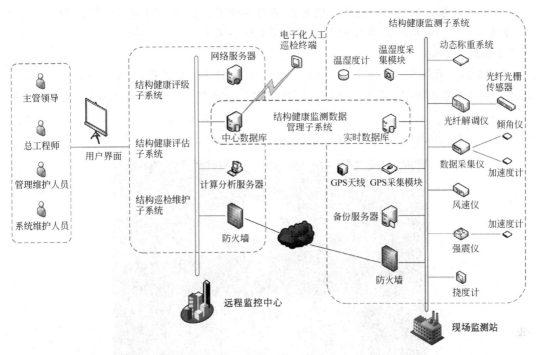

图 5.20 港珠澳大桥结构健康监测系统总体框架

(3) 临界控制截面的应变和温度;
(4) 索结构应力;
(5) 结构动态和振动特性(固有动态特性和振动响应);
(6) 支护反力(桥塔、副墩、过渡墩支护反力);
(7) 侵蚀过程(混凝土侵蚀)。

如表 5.3 所示为系统的监测内容及相应的传感器。

表 5.3 监测内容及相应的传感器

环境作用	风速和风向		温 湿 度	运输荷载和地震荷载	腐蚀过程
传感器	螺旋桨式风速计	超声波风速计	温度计、湿度计	三轴加速度计	腐蚀传感器
结构响应	空间位移	主梁整体位移	应变	索结构应力	振动特性
传感器	GPS	位移计	光纤光栅传感器	张拉传感器	二轴加速度计

2018年超强台风"山竹"侵扰下的监测结果验证了该套健康监测系统的准确性和鲁棒性,事实证明,它能够准确、可靠地监测和反馈港珠澳大桥的环境荷载和结构响应,为大桥的运营安全保驾护航。

【例5-2】 我国乌东德水电站于2021年6月16日正式建成投产,是金沙江下游河段规划建设的4个水电梯级中的最上游梯级,总库容74.08亿 m³,电站装机容量1020万 kW。图5.21所示为乌东德水电站,其大坝为混凝土双曲拱坝,最大坝高270m,拱冠梁底厚45.45m,坝顶上游面弧长325.67m,共分15个坝段,坝体混凝土用量约273万 m³。

图5.21 乌东德水电站

乌东德水电站是我国全面实施大坝施工期安全监测自动化的代表性大型水电工程项目。该项目采用基于LoRa协议的低功耗广域网技术,将自带电源、体积小、功耗低的无线监测节点建于大坝浇筑仓面,灵活组网,便于施工。大坝共计接入仪器1340余个,对仓面、仓面转廊道和廊道观测房等3个阶段的坝踵应力、坝体变形数据实施自动化采集,监测数据全过程无间断。乌东德水电站施工期大坝安全监测自动化解决了施工过程中因环境条件恶劣导致人工监测困难的问题,实现了大坝施工和运行中的全过程监测自动化,为智能大坝建造奠定可靠的数据基础。

5.4.2 智慧建筑

物联网技术的快速发展正助力智慧建筑的落地。物联网在智能建筑的安防监控、环境监测、节能管理、智能家居都有广泛的应用。以下将对3个智能建筑的案例开展讨论。

【例5-3】 达实智能大厦是一座位于深圳市南山区核心的粤海街道,由深圳达实智能股份有限公司投资建设的高200m、建筑面积10万 m²的绿色智慧大厦。大厦于2015年6月动工,2019年3月正式投入使用。达实智能大厦充分使用了达实智能研发的智能物联网管控平台、物联网身份识别系统等产品,并应用了多样化的智能物联网技术。大厦绿色智慧、温暖光明、高度智能化、可生长可迭代,同时也是我国首座超高层"双标准、三认证"绿色建筑大厦(三认证包括美国LEED-CS认证铂金级、中国绿色建筑认证三星级、深圳绿色建筑认证铂金级),已成为全国范围内绿色智慧建筑的新标杆。

大厦使用达实研发的物联网智能管控平台,云端覆盖集成管理、能源管理、运维管理、

BIM 三维可视化、APP 移动运维 5 大业务,实现了高性能、稳定、灵活的协同一体化管控(图 5.22)。平台与大厦内近 20000 个物理设备联通。根据阳光照射角度、阴影及光照强度,自动调整窗帘的打开程度,达到最佳遮阳效果。楼内空调、照明等自动开关,通过人体检测,感知区域内人员情况,开启相应区域的空调及照明等设备。对室内温湿度、一氧化碳浓度、二氧化碳浓度、PM2.5、甲醛含量等进行全方位检测,并根据环境监测数据,结合区域内人员数量等情况,自动调节空调及通风设备工作,以保证楼内环境健康舒适。例如,哪个楼层哪家公司既开着超强冷气又开着超多窗户,管理人员就会收到 AIoT 物联网智能管控平台的推送信息并采取措施,进行节能管理。

图 5.22 达实智能大厦

【例 5-4】 为贯彻落实"四型机场"建设,在民航局和深圳市政府的大力支持下,深圳机场先行先试,创新性启动智慧机场建设,并初具成效。

2019 年来,深圳机场引入 AI 视频分析与物联网技术,通过部署在飞行区机位旁的高清监控摄像头,首次实现飞机入/离位、客舱门开/关等 4 个航班保障节点信息的实时自动化采集(图 5.23)。在此基础上,2020 年将进一步实现客梯车靠/撤、餐车靠/撤、加油开始/结束、加清水开始/结束和客舱保洁、开始/结束等 10 个航班保障节点数据的自动化采集,采集时间偏差不超过 1min。除客舱保洁节点外的航班保障节点在白天且天气良好场景下的准确率不小于 97%,夜晚或恶劣天气场景下的准确率不小于 92%;客舱保洁节点在白天且天气良好场景下的准确率不小于 92%,夜晚或恶劣天气场景下的准确率不小于 87%。系统所采集的节点信息数据通过集成平台数据总线与 A-CDM 系统实时连接,将地面保障数据和航班放行数据有效结合,支撑航班地面运行的高效协同决策。

【例 5-5】 深圳平安金融中心大厦位于福田中心区,大厦塔楼 118 层,裙楼 10 层,地下 5 层,高度 600m。该大厦为国际甲级写字楼,是按照国际一流、可持续发展、智慧绿色的标准来规划建设的。

深圳平安金融中心大厦采用智能照明控制系统,它能实现窗帘自动遮阳和灯光照明的自动化控制,从而无须人工去控制照明开关,该系统通过光感应技术收集数据处理得到室内照明亮度需求,同时能够协调自动窗帘调节自然光进入室内的多少,集成了室内照明智能控

图 5.23 深圳机场

制与室外光线采光控制的照明能源系统管理。整个系统由多个处理器组成,互相之间通过以太网连接,处理器与处理器之间无主从性,运行时可独立工作或联动工作。每个处理器会提供 2 条四芯控制总线,灯光控制电盘、灯控导轨模块、智能电动窗帘马达、控制面板、无线接收器、日光传感器、无线遥控器等设备都将作为控制总线下的控制单元接入系统(图 5.24)。

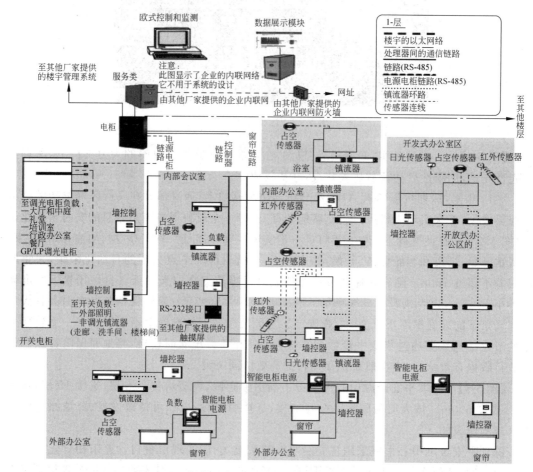

图 5.24 深圳平安金融中心大厦智能照明控制系统

5.4.3 智慧工地

智慧工地是一种基于物联网、云计算、人工智能和建筑信息模型等技术的高度数字化、信息化的工程管理方法,通过对前期设计、工程进度、安全监控、工程质量管理、人员材料管理、工程器械监控等部分进行数字化整合,从而实现智能化、可视化的施工现场管理。

工程建筑行业属于劳动密集型产业,在施工现场往往同时存在大量的人员、材料与设备的变动,在工程复杂度不断提升的现在,如何对施工现场进行高效管理的同时避免工程事故,是智慧工地的重要研究方向。

【例5-6】 由于商品混凝土、预拌砂浆、钢材等材料频繁进出施工现场,物联网技术常常应用于施工现场的物料管理。图5.25为深圳国际会展中心智慧工地平台称重自动采集。通过物联网与云计算技术,使地磅、监控、门禁等多种设备互联互通,自动采集记录物料进出场数据,智能判断作弊行为,从而实现物料进出场的全方位智能化管理。

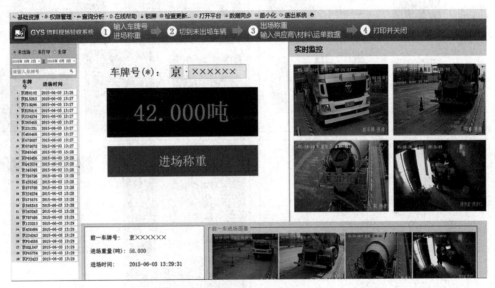

图 5.25 称重自动采集

【例5-7】 图5.26为深圳国际会展中心项目的钢构件智慧管理平台钢结构全生命周期信息化管理流程。通过将钢构件的编号、三维模型与施工图纸相互关联,在施工不同阶段均可通过计算机对工程进度、构件安装位置等数据进行可视化查询与管理;通过将施工现场各类物资的堆放位置、堆放数量、进出场时间进行整合,绘制堆场电子地图,可有效提高现场物料管理效率;通过对现场的构件、工位、人员等进行统一条码编号,利用云端数据进行施工校对,避免构件安装不当与施工人员无证、顶替工作等事故的发生;利用APP终端进行现场构件的验收工作,检查过程中发现的问题通过云平台进行整合记录,并可针对出现的问题及时追本溯源;利用全生命周期信息化管理平台强大的信息整合能力,可对现场的材料使用情况、构件安装情况进行跟踪核对,确保施工的正确性;通过在构件上粘贴相应二维码的方式,可实现构件信息的实时查询。

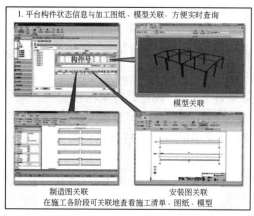

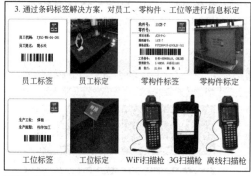

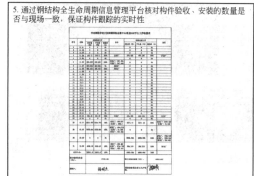

图 5.26 钢结构全生命周期信息化管理流程

5.4.4 智慧交通

随着社会、经济发展,城市交通流量越来越大,为解决交通堵塞、交通事故的问题,基于物联网的智慧交通给城市交通提供了很好的解决方案。智慧交通是在交通领域中充分运用物联网、云计算、人工智能、自动控制等技术,对交通管理、交通运输、公众出行等交通领域全方面进行管控,使交通系统在区域、城市甚至更大的时空范围具备感知、互联、分析、预测、控制等能力,以充分保障交通安全,发挥交通基础设施效能,提升交通系统运行效率和管理水平,为通畅的公众出行和可持续的经济发展服务。交通运输领域作为物联网推广应用的重点领域,近年来物联网技术在交通领域大放异彩,以下主要展示物联网在智慧交通领域的三个主要应用场景。

【例 5-8】 智慧道路交通管理与优化。智能交通管理主要包含道路交通信号、道路交通情况监测和预测及突发事故疏通等。智能交通管理是一个综合性智能产物,应用到如无线通信、计算技术、感知技术、视频车辆监测、定位系统 GPS、探测车辆和设备等重要的物联网技术。智慧城市交通优化包括有效利用道路网络、自动驾驶车辆数据等更好地优化城市交通。道路监控将实时报告车辆的交通情况,最大限度地减少交通流量并降低碰撞风险,并且有效减少交通违规行为。在深圳市侨香路智慧道路建设中,该道路集成路面重量与轴数传感器、雷达传感器、行人检测器、微波传感器和视频检测器,并通过无线通信把数据采集到交通中心,以便监控和管理优化该道路交通(图 5.27)。

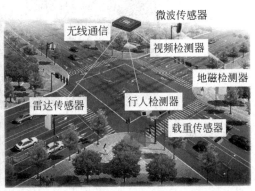

图 5.27 深圳市侨香路物联网智慧道路系统

【例 5-9】 实时交通信息服务。实时的交通信息服务是物联网在智慧交通的重要应用之一,它能够为出行者提供实时交通信息,如交通线路、交通事故、安全提醒、天气情况等。实时交通信息服务是一种协同感知类任务,在各个交通路口以及道路边上设置各种传感器实时感知路况信息,并上传到主控中心,经过数据挖掘与交通规划分析系统,对海量信息进行数据融合和分析处理,得到需要的实时交通信息,并向市民发布。该实时交通信息系统可以帮助驾驶员选择较优路线,还可以为乘客提供实时公交车的到站信息和公交车的位置等信息,便于规划用户的等车时间和出行时间(图 5.28)。

图 5.28 实时交通信息服务系统

【例 5-10】 电子不停车收费系统(ETC)。ETC 是一种高速公路或桥梁自动收费系统，通过安装在车辆挡风玻璃上的车载电子标签与在收费站 ETC 车道上的微波天线之间进行的专用短程通信，利用计算机联网技术与银行进行后台结算处理，达到不停车结算高速公路或桥梁费用的目的，大大降低了收费站附近产生交通拥堵的概率(图 5.29)。

图 5.29 高速公路 ETC 系统

将智能交通系统集成到智慧城市中可以提高城市的运营效率，同时优化城市交通的时间、成本、可靠性和安全性。

复习思考题

1. 简述 MCU 在物联网节点中的作用。
2. 物联网常用的 MQTT 协议与 CoAP 协议有哪些差别？
3. 简述云计算与边缘计算的区别。
4. 物联网在智能建造领域有哪些应用？
5. 物联网中常用的 NB-IoT 与 LoRa 协议与常用的 WiFi 协议有哪些特征差异？
6. 简述加速度传感器的类型及其工作原理。
7. 为什么说 MEMS 传感器适合作为无线物联网节点的传感器？
8. 列举 RFID 技术在智慧工地的应用场景。

第 5 章课程思政学习素材

参考文献

[1] ITU. Internet of things global standards initiative[EB/OL]. https://www.itu.int:443/en/ITU-T/gsi/iot/Pages/default.aspx. 2015-07-20.

[2] SETHI P,SARANGI S R. Internet of things: architectures,protocols,and applications[J]. Journal of Electrical and Computer Engineering,2017: 1-25.

[3] 查开德,王向阳. 油库检测管理自动化的时分光纤传感网络[J]. 仪器仪表学报,1996,17(2): 5.

[4] 王保云. 物联网技术研究综述[J]. 电子测量与仪器学报,2009,23(12): 7.

[5] 徐文骏. 加速度传感器种类剖析及适用性[J]. 中国检验检测,2019,27(4): 28-29,42.

[6] 王淑华. MEMS 传感器现状及应用[J]. 微纳电子技术,2011,48(8): 516-522.

[7] 王鹏,刘志杰,郑欣. LoRa 无线网络技术与应用现状研究[J]. 信息通信技术,2017,11(5): 65-70.

[8] 胡连华,徐卓,陈海峰. LoRa 与 NB-IoT 通信技术研究现状[J]. 传感器世界,2021,27(9): 1-6,11.

[9] GSMA 移动智库,中国信息通信研究院. 2017 年将成 NB-IoT 规模商用元年 物联网最新应用精彩亮相 MWC 上海[J]. 通信电源技术,2017,34(3): 170.

[10] SOHN H,FARRAR C R,HEMEZ F M,et al. A review of structural health review of structural health monitoring literature 1996-2001[J]. Data Acquisition,2002.

[11] 港珠澳大桥,项目简介[EB/OL]. https://www.hzmb.org/Home/Enter/Enter/cate_id/19.html. 2018-10-24.

[12] YAN Y,MAO X,WANG X,ct al. Design and implementation of a structural health monitoring system for a large sea-crossing project with bridges and tunnel[J]. Shock and Vibration,2019: 1-13.

[13] 杨宁,卢正超,乔雨,等. 乌东德水电站施工期大坝安全监测自动化[J]. 水力发电,2021,47(11): 113-117.

[14] 赵明. 边缘计算技术及应用综述[J]. 计算机科学,2020,47(S1): 268-272,282.

[15] 吕华章,陈丹,范斌,等. 边缘计算标准化进展与案例分析[J]. 计算机研究与发展,2018,55(3): 487-511.

[16] HERNÁNDEZ-RUIZ A C,MARTÍNEZ-NIETO J A,BULDAIN-PÉREZ J D. Steel bar counting from images with machine learning[J]. Electronics,2021,10(4): 402.

[17] 肖青青. 基于无线传感网络的智能楼宇系统的硬件设计[J]. 科技创新与应用,2017(1): 122.

[18] 深圳达实智能股份有限公司. 物联网技术助力达实智能大厦的绿色智慧[J]. 自动化博览,2021,38(10): 32-34.

[19] 丁一民. 谈超高层超大建筑深圳平安金融中心大厦机电技术的绿色实践[J]. 建筑设计管理,2017,34(8): 101-104,108.

第6章

人工智能在智能建造领域的应用

6.1 人工智能概述

6.1.1 人工智能的定义

人工智能是计算机科学的一个分支,也称为机器智能,是让计算机拥有类似于人类智慧的一种技术。人工智能的定义有很多种,美国麻省理工学院 Winston 教授认为"人工智能就是研究如何使计算机去做过去只有人才能做的智能的工作"。而斯坦福大学 Nilson 教授将人工智能定义为"人工智能是关于知识的学科——怎样表示知识以及怎样获得知识并使用知识的学科"。从人工智能实现的功能来定义,是智能机器执行的,如判断、推理、证明、识别学习、问题解决等与人类智能通常相关的功能。过去,复杂而繁重的科学和工程问题只能通过人脑计算来解决,而人工智能的出现使之前庞大的计算变得精简和快速。目前,人工智能已经在降低成本、提升效率、降低风险、优化人力资源结构等方面带来了革命性的成就。

6.1.2 人工智能技术发展历史和现状

1950 年,计算机科学之父和人工智能之父艾伦·麦席森·图灵发表了一篇划时代的论文——《计算机器与智能》,其中预言了创造出具有真正智能的机器的可能性。但由于"智能"这一概念难以准确地定义,他提出了著名的图灵测试:如果一台机器能够与人类展开对话(通过电传设备)而不能被辨别出其机器身份,那么称这台机器具有智能。1951 年,Christopher Strachey 写出了一个西洋跳棋程序;Dietrich Prinz 则写出了一个国际象棋程序。1956 年,斯坦福大学 McCarthy 教授、麻省理工学院 Minsky 教授、卡内基梅隆大学 Simon 和 Newell 教授、贝尔实验室的 Shannon 以及 IBM 公司的 Rochester 等学者在美国达特茅斯大学(Dartmouth college)首次确立了"人工智能"的概念。在人工智能技术发展的初期阶段,人工智能用逻辑推理对符号进行演绎以模仿人类的逻辑思维,这成为人工智能的一大流派"符号主义"。"符号主义"最典型的应用就是机器定理证明。我国人工智能大师吴文俊院士提出并实现了几何定理机器证明的方法,国际上该方法称为"吴氏方法"。可是机器定理证明虽然理论上很成熟,但由于当时计算机计算能力的局限性和人类无法理解机器定理证明过程中推导出的大量符号公式中内在的几何含义,人工智能在机器定理证明上困难重重。20 世纪 70 年代中叶,符号学派处于瓶颈,以仿生学为基础的"联结主义"学派渐渐发展起来。医学家通过动物实验证明了视觉中枢系统具有由简单模式构成复杂模式的功能，这同时启发了计算机科学家将人工神经网络设计成多层级的结构，即将低级的输出作为高级的输入。1986年，鲁梅尔哈特（Rumelhart）等提出的多层网络中的反向传播（back propagation，BP）算法在人工智能领域广泛应用，这使得"联结主义"学派获得高速发展。20世纪80年代，以Brooks为代表的一批研究人员将心理学中行为主义的观点引入人工智能的研究中，并逐步形成了有别于传统人工智能的新理论学派，即"行为主义"学派。"行为主义"学派与传统人工智能学派的主要不同在于智能主体能主动适应客观环境而不依赖于设计者制定的精确数学模型。行为主义认为，人工智能可以在真实环境中通过反复学习学会处理各种复杂情况，最终学会在未知环境中运行。人工智能发展历程如图6.1所示。

图 6.1　人工智能发展历程

根据实力大小，人工智能被分为三类：弱人工智能、强人工智能和超人工智能。弱人工智能是指只擅长于某一个方面的人工智能，它们只是用于解决特定的具体类的任务问题而存在。弱人工智能仍然属于"工具"的范畴，本质上和传统的"产品"是一样的，因为它处理的是相对简单的问题，发展水平还没有达到模拟人脑思维的水平。目前人类正在使用的大多是弱人工智能，如战胜围棋世界冠军的AlphaGo是无法做到面部识别的。强人工智能是属于人类级别的人工智能，它在各方面都能媲美人类智慧，能够完成任何人类的脑力工作。强人工智能拥有学习、语言、认知、推理、创造和计划等与人类相同的能力，在非监督学习的情况下能够处理前所未见的问题，同时与人类开展交互式学习并不断积累和成长。牛津大学教授Nick Bostrom把超人工智能定义为"在几乎所有领域都比最聪明的人类大脑都聪明很多，包括科学创新、通识和社交技能"。超人工智能只是一个概念，人类现在甚至无法想象和理解超人工智能会拥有什么样的能力，也不知道如何能够创造出超人工智能。

人工智能技术的主要研究领域有模式识别（PR）、机器学习（machine learning，ML）、深度学习（deep learning，DL）和专家系统（ES）等。①模式识别的主要目标是将对象分类为许多类别。这些对象可以是图片、语音、文字或信号。计算机的模式识别系统由学习和分类两种模式组成，学习模式用来训练计算机对对象的分类能力，分类模式则用训练过的分类器将输入对象进行分类。②机器学习是指设计和开发能够从数据中学习并使用学到的数据进行预测的算法。一般来说，机器学习和模式识别是密不可分的，它们的范围基本上是重叠的。然而模式识别是分类任务的方法，而机器学习是用于学习的算法。机器学习可以分为有监督学习、无监督学习和强化学习。③深度学习是机器学习的一个分支，由可以从非结构化的数据中实现无监督学习的网格组成。深度学习体系结构包括卷积神经网络（CNN）（图6.2）、循环神经网络（RNN）、自动编码器、深度信念网络等。④专家系统也是人工智能的一个重要部分。它是指计算机能依靠特定领域中专家提供的专门知识和经验，并采用人工智能中的推理技术来求解和模拟通常只有专家才能解决的各种复杂专业问题。与一般的计算机程序系统不同的是专家系统没有算法解，它要在不完整、不精确或不确定的已知信息的基础上做出结论。

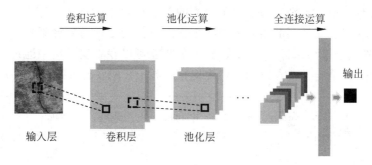

图 6.2　卷积神经网络示意

步入 21 世纪，人类进入互联网时代，不仅计算机的计算能力和储存空间有了巨大的提升，万物互联和大数据也让人工智能技术正以前所未有的速度和方式影响着社会经济发展。目前人工智能技术通过与大数据、云平台、机器人、移动互联网及物联网等的深度融合，除了在无人驾驶、推荐系统、计算广告、人脸识别、图像识别、语音识别、机器翻译和智能建造等领域大规模成功应用外，在 COVID-19 的诊断识别、新药研发和风险控制等领域也有成熟的应用。可以说，人工智能在多个领域已经超越并能够替代人类，并为人类节省了大量的资源，提高了效率。

6.1.3　人工智能技术在智能建造领域的应用和价值

建筑行业是我国国民经济的传统支柱产业，在国家建设中发挥着重要作用。在当前建筑行业不断发展转型的形势下，智能建造将现代信息技术与土木工程相结合，对建造物及建造活动进行感知、分析和控制，从而达到保证质量、控制成本、提高效益等目标。智能建造技术覆盖了建筑工程的全生命周期，主要包括智能规划、结构智能设计、智能施工、智能养（维）护、智能防灾等方面。智能建造应用的主要技术包括 BIM 技术、物联网技术、3D 打印技术、人工智能技术、云计算技术和大数据技术等。人工智能技术通过与其他技术相结合，让建筑行业走出传统行业瓶颈而展现出新的活力。

智能规划是指人工智能通过深度学习现有城市的环境、灾害、人与交通等行为的大数据，结合虚拟现实情境再现技术，使得城市的规划发展更为合理科学并能够解决大量过去无法解决的问题。在目前这个大数据时代，除了传统的统计数据，新增了一些开放数据和位置服务数据，如房屋成交信息、大气污染信息、手机位置信息、汽车轨迹信息等。而这些信息不但更准确地描绘了城市的实时运营动态和发展方向，而且可以为整个城市的规划分析提供大力帮助。同济大学吴志强院士团队利用人工智能技术中的机器学习和深度学习技术，对智能数据捕捉、城市的发展规律、城市功能的智能配置和城市形态智能建设进行研究，如图 6.3 所示。对于多个城市规划设计方案，经过大量数据训练的人工智能的专家系统也可以帮助城市规划设计师进行决策。人工智能通过运用于对城市数据的大规模挖掘,在很大程度上提升了中国城市规划界对世界城市增长规律和空间规律的认识,有助于中国未来城市的发展。

结构智能设计是智能建造领域重要的一部分。人工智能中的专家系统让计算机在深度学习大量建筑结构设计案例后,模仿人类专家的推理思维过程进行判断和决策。目前,结构智能设计已经可以利用人工神经网络实现对钢筋混凝土结构的设计,也可以用机器学习对结构进行选型。清华大学陆新征教授团队在常规生成对抗网络模型架构中,引入物理性能评估网

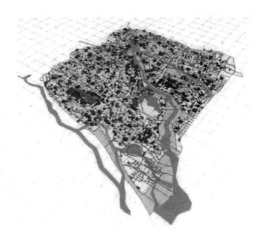

图 6.3 智能城市规划

络,通过对结构设计的力学性能评估,有效地引导生成网络学习结构设计中隐式力学机理,并基于此提出一种物理增强的剪力墙结构智能化生成式设计方法,如图 6.4 所示。另外,一些平台软件已经利用人工智能开发出自动建筑设计的功能,只要输入场地信息和相关目标户型参数,人工智能便会在考虑土地利用效率、经济效益和绿色性能等标准的基础上,快速生成多个满足建筑设计师要求的户型方案。国内外学者还对基于深度学习和强化学习的结构拓扑优化设计方法进行初步探索,为结构的智能设计拓宽道路。

在智能施工领域,人工智能可以利用大数据信息和深度学习对施工进度进行管控、预测和优化。在施工过程中,人工智能可以对混凝土养护、大体积混凝土浇筑时温度应力、混凝土搅拌振动质量等施工质量进行实时监测,以保证施工质量。另外,通过实时监测施工现场信息,如监测施工机械操作员的疲劳作业、监测智能建筑温度和湿度采集信号、施工中不安全行为预警、监测安全帽佩戴等方式可以有效地保证施工现场的安全,图 6.5 所示为深圳市城市轨道交通 6 号线智慧工地管理平台。而人工智能与物联网相结合,则可以帮助施工管理人员对工程造价预估、施工车辆和器械调配以及制订工程进度安排,极大地方便了管理人员的日常工作,降低了成本。通过智慧工地管理平台,管理人员能够了解到各种各样的信息,提高了管理效率。人工智能技术还可以和 3D 打印技术相结合,进一步提升智能施工的自动化和标准化,在装配式建筑的基础上创新发展。

人工智能对建筑结构的智能管理养护有着成熟的应用。建筑外立面保温层使用年限仅为 25 年,而一些外立面在竣工后 5 年就发生脱落,易导致人身和财产伤害。利用机器学习的方法,可以对外墙热阻进行系统辨识或对主体墙体平均温度的计算和缺陷面积提取,进而帮助检测建筑外立面损伤。定期连续地利用三维扫描或激光测绘等技术可以获得建筑结构的三维全局信息,进而获取被监测结构的变形信息。而获得的图像或视频也可以利用人工智能的模式识别技术实现对结构中的裂缝识别(图 6.6)、位移测量、模态参数识别、车辆荷载识别等。利用计算机视觉和深度学习网络能够对结构健康监测异常数据进行诊断。传统基于模态参数的结构损伤识别方法因振型测点过少等原因导致难以准确识别结构损伤,而计算机视觉技术提供了更为简便实用的方法,从而为准确地进行损伤识别提供了坚实的基础。

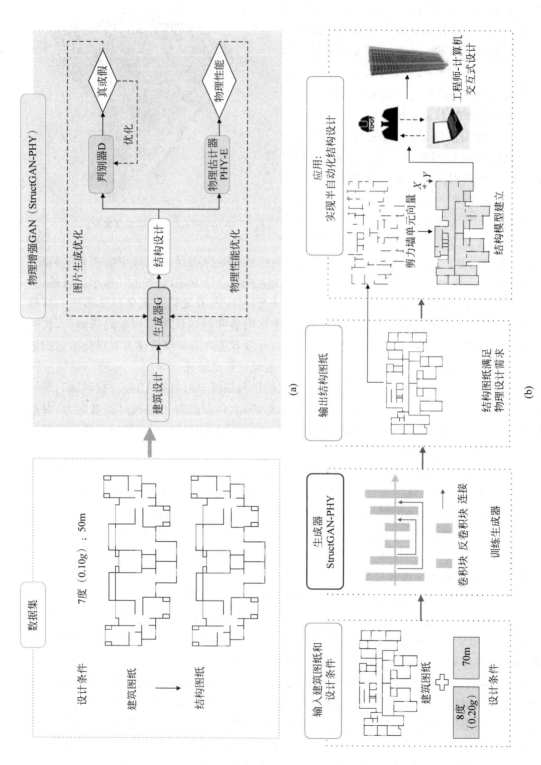

图 6.4 物理增强的剪力墙结构智能化设计方法
(a) StructGAN-PHY 模型训练;(b) 基于 StructGAN-PHY 的结构设计

第6章 人工智能在智能建造领域的应用

图 6.5 深圳市城市轨道交通 6 号线智慧工地管理平台

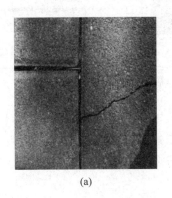
(a)

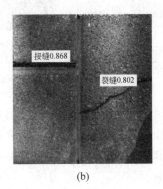
(b)

图 6.6 工程结构表面裂缝智能识别
(a) 原始图片；(b) 识别结果

人工智能的深度学习技术为城市大规模基础设施灾害风险管控问题提供了解决方案的新思路。如何防范和减轻地震导致的工程结构的破坏以及后续的次生灾害一直是人类急于解决的难题,而人工智能中的机器学习技术为这个难题提供了新的解决方案。在结合地震震动参数、土壤、地震灾害特征、建筑特征以及历史地震等信息后,人工智能可以估算出地震影响和灾害损坏情况。通过使用卫星图像、无人机图像、遥感技术以及街景图像监测技术,融合多种信息,利用深度学习技术和模式识别技术对在地震中房屋的破坏和倒塌情况进行快速识别和评估。这样可以帮助人们组织及时的救灾和修复工作,从而最大程度地减少人民群众的生命和财产损失。图 6.7 为一种基于无人机和卷积神经网络的建筑物震害自动评估技术框架图。除了地震,火灾也是城市中风险较大的一种灾害,梯度提升和随机森林模型技术被用于高风险建筑识别并进行等级划分,管理人员可以先对风险较高的建筑进行改造和维护。滑坡也是人类需要面对的重要自然灾害之一,利用人工智能中的算法,目前已经可以做到对滑坡的提前预测并有多个成功的案例。当灾害来临时,人工智能也有助于人们对灾害的及时反应，比如从网络社交平台上对灾害有关信息进行筛选和分类，也可以利用卷积神经网络和卫星图像来对受灾区域受灾前后图片进行分析，第一时间获得实际受灾情况。

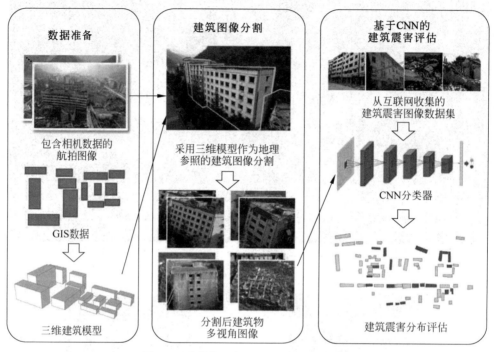

图 6.7　建筑物震害自动评估技术框架图

总的来说，人工智能技术在智能建筑中的应用，不仅能提高建设效率和质量，还为结构耐久性研究和防灾减灾提供帮助。这些研究有助于建筑行业的进一步发展，促进了人们在建筑中生活的舒适度、便捷度的提升，契合了建筑行业的发展主题，也为今后建筑领域的研究指明了方向。

6.2　智能优化算法

6.2.1　智能优化算法概述

随着信息技术的快速发展，人工智能在电子、通信、计算机、自动化、机器人、经济学和管理学等学科中得到越来越广泛的应用，而人工智能的一个重要分支——智能优化算法（intelligent optimization algorithm）也在近几十年来得到迅速发展。许许多多的智能优化算法由学者提出，并被应用于工程实践领域。

智能优化算法，其字面意思为利用"智能"来进行"优化"的算法，故而要深入理解智能优化算法需要从"智能"和"优化"这两个方面来进行详细解读。

所谓最优化问题就是指在满足一定条件下，在给出的众多方案或解空间中寻找最优方案或最优解，以使得某个或多个方面的指标达到最优。其具体数学实现思路一般是针对特定的优化目标确定一个目标函数，然后在实际的一些约束条件的限制下求解或者搜索目标函数的最优值(通常体现为最小值或最大值)。优化问题广泛存在于结构设计、机械设计、生产调度、任务分配、信号处理、图像处理、模式识别和自动控制等众多领域。多种优化方法在上述众多领域中已经得到广泛应用,并且给实际生产带来显著的社会效益和经济效益。实践证明,优化方法的巧妙使用能够提高系统工作效率,合理地利用资源,降低能耗,并且随着处理对象规模的增加,这种效果也会更加明显。

经典的数值优化方法是一种以数学理论推导为基础,用于求解待优化问题的应用技术。在电子、通信、计算机、自动化、机器人、土木工程、机械工程、经济学和管理学等众多学科中,许多复杂的大规模组合优化问题不断出现。面对这些大规模的优化问题,传统的数值优化方法(如牛顿法、单纯形法等)需要遍历整个搜索空间,不能在短时间内完成搜索,容易产生搜索的"组合爆炸"。例如,许多工程优化问题往往需要在复杂而巨大的搜索空间中寻找最优或准最优解。因此,由于实际工程问题的复杂性、非线性、约束多和建模困难,寻求高效的优化算法已成为相关学科的主要研究内容之一。

受到人类智能、生物进化机制、生物群体社会性规律和自然现象规律的启发,人们学习自然界及生物个体或群体的行为机制,用随机搜索算法来模拟这些"智能"行为,发明了很多智能优化算法用来处理各种复杂条件下的最优化问题,故而智能优化算法又被称为元启发式算法。这是一种具有全局优化性能、通用性强且适合于并行处理的算法,其特点和优势主要包括以下几点:①渐进式寻优,采用群体或个体的比较进行"优胜劣汰",不断改进解的搜索质量,最后得出最优解;②通用性强,可以适用于各种实际应用场景中不同优化问题的计算;③不同算法间可相互结合,取长补短,因而针对不同问题可以形成具有更强性能的优化算法。基于以上优点,智能优化算法在各个工程领域都得到了广泛应用。

智能优化算法核心目的是用来处理最优化问题,寻找目标函数的最优值,所选用的智能方法只是建立寻优模型的一种手段,根据其模仿自然界机制的不同可分为以下四大类。

(1) 进化类算法(evolutionary algorithms):由生物进化机制启发得到,包含交叉、变异、选择等操作,其典型代表为遗传算法(genetic algorithm)、差分进化算法(differential evolution)。

(2) 群智能类算法(swarm-based algorithms):通过使用单个生物个体作为搜索代理来模仿生物集群的集体行为,其典型代表为蚁群算法(ant colony optimization)、粒子群算法(particle swarm optimization)、人工蜂群算法(artificial bee colony optimization)。

(3) 物理法则类算法(physics-based algorithms):由物理规则启发得到,将客观规律转化为算法流程,其典型代表为模拟退火算法(simulated annealing)、引力搜索算法(gravitational search algorithm)。

(4) 其他类算法(others):由自然现象、数学原理、人造活动等启发得到,如禁忌搜索(tabu search)、免疫算法(immune algorithm)。

6.2.2 遗传算法

遗传算法(genetic algorithm,GA)是借鉴生物在自然环境中的遗传和进化机制而形成的自适应全局优化搜索算法。它最早由美国的 J. H. Holland 教授提出,20 世纪 80 年代,由 D. J. Goldberg 在一系列研究工作的基础上归纳总结而成。

遗传算法是一种模仿自然界生物进化机制而发展起来的随机全局搜索和优化方法。它以达尔文的进化论和孟德尔的遗传理论为基础,本质上是一种并行的、高效的、全局的搜索方法。在搜索过程中,它可以自动获取和积累关于搜索空间的知识,并自适应地控制搜索过程以获得最优解。遗传算法操作:利用"适者生存"的原则,在一组潜在的解中产生一个近似最优的解。在每一代中,根据个体在问题域中的适应度值选择个体,并借鉴自然遗传的重建方法生成新的近似解。这个过程导致种群中个体的进化,产生了比原始个体更适应环境的新个体。

遗传算法以决策变量的编码作为运算的对象,可以直接以目标函数值作为搜索信息,寻优能力较强,甚至能够同时使用多个搜索点的搜索信息。遗传算法具有自组织、自适应和自学习等特性,并且作为经典的优化算法,目前广泛应用于许多领域。

遗传算法具体流程如图6.8所示。

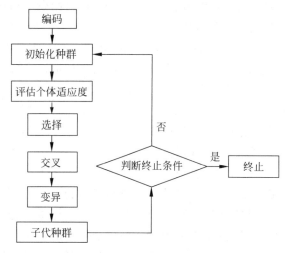

图6.8 遗传算法流程

(1) 初始化。随机性生成 N_P 个个体作为初始群体 $P(0)$,并转化为二进制值(编码),作为求解目标函数值的初始自变量,设置最大进化代数 G。

(2) 个体评价。计算群体 $P(0)$ 中各个个体的目标函数值(适应度)。

(3) 选择运算。模拟生物学上的适者生存过程,根据个体的适应度,按照一定的规则或方法,选择优良的个体遗传给下一代群体。

(4) 交叉运算。模拟生物遗传学上染色体交叉互换过程,如图6.9所示,将交叉算子作用于群体,对于选择的成对个体,以某一规律交换它们之间的部分染色体,产生新的下代个体。

(5) 变异运算。模拟生物遗传学上的基因突变过程,将变异算子作用于群体,随机选择个体,以某一概率改变二进制个别部位的数值(基因值)为其他的等位基因。由此得到子代群体 $P(1)$,计算子代群体适应度值并进行排序,准备进行下一次遗传循环操作。

(6) 终止条件判断:若 $g \leqslant G$,则 $g=g+1$,转到第2步;若 $g>G$,则输出最大适应度的个体作为最优解,终止计算。

6.2.3 粒子群算法

粒子群算法(particle swarm optimization,PSO)是一种基于群体智能的全局随机搜索

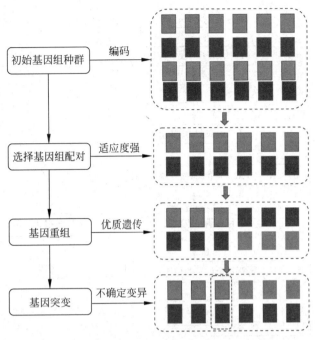

图 6.9　遗传算法示意

算法,模拟鸟群觅食过程中的迁徙和群聚行为。1995 年 IEEE 国际神经网络学术会议发表的论文 *particle swarm optimization*,标志着粒子群算法的诞生。

粒子群算法也是基于"种群"和"进化"的概念,通过个体间的合作和竞争,实现复杂空间最优解的搜索。同时,它又不像遗传算法那样对群体进行交叉、变异、选择等进化算子化操作,而是把群体中的许多个体看成在多维搜索空间中没有质量和体积的粒子。每个粒子在解空间以一定的速度运动,并向自身历史最佳位置和邻域历史最佳位置移动,实现对候选解的演化。

粒子群算法具有良好的生物社会背景,易于理解,且参数较少,易于实现,对非线性和多峰问题具有较强的全局搜索能力,适合在动态、多目标优化环境中的寻优。与传统优化算法相比,粒子群算法具有较快的计算速度和更好的全局搜索能力,在科学研究和工程实践中受到广泛使用。与进化算法相比,粒子群算法采用的速度-位移模型操作简单,避免了复杂的遗传操作,计算速度很快,全局搜索能力强。粒子群算法对种群的大小不敏感,即使种群数目下降,性能下降也不是很大。粒子群算法适用于连续函数极值问题,对非线性、多峰问题均有较强的全局搜索能力,能够动态跟踪搜索情况并调整策略。由于每个粒子在算法结束时保持其个体的极值,即粒子群优化算法不仅能找到问题的最优解,还能得到一些较好的次优解。因此,将粒子群优化算法应用于调度和决策问题,可以得到多种有意义的解。

粒子群算法流程(图 6.10)如下:

(1) 初始化一群微粒,包括群体规模 N,每个粒子的随机位置和速度。

(2) 评价每个粒子的适应度。

(3) 对每个粒子,将其适应值与其经过的最好位置 pbest 作比较,如果较好,则将其作为当前的最好位置 pbest。

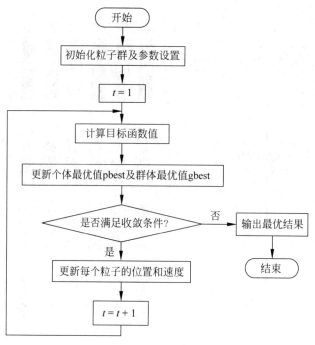

图 6.10 粒子群算法流程

(4) 对每个群体,将其适应值与其经过的最好位置 gbest 作比较,如果较好,则将其作为当前的最好位置 gbest。

(5) 迭代更新粒子,调整粒子速度和位置。

粒子通过下面的两个公式来更新自己的速度和位置,示意如图 6.11 所示。

$$v_i(t+1) = w \cdot v_i(t) + C_1 \cdot \text{rand}() \cdot (p_i(t) - x_i(t)) + C_2 \cdot \text{rand}() \cdot (g(t) - x_i(t))$$

$$x_i(t+1) = x_i(t) + v_i(t+1)$$

式中,w 为惯性因子;C_1 和 C_2 为个体学习因子;$p_i(t)$ 为 pbest;$g(t)$ 为 gbest。

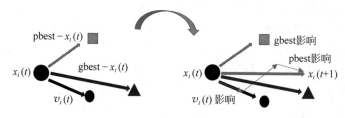

图 6.11 粒子群算法示意

(6) 未达到结束条件则转第(2)步。迭代终止条件根据具体问题一般选为最大迭代次数 G_k,或粒子群迄今为止搜索到的最优位置满足预定最小适应阈值。

6.2.4 模拟退火算法

模拟退火(simulated annealing,SA)起源于固体的退火过程,即将固体加热到非常高的温度,然后缓慢冷却。在加热阶段,随着温度的升高,固体内部的颗粒变得无序,内能不断增加;相反,在冷却过程中,固体内部的颗粒逐渐倾向于有序。如果冷却过程足够慢,它将在任何冷却温度下处于热平衡状态,从而在冷却到最低温度时将系统的内能降至最低,退火过程如图 6.12 所示。因此,基于上述理论,可以通过热平衡状态取最小内能进行优化算法设计。

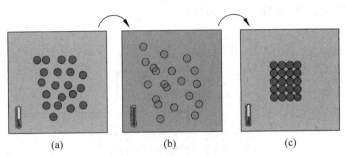

图 6.12　固体的退火过程
(a) 升温阶段;(b) 保温阶段;(c) 冷却阶段

模拟退火的想法最早是 Metropolis 等在 1953 年提出的,而 Kirkpatrick 等则在 1983 年提出了组合优化问题,可以用固体退火过程进行类比模拟。将固体在恒定温度下达到热平衡过程模拟的算法进行迭代循环寻优,从一个初始解开始,经过不断的迭代和变换对比,直到迭代满足终止条件,输出全局最优解,从而解决组合最优化问题。模拟退火算法是一种基于蒙特卡罗迭代求解策略的随机优化算法,其目的是为具有 NP (non-deterministic polynomial)复杂性问题提供一种有效的近似解算法。这克服了传统算法优化过程容易出现局部极值且依赖初始值的缺点。模拟退火算法寻优示意如图 6.13 所示。

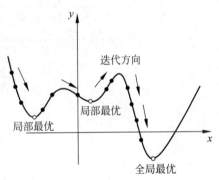

图 6.13　模拟退火算法寻优示意

下面开始介绍模拟退火算法的执行流程。首先在模拟退火算法中初始化参数,设定初始温度(T_0)和随机生成初始解 x,计算目标函数 $f(x)$。在迭代过程中,通过使用伪随机数(randn)按照式(6.1)生成初始解临近子集中的一个新候选解 x_new,计算其目标函数 $f(x\_new)$。

$$x\_new = x + \text{randn} \tag{6.1}$$

温度的降低可以通过线性公式(6.2)或非线性公式(6.3)实现,式中 α、β 分别表示冷却系数和冷却速率。

$$T(t) = T_0 - \beta t \tag{6.2}$$

$$T(t) = T_0 \alpha t \tag{6.3}$$

按照式(6.4)计算新候选解的目标函数与初始解目标函数之差,当达到以下两个标准之一(即 Metropolis 判定准则)时,接受生成的新候选解。

新候选解 x_new 的目标函数 $f(x\_new)$ 优于初始解 x 的目标函数 $f(x)$,即 $\Delta f < 0$。
满足不等式(6.5),r 是在[0,1]上生成的随机数。

$$\Delta f = f(x\_new) - f(x) \tag{6.4}$$

$$\exp\left[-\frac{\Delta f}{T}\right] > r \tag{6.5}$$

由于模拟退火算法不是基于群体的方法,所以迭代后,仅分配和保存候选解的单个值。新候选解的生成一直进行到满足终止条件即温度(T)低于最终温度为止。

模拟退火算法的流程如图 6.14 所示。

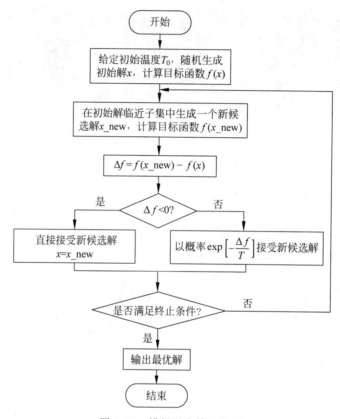

图 6.14 模拟退火算法流程

6.2.5 差分进化算法

差分进化算法(differential evolution,DE)是一种新兴的进化计算技术。它由 Storn 等于 1995 年提出,最初设计用于解决切比雪夫多项式问题,后来发现对于一些其他解决复杂优化问题也有效。

差分进化算法是基于群体智能理论的优化算法,是通过群体内个体间的合作与竞争产生的智能优化搜索。DE 拥有与遗传算法流程类似更新种群的算子——变异、交叉和选择,但其种群繁殖方案不同:首先,它通过将两个成员之间的加权向量与第三个成员相加来产生新的参数向量,称"变异";其次,将变异向量的参数按照一定的规则与其他预定目标向量的参数进行混合,生成新的测试向量,称"交叉";最后,如果测试向量的函数值小于目标向量的函数值,则测试向量在下一代中替换目标向量,称"选择"。种群中所有的成员必须作为目标向量执行一次这样的操作,以便在下一代中出现相同个数竞争者。在进化过程中计算每一代的最优参数向量,记录最小化过程。

DE 采用"贪婪"选择策略,即将新后代和它的父代一起进行比较,适应值更好的一方将赢得竞争并保留下来,这个策略为 DE 算法提供了显著的优势以及更佳的收敛性能。DE 结构简单,容易使用,自适应性好,并且具有较好的可靠性、高效性,在同样的精度下,差分进化算法具有更快的收敛速度。其算法通用,可直接对结构对象进行操作,不依赖于问题信息,不存在对目标函数的限定。

差分进化算法流程图可参照遗传算法流程图,两者的过程基本一致。

(1) 初始化种群。在给定范围内均匀随机生成初代种群。

(2) 变异。从种群中随机选择 3 个个体 $X_1(g), X_2(g), X_3(g)$,并且所选择的个体不一样,由这三个个体生成变异体 $H_i(g)$,即

$$H_i(g) = X_1(g) + F \cdot (X_2(g) - X_3(g)) \tag{6.6}$$

式中,F 为缩放因子。

(3) 交叉。从 $X_i(g)$ 和 $H_i(g)$ 中随机选取生成新个体 v_i,示意如图 6.15 所示。

$$v_i = \begin{cases} H_i(g), & \text{rand}(0,1) \leqslant \text{cr} \\ X_i(g), & \text{其他} \end{cases} \tag{6.7}$$

式中,cr 为交叉概率。

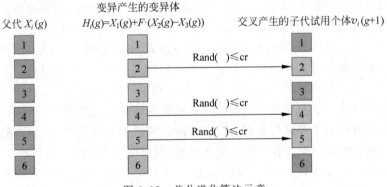

图 6.15 差分进化算法示意

(4) 选择。采用"贪婪"方式进行选择,将父代 $X_i(g)$ 与子代 $v_i(g+1)$ 进行比较,选择优势个体生成下一代种群。

(5) 终止条件判断:未达到结束条件则转第(2)步。

6.3 机器学习

6.3.1 机器学习概述

机器学习是人工智能的核心,它是研究计算机如何模拟或实现人类的学习行为,从而获得新的知识或技能来使计算机能够不断提高其性能的技术。它不仅涉及概率论、统计学等多个学科,而且在语音识别、图像处理等多个领域有着成熟的应用。

机器学习的发展大体可分为四个阶段。第一阶段在 1950—1960 年，当时人工智能技术刚开始发展，在这个初始阶段人们对自适应系统进行反复试验。1957 年，康内尔大学教授 Frank Rosenblatt 首次用算法精确定义了自组织自学习的神经网络数学模型，设计出第一个计算机神经网络。1959 年美国 IBM 公司的 A. M. Samuel 设计了一个具有学习能力的跳棋程序，并且战胜了美国冠军。第二阶段在 1960—1970 年，这个阶段是机器学习发展的冷静时期。科学家们虽然整体提高了系统的效率和执行能力，但当时人们对于人工智能的技术没有科学的认识，有着过高的期待，做了很多尝试但都失败了，所以当时的技术发展没能满足社会的期望。第三阶段在 20 世纪七八十年代，是机器学习发展的复兴时期。较多的学习概念理论进入成形阶段，很多人将学习系统与各种其他应用结合研究新型问题从而在各领域取得成功。生物学家们对动物大脑神经网络的研究启发了计算机科学家将人工神经网络设计成多层级的结构，即将低级的输出作为高级的输入。第四阶段从 1986 年开始，是机器学习发展的高潮时期。各种研究方法大量涌现，如人工神经网络学习、符号学习、集成学习等。1986 年，鲁梅尔哈特（Rumelhart）等提出的多层网络中的反向传播（BP）算法在人工智能领域广泛应用，这使得"联结主义"学派获得了高速发展。Brooks 为代表的一批研究人员将心理学中行为主义的观点引入人工智能的研究中，并逐步形成有别于传统人工智能的行为主义学派。20 世纪 90 年代"统计学习"方法出现，并逐渐成为机器学习的主流。

机器学习分为有监督学习、无监督学习和强化学习三种类型。①有监督学习是指在机器学习过程中人类对机器的判断给出对错指示，在充分的学习后机器再自己对未知数据做出判断。就像是学生做大量有标准答案的习题后再做同类型的陌生习题，这种机器学习方法效果较好。有监督学习大体包括两种：一种出自回归问题，另一种出自分类问题。最常用的有监督学习算法有两种，包括支持向量机算法和邻近算法。②无监督学习的目标是通过对无标记训练样本的学习来揭示数据的内在性质及规律。无监督学习没有训练样本，需要对未知的数据进行自学习以便获取数据间的内在模式和统计规律，从而得到样本数据的结构特征。③强化学习强调如何基于环境而行动，以取得最大化的预期利益。

机器学习包含很多种算法，如决策树算法、人工神经网络算法、深度学习算法和支持向量机算法等。①决策树算法像一棵树的模型一样，每个节点对应一个判断测试，判断之后再向下一级延伸。这种方法简单且易于理解和设计，效率较高。②人工神经网络算法是模仿神经元结构，将大量处理单元互联组成非线性、自适应信息处理系统。③深度学习算法通过组合低层特征形成更加抽象的高层表示属性类别或特征，以发现数据的分布式特征表示。这样人工智能就可以使用简单的模型完成复杂的分类等学习任务。典型的深度学习模型有卷积神经网络、DBN 和堆栈自编码网络模型等。④支持向量机算法是通过一种变换将空间高维化，之后在新的复杂空间取最优线性分类表面，这种算法可以应用于垃圾邮件识别等。

6.3.2 线性回归

回归模型（regression model）是对统计关系进行定量描述的一种数学模型，是输入变量到输出变量之间映射的函数。简单来说就是选择一条曲线对已知数据进行拟合进而对未知数据进行预测。而线性回归指的是拟合选择的曲线是线性的，这种回归模型简单且易于建模，如图 6.16 所示。

对于给定的数据集 $D=\{(\boldsymbol{x}_1,y_1),(\boldsymbol{x}_2,y_2),\cdots,(\boldsymbol{x}_m,y_m)\}$，其中 $\boldsymbol{x}_i=(x_i^1,x_i^2,\cdots,x_i^d),y_i\in\mathbf{R}$。那么线性回归模型的一般形式是

$$f(\boldsymbol{x})=\boldsymbol{\omega}^\mathrm{T}\boldsymbol{x}+b=\omega_1 x^1+\omega_2 x^2+\cdots+\omega_d x^d+b \tag{6.8}$$

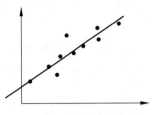

图 6.16　线性回归模型

所以根据回归模型的形式可知，如果想得到拟合函数 $f(\boldsymbol{x})$，则需要确定参数 $\boldsymbol{\omega}$ 和 b。而我们可以有无数个 $\boldsymbol{\omega}$ 和 b 来确定无数个 $f(\boldsymbol{x})$，哪一个拟合函数最接近于真实模型呢？这时我们就需要建立一个损失函数，利用损失函数度量拟合函数和真实值之间的差距，选择出最为合适的拟合函数。为了便于讨论，我们仅考虑只有一个输入属性这种最为简单的情形，此时可以忽略关于属性编号的上标，即输入属性向量 $\boldsymbol{x}=(x^1,x^2,\cdots,x^d)$ 退化为仅包含一个属性的标量 x。接着，我们使用最为常用的均方差作为损失函数来进行模型求解：

$$\begin{aligned}(\omega^*,b^*)&=\underset{(\omega,b)}{\arg\min}\sum_{i=1}^m(f(x_i)-y_i)^2\\&=\underset{(\omega,b)}{\arg\min}\sum_{i=1}^m(y_i-\omega x_i-b)^2\end{aligned} \tag{6.9}$$

式中，arg min 是指后面的表达式值最小时对应的参数 (ω,b) 取值。当 ω 和 b 的取值使得 $E_{(\omega,b)}=\sum_{i=1}^m(y_i-\omega x_i-b)^2$ 最小时就可以得到最贴近于真实模型的拟合函数。这种基于均方误差最小化来求解模型的方法称为最小二乘法。

将 $E_{(\omega,b)}$ 分别对 ω 和 b 求导，得到

$$\frac{\partial E_{(\omega,b)}}{\partial \omega}=2\left(\omega\sum_{i=1}^m x_i^2-\sum_{i=1}^m(y_i-b)x_i\right) \tag{6.10}$$

$$\frac{\partial E_{(\omega,b)}}{\partial b}=2\left(mb-\sum_{i=1}^m(y_i-\omega x_i)\right) \tag{6.11}$$

令上面两式等于 0 即可得到 ω 和 b 的最优解：

$$\omega=\frac{\sum_{i=1}^m y_i(x_i-\bar{x})}{\sum_{i=1}^m x_i^2-\frac{1}{m}\left(\sum_{i=1}^m x_i\right)^2} \tag{6.12}$$

$$b=\frac{1}{m}\sum_{i=1}^m(y_i-\omega x_i) \tag{6.13}$$

式中，$\bar{x}=\frac{1}{m}\sum_{i=1}^m x_i$，$\bar{x}$ 为 x 的均值。

6.3.3　对数几率回归

我们已经获得了线性回归模型的解法，但是实际问题中很多模型并不是线性的，线性模型并不适用于所有模型。因此，我们需要通过线性回归模型推导出其他模型。例如，当实际

值 y 为指数而非线性时,我们可以设回归方程为

$$\ln y = \boldsymbol{\omega}^T \boldsymbol{x} + b \tag{6.14}$$

这就是"对数线性回归",虽然是非线性映射,但仍类似于线性回归问题。同理,我们可以推导出设存在一单调可微函数 $g(\cdot)$,令

$$y = g^{-1}(\boldsymbol{\omega}^T \boldsymbol{x} + b) \tag{6.15}$$

这样得到的模型称为"广义线性模型",$g(\cdot)$ 称为"联系函数"。

以上是线性和广义线性模型进行回归学习的方法,但是如何将回归模型用于解决分类问题? 分类问题最基本的是二分类问题,即其输出标记为 $y=\{0,1\}$,而线性回归模型的预测值 $z = \boldsymbol{\omega}^T \boldsymbol{x} + b$ 是实值,所以我们要将 z 向 0 和 1 转化。最理想的转化方式是单位阶跃函数

$$y = \begin{cases} 0, & z < 0 \\ 0.5, & z = 0 \\ 1, & z > 0 \end{cases} \tag{6.16}$$

即预测值大于 0 则为正例,小于 0 则为反例,若为临界值 0 时可以任意判别。

但是单位阶跃函数并不连续,无法用作 $g(\cdot)$。我们需要一个可以替代它的函数,最常用的为对数几率函数,图像如图 6.17 所示。

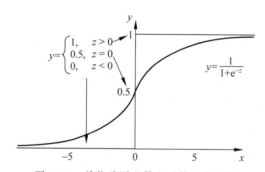

图 6.17 单位阶跃函数和对数几率函数

$$y = \frac{1}{1 + e^{-z}} \tag{6.17}$$

将其作为 $g^{-1}(\cdot)$ 代入广义线性模型(6-15)中得到拟合函数

$$y = \frac{1}{1 + e^{-(\boldsymbol{\omega}^T \boldsymbol{x} + b)}} \tag{6.18}$$

可变化为

$$\ln \frac{y}{1-y} = \boldsymbol{\omega}^T \boldsymbol{x} + b \tag{6.19}$$

式中 y 视为样本工作为正例的可能性,$1-y$ 是其反例可能性,两者的比值被称为"几率",反映了工作为正例的相对可能性。对几率取对数则得到"对数几率":

$$\ln \frac{y}{1-y}$$

因此,对数几率代入的拟合函数实际上是在用线性回归模型的预测结果去逼近真实标记的对数几率,因此,其对应的模型称为"对数几率模型"。这种模型本质是一种分类学习方法。

与线性回归模型相同,我们需要确定 $\boldsymbol{\omega}$ 和 b 来找到最佳的对数几率回归模型。若将 y

视为类后验概率估计 $p(y=1|\boldsymbol{x})$,则拟合函数可重写为

$$\ln\frac{p(y=1\mid\boldsymbol{x})}{p(y=0\mid\boldsymbol{x})}=\boldsymbol{\omega}^{\mathrm{T}}\boldsymbol{x}+b \tag{6.20}$$

显然有

$$p(y=1\mid\boldsymbol{x})=\frac{e^{\boldsymbol{\omega}^{\mathrm{T}}\boldsymbol{x}+b}}{1+e^{\boldsymbol{\omega}^{\mathrm{T}}\boldsymbol{x}+b}}$$

$$p(y=0\mid\boldsymbol{x})=\frac{1}{1+e^{\boldsymbol{\omega}^{\mathrm{T}}\boldsymbol{x}+b}} \tag{6.21}$$

因此,我们可以用最大似然法估计 $\boldsymbol{\omega}$ 和 b。对给定的数据集 $D=\{(\boldsymbol{x}_i,y_i)\}_{i=1}^m$,对数几率回归的最大化似然函数为

$$\ell(\boldsymbol{\omega},b)=\sum_{i=1}^m \ln p(y_i\mid\boldsymbol{x}_i;\boldsymbol{\omega},b) \tag{6.22}$$

为便于计算,令 $\boldsymbol{\beta}=(\boldsymbol{\omega};b),\hat{\boldsymbol{x}}=(\boldsymbol{x};1)$,则 $\boldsymbol{\omega}^{\mathrm{T}}\boldsymbol{x}+b$ 可简写为 $\boldsymbol{\beta}^{\mathrm{T}}\hat{\boldsymbol{x}}$。再令 $p_1(\hat{\boldsymbol{x}};\boldsymbol{\beta})=p(y=1|\hat{\boldsymbol{x}};\boldsymbol{\beta}),p_0(\hat{\boldsymbol{x}};\boldsymbol{\beta})=p(y=0|\hat{\boldsymbol{x}};\boldsymbol{\beta})=1-p_1(\hat{\boldsymbol{x}};\boldsymbol{\beta})$,则似然项可重写为

$$p(y_i\mid\boldsymbol{x}_i;\boldsymbol{\omega},b)=y_i p_1(\hat{\boldsymbol{x}}_i;\boldsymbol{\beta})+(1-y_i)p_0(\hat{\boldsymbol{x}}_i;\boldsymbol{\beta}) \tag{6.23}$$

代入似然函数中可得

$$\ell(\boldsymbol{\beta})=\sum_{i=1}^m(-y_i\boldsymbol{\beta}^{\mathrm{T}}\hat{\boldsymbol{x}}_i+\ln(1+e^{\boldsymbol{\beta}^{\mathrm{T}}\hat{\boldsymbol{x}}_i})) \tag{6.24}$$

通过梯度下降法或牛顿法等数值优化算法可得

$$\boldsymbol{\beta}^*=\underset{\boldsymbol{\beta}}{\arg\min}\,\ell(\boldsymbol{\beta}) \tag{6.25}$$

以牛顿法为例,其迭代公式结果为

$$\boldsymbol{\beta}^{t+1}=\boldsymbol{\beta}^t-\left(\frac{\partial^2\ell(\boldsymbol{\beta})}{\partial\boldsymbol{\beta}\partial\boldsymbol{\beta}^{\mathrm{T}}}\right)^{-1}\frac{\partial\ell(\boldsymbol{\beta})}{\partial\boldsymbol{\beta}} \tag{6.26}$$

其中:

$$\frac{\partial\ell(\boldsymbol{\beta})}{\partial\boldsymbol{\beta}}=-\sum_{i=1}^m\hat{\boldsymbol{x}}_i(y_i-p_1(\hat{\boldsymbol{x}}_i;\boldsymbol{\beta}))$$

$$\frac{\partial^2\ell(\boldsymbol{\beta})}{\partial\boldsymbol{\beta}\partial\boldsymbol{\beta}^{\mathrm{T}}}=\sum_{i=1}^m\hat{\boldsymbol{x}}_i\hat{\boldsymbol{x}}_i^{\mathrm{T}}p_1(\hat{\boldsymbol{x}}_i;\boldsymbol{\beta})(1-p_1(\hat{\boldsymbol{x}}_i;\boldsymbol{\beta})) \tag{6.27}$$

6.3.4 决策树

决策树算法因其可解释性强,可视化高,接近人的思维方式,被广泛应用在机器学习领域,其核心思想为寻找最优的划分方式,将目标尽可能划分开,本质是从原始数据中总结归纳出分类规律或回归规律。决策树既可以用来解决分类问题也可以用来解决回归问题,这两者的本质区别在于样本是离散的还是连续的。决策树由根节点、中间节点和叶节点三个主要部分组成。其中根节点代表了整个样本,中间节点表示利用某一特征对输入的数据进行划分,叶节点则表示决策的输出结果,各种节点之间的连接叫作分支,代表着对于该特征的划分结果。中间节点是根据特征的重要程度对原始数据进行划分,反映特征重要程度的方式主要有三种,根据这三种方式将决策树分为三类:第一种是基于信息增益的决策树(如

ID3),第二种是基于信息增益率的决策树(如 C4.5),第三种是基于基尼指数的决策树(如 CART 分类和回归树)。

决策树算法主要由两个部分组成:决策树生成和决策树剪枝。

(1) 决策树生成:首先对所有特征进行尝试按照特征的重要程度排序,找出最重要的特征作为第一个中间节点,使得每一个分类在当前条件下可以达到最优划分,接着对划分后的子集重复上述操作,直到所有子集可以正确分类,这时所有的子集都达到叶节点,完成决策树的生成。

(2) 决策树剪枝:使用递归的方式来生成决策树,直到无法再分裂为止,这样做使得已有数据分类和回归准确率高,但是对未知数据准确率较低。这是因为生成的决策树模型分支过多,模型过于复杂,因此需要对决策树进行剪枝降低模型的复杂程度。具体操作就是去除一些不必要的叶节点,将其上一级的中间节点作为叶节点。

剪枝的方式可以分为预剪枝和后剪枝,这两者的区别在于剪枝的先后顺序。预剪枝是在决策树生成前就进行剪枝,通过设定阈值(当样本数少于阈值或者特征重要程度低于阈值)时就停止分裂,从而舍弃一些不必要的分支,这样可以降低训练的时间成本,避免出现过拟合的问题,但是容易出现欠拟合的风险。后剪枝则是在决策树生成之后再进行剪枝操作,从底部往上进行剪枝。利用测试集对剪枝前后模型的准确率进行比较,当剪枝后准确率提升则保留该操作,否则就保留该分支。通过遍历对所有的子分支进行操作,实现决策树的全局剪枝。相比于预剪枝,后剪枝欠拟合的风险大大降低且泛化能力有所提升,但是由于需要对全局进行遍历操作,所以整体计算成本要高于预剪枝。

表 6.1 总结了决策树算法的主要优缺点,图 6.18 为一个完整的决策树算法结构示意。

表 6.1　决策树算法优缺点对比

优　　点	缺　　点
1. 可解释性强; 2. 可以解决非线性问题	1. 容易过拟合; 2. 忽略了特征纠缠、特征的相互影响

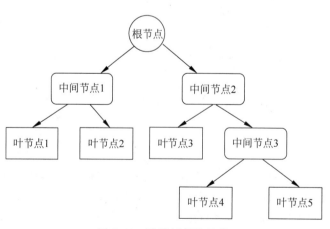

图 6.18　决策树结构示意

6.3.5　人工神经网络

人工神经网络是人工智能中联结主义学派的代表性技术,它是一种模仿动物神经网络行为特征进行分布式并行信息处理的算法数学模型。目前,人工神经网络在模式识别、自动控制和风险评估等方面都有着成熟的应用。

人工神经网络的发展大概分为四个阶段:第一阶段是启蒙时期。1943 年心理学家 W. S. McCulloch 和数学家 W. Pitts 发表了名为《神经活动中内在思想的逻辑演算》的论文。在该论文中首次提出了人工神经网络的概念以及人工神经元的数学模型(MP 模型)。1949 年,心理学家 Hebb 在书中提出了神经网络中的信息是通过连接权值进行存储的,为构造有学习功能的神经网络模型奠定了基础。第二阶段是人工神经网络的发展低潮。1969 年 Minsky 和 Papert 发表了 *Perceptrons* 一书,书中指出感知器只能解决简单的线性问题,而如"异或"等逻辑关系则无法实现。这造成了一段时间人工神经网络的低潮。第三阶段是复兴时期。1982 年 Hopfield 提出了 Hopfield 神经网络(HNN);1985 年 Hinton 和 Sejnowsky 提出了玻尔兹曼机模型(BM)并于 1986 年提出了改进后的受限玻尔兹曼机(RBM);1986 年 D. E. Rumelhart 等提出了误差反向传播算法,都极大程度上推动了人工神经网络的发展。第四阶段是高潮时期,2006 年 Hinton 提出了深度学习概念,随着计算机技术的飞速发展,计算机的计算速度有了极大提高,人工神经网络让大数据、云计算成为现实。

人工神经网络模型来源于动物神经网络,神经网络最基本的结构和功能单位是神经元细胞。神经元细胞主要由细胞体和细胞突起两部分组成,如图 6.19 所示。细胞体由细胞核、细胞膜、细胞质组成,具有联络和整合输入信息并传出信息的作用。神经细胞膜上有各种受体和离子通道,胞膜的受体可与相应的化学物质神经递质结合,引起离子通透性及膜内外电位差发生改变,产生相应的生理活动:兴奋或抑制。细胞突起是由细胞体延伸出来的细长部分,又可分为树突和轴突。树突可以接收刺激并将兴奋传入细胞体,轴突则可以把自身的兴奋状态从胞体传送到另一个神经元或其他组织。

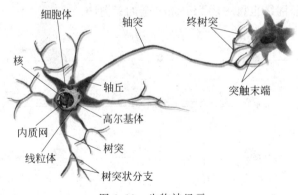

图 6.19 生物神经元

神经元可以接收其他神经元的信息,也可以发送信息给其他神经元。神经元之间没有物理连接,两个"连接"的神经元之间留有 20nm 左右的缝隙,并靠突触进行互联来传递信息,形成一个神经网络。

人工神经网络是在结构上模仿神经网络,由多个神经元通过特定的规则连接而成的分层网络结构,如图 6.20 所示。它分为输入层、隐藏层和输出层,所包含的主要组成元素如下。

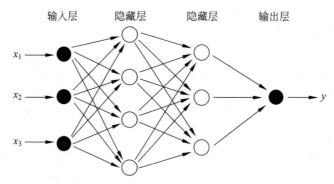

图 6.20 人工神经网络

(1) 神经元：处理信息的人工节点，旨在模拟生物神经元的功能。

(2) 输入层：从神经元网络之外的来源接收信息的神经元被称为输入层。到达的信号（输入）乘以连接权重，首先相加，然后通过传递函数产生该处理单元的输出信息。连接权重是决定在训练、信息处理过程中被激活的神经元之间相互作用的强度。

(3) 输出层：包含神经元网络分类或解释的神经元。

(4) 隐藏层：在输入层和输出层之间发现的神经元，有助于处理隐藏层的信息。

人工神经网络按拓扑结构类型可以分为前馈型网络和反馈型网络两种类型。前馈型网络中网络可以分为若干"层"，各层按信号传输先后顺序依次排列，第 i 层的神经元只接收第 $i-1$ 层神经元给出的信号，各神经元之间没有反馈。BP 网络就是典型的前馈型网络。

反馈型网络中每个节点都表示一个计算单元，同时接收外加输入和其他各节点的反馈输入，每个节点也都直接向外部输出，如图 6.21 所示。Hopfield 网络即属于此种类型。在某些反馈型网络中，各神经元除接收外加输入与其他各节点反馈输入之外，还包括自身反馈。有时，反馈型神经网络也可表示为一张完全的无向图。

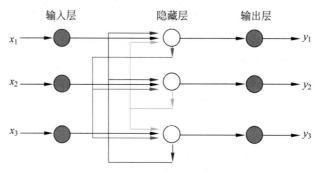

图 6.21 反馈型网络

人工神经网络是模拟人类神经元构成的计算机模型，它从两个方面模拟大脑神经元：

(1) 神经网络获取的知识是从外界环境中学习得来的。

(2) 通过内部神经元的连接强度（突触权值）储存获取的知识。

在构造神经网络时，其神经元的传递函数和转换函数就已经确定了。在网络的学习过程中是无法改变转换函数的，因此如果想要改变网络输出的大小，只能通过改变加权求和的输入来达到。由于神经元只能对网络的输入信号进行响应处理，想要改变网络的加权输入只能修改网络神经元的权参数,因此神经网络的学习就是改变权值矩阵的过程。

神经网络的工作过程包括离线学习和在线判断两部分。学习过程中各神经元进行规则学习、权参数调整以及非线性映射关系拟合以达到训练精度;判断阶段则是训练好的稳定的网络读取输入信息通过计算得到输出结果。

单个神经元可以执行简单的信息处理功能,具有大量神经元的人工神经网络使神经计算的能力大大增加。人工神经网络中的神经元相比于人类神经元数目要小得多,这导致人工神经网络信息处理和分析的能力远远低于人类神经系统。尽管如此,人工神经网络却能够处理大量的数据,并做出相对准确的预测。

6.3.6　支持向量机

1963 年,Vapnik 等提出了一种用于分类和预测的机器学习算法——支持向量机,支持向量机首次被用于解决线性可分的二元分类问题。1995 年,Vapnik 等学者又进一步引入了软间隔和核技巧,这使得支持向量机能够处理更复杂的非线性问题和噪声数据。线性可分问题的本质就是找出超平面,将原始数据分隔开来,超平面首先得将两类数据分隔,其次得让两类之间的距离足够大。对于近似线性可分问题则引入松弛变量,将原本的约束条件进行适当扩大增加,同时还增加惩罚函数,对需要引入松弛变量的数据进行惩罚,将一个近似线性可分问题抽象为线性可分问题。假设给定样本集 $A=\{(x_1,y_1),(x_2,y_2),(x_3,y_3),\cdots,(x_n,y_n)\}$, $y\in\{-1,+1\}$,对它们进行二元分类。图 6.22 为支持向量机用于其分类的示意,其中三角形代表一个分类,五角星代表另一个分类。离超平面最近的三角形和五角星就叫作支持向量,通过它们来确定最大间隔超平面的上限和下限。

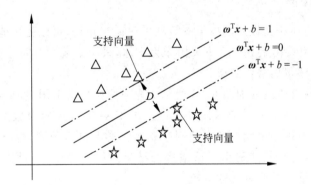

图 6.22　支持向量机的线性二元分类示意

其中超平面数学表达式为

$$\boldsymbol{\omega}^T\boldsymbol{x}+b=0 \tag{6.28}$$

两个异类支持向量到超平面的距离之和被称为"间隔"D

$$D=\frac{2}{\|\boldsymbol{\omega}\|} \tag{6.29}$$

$$\begin{cases}\boldsymbol{\omega}^T\boldsymbol{x}+b\geqslant+1, & y_i=+1\\ \boldsymbol{\omega}^T\boldsymbol{x}+b\leqslant-1, & y_i=-1\end{cases} \tag{6.30}$$

做二元分类问题就是要找到一个合适的超平面,使得不同分类的"间隔"尽可能大,即选

择合适的参数 $\boldsymbol{\omega}$ 和 b 来使 D 达到最大。而当使用支持向量机进行线性回归时,问题就转化为通过有限的数据来拟合输入和输出之间的函数关系。要得到一个能够尽量拟合训练集样本的函数,需要尽量让预测值与真实值之间的误差小于一个设定的阈值,同时,也允许部分样本的误差超过这个阈值 ε。这时,超出阈值的样本被称为支持向量,它们的存在定义了容忍误差的上限。通过假设所拟合的线性模型为 $y=\boldsymbol{\omega}^T\boldsymbol{x}+b$,在 ε 的误差范围内尽可能地拟合所有的样本,可以用公式(6.31)表示。对于那些超出阈值的样本,我们会尽可能地减小它们超出的程度。

$$|y_i - \boldsymbol{\omega}^T\boldsymbol{x}_i - b| \leqslant \varepsilon, \quad i=1,2,3,\cdots,n \tag{6.31}$$

线性问题毕竟只占少部分,大部分的分类和回归问题都是非线性的,这时候原始的支持向量机就不能解决这些问题。因此引入核函数,将原本非线性的数据集投影到高维空间,使其变成高维线性可分或者线性回归。常见的核函数有多项式核函数、线性核函数、拉普拉斯核函数、高斯核函数等。不同的核函数适用于不同的环境,最常用的是高斯核函数,表 6.2 为支持向量机优缺点的对比。

表 6.2 支持向量机算法优缺点对比

优　　点	缺　　点
1. 适用于小样本数据; 2. 不易受异常值干扰; 3. 泛化能力强	1. 大规模的数据难以实施; 2. 多分类问题难以处理; 3. 核函数对结果敏感

6.3.7　随机森林

随机森林算法是在前文提及的决策树算法的进一步拓展,可以更好地解决过拟合问题。它是由多棵 CART 决策树组成。将决策树作为个体,采用集成学习的方式让多棵决策树共同作用,并采用投票法得出最优结果。

随机森林算法的具体流程如图 6.23 所示。先对原始数据采用 Bagging 划分,将其分成 n 个 CART 决策树的数据集,接着采用 n 个独立的 CART 决策树对数据进行分类,得到 n 个分类器模型,接着对每一个测试数据使用这 n 个分类器进行预测,得出 n 个预测结果,最后对 n 个分类结果进行投票得出票选最多的结果。如果是回归问题就是对这 n 个结果求均值,将均值作为整个随机森林的输出。

首先介绍 Bagging 抽样,其特点是对原始数据进行随机抽样之后再放回数据集。假设从 S 个总样本中提取 K 个训练样本,训练样本的大小为 S'。抽样时每个样本被抽到的概率为 $\frac{1}{S}$,每个样本不被抽到的概率为 $\left(1-\frac{1}{S}\right)$。那么 S 次抽样都不被抽到的概率如下所示:

$$P(S 次都没抽到) = \left(1-\frac{1}{S}\right)^S \tag{6.32}$$

$$\lim_{S \to \infty}\left(1-\frac{1}{S}\right)^S \to \frac{1}{e} \approx 0.368 \tag{6.33}$$

因此,每轮采集中约有 36.8% 的数据未被采集,这些数据可以作为测试数据来检验训练模型的泛化能力,具体训练过程的示意如图 6.23 所示。表 6.3 为随机森林优缺点对比。

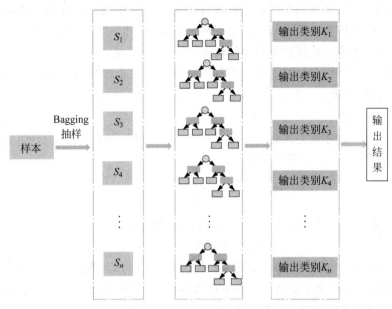

图 6.23 随机森林分类示意

表 6.3 随机森林优缺点对比

优　点	缺　点
1. 相较于其他算法准确度高；	1. 小数据样本效果不好；
2. 可以处理高维数据，处理多分类问题；	2. 相比于单决策树要慢；
3. 可以获得各个特征的重要程度；	3. 当多个决策树相似时容易误判；
4. 可以平衡各分类数据不均衡问题	4. 无法获得模型内部的运行过程

6.3.8 贝叶斯分类器

分类是数据挖掘中一项非常重要的任务，在现实生活中有着广泛的应用。分类器的构造方法有很多，贝叶斯分类器是目前普遍使用的一种。贝叶斯分类器是一种基于概率理论的分类技术，它通过计算不同类别下数据出现的概率来为数据指定最可能的类别。这类算法均以贝叶斯定理为基础，故统称为贝叶斯分类器。

首先我们需要学习经典的贝叶斯公式：

$$P(c \mid \boldsymbol{x}) = \frac{P(c)P(\boldsymbol{x} \mid c)}{P(\boldsymbol{x})} \quad (6.34)$$

其中：c 为类别；$\boldsymbol{x}$ 为观测样本；$P(c)$ 为类"先验"概率，反映的是样本空间中各类样本所占的比例，这是在没有任何额外观测样本信息的情况下，某一个分类的概率；$P(\boldsymbol{x}\mid c)$ 为观测样本 $\boldsymbol{x}$ 相对于类标记 c 的类"条件"概率，或者称为"似然"，描述了在某个特定类别 c 下，观测样本 $\boldsymbol{x}$ 出现的概率；$P(\boldsymbol{x})$ 为与类标记 c 无关的"边缘"概率值，指在所有可能的类别中，观测样本 $\boldsymbol{x}$ 出现的概率；我们可以通过计算所有可能情况的总和来得到这个概率；$P(c\mid\boldsymbol{x})$ 为"后验"概率，指在得到新的观测数据后，更新对某个类别的概率。

贝叶斯分类器就是利用贝叶斯定理，通过"先验"概率乘以"似然"再除以"边缘"概率来计算"后验"概率,以此来判断新观测数据最可能属于哪个类别。贝叶斯分类器的基本思想是通过已有的知识(即先验概率),结合新观测到的数据(即似然)来更新我们对未知事件类别的判断(即后验概率),从而达到分类目的。

当我们理解贝叶斯定理之后,就可以利用贝叶斯决策论解决分类问题。贝叶斯决策论是概率框架下实施决策的基本方法。

假设有 N 种可能的类别标记,即 $Y=\{c_1,c_2,\cdots,c_N\}$,λ_{ij} 是将一个真实标记为 c_j 的样本误分类为 c_i 所产生的损失。基于后验概率 $P(c_i|\boldsymbol{x})$ 可获得将样本 $\boldsymbol{x}$ 分类为 c_i 所产生的期望损失,即在样本 $\boldsymbol{x}$ 上的"条件风险"。

$$R(c_i \mid \boldsymbol{x}) = \sum_{j=1}^{N} \lambda_{ij} P(c_j \mid \boldsymbol{x}) \tag{6.35}$$

我们需要寻找一个判定准则 $h:X\to Y$,以让总体风险最小。

$$R(h) = E_{\boldsymbol{x}}[R(h(\boldsymbol{x}) \mid \boldsymbol{x})] \tag{6.36}$$

显然,对每个样本 $\boldsymbol{x}$,若 h 能最小化条件风险 $R(h(\boldsymbol{x})|\boldsymbol{x})$,则总体风险 $R(h)$ 也将被最小化。所以得到贝叶斯判定准则:为最小化总体风险,只需在每个样本上选择那个能使条件风险 $R(c|\boldsymbol{x})$ 最小的类别标记,即

$$h^*(\boldsymbol{x}) = \underset{c \in y}{\mathrm{argmin}} R(c \mid \boldsymbol{x}) \tag{6.37}$$

式中,h^* 称为贝叶斯最优分类器;$R(h^*)$ 称为贝叶斯风险。$1-R(h^*)$ 反映了分类器所能达到的最好性能,即通过机器学习所能产生的模型精度的理论上限。

不难发现,基于贝叶斯公式来估计后验概率 $P(c_i|\boldsymbol{x})$ 的主要困难在于类条件概率 $P(\boldsymbol{x}|c)$ 是所有属性上的联合概率,难以从有限的训练样本直接估计。为避开这个障碍,"朴素贝叶斯分类器"采用"属性条件独立性假设"来假设每个属性独立地对分类结果产生影响。因而,贝叶斯公式可重写为:

$$P(c \mid \boldsymbol{x}) = \frac{P(c)P(\boldsymbol{x} \mid c)}{P(\boldsymbol{x})} = \frac{P(c)}{P(\boldsymbol{x})} \prod_{i=1}^{d} P(x_i \mid c) \tag{6.38}$$

式中,d 为属性数目;x_i 为 $\boldsymbol{x}$ 在第 i 个属性上的取值。由于对所有类别来说 $P(\boldsymbol{x})$ 相同,因此基于贝叶斯判定准则有

$$h_{nb}(\boldsymbol{x}) = \underset{c \in y}{\mathrm{argmax}} P(c) \prod_{i=1}^{d} P(x_i \mid c) \tag{6.39}$$

这就是朴素贝叶斯分类器的表达式。

朴素贝叶斯分类器的核心思想是假设数据中的各个特征之间是相互独立的。这个"朴素"的假设使得模型简单易懂,计算变快,但在实际情况中,很多时候特征之间是有相关性的,这就使得朴素贝叶斯分类器的性能可能不会特别好。因此,人们尝试对属性条件独立性假设进行一定程度的放松,由此产生了"半朴素贝叶斯分类器"。

半朴素贝叶斯分类器的基本想法是适度放宽朴素贝叶斯分类器中的独立性假设,允许某些特征之间存在依赖关系,从而既不需进行完全联合概率计算,又不至于彻底忽略比较强的属性依赖关系。"独依赖估计"就是半朴素贝叶斯分类器常用的一种策略,它放宽了朴素贝叶斯分类器的特征独立性假设,允许每个特征 x_i 依赖于一个其他的特征 x_{pi},所以概率模型变成了:

$$P(c \mid \boldsymbol{x}) \propto P(c) \prod_{i=1}^{d} P(x_i \mid c, x_{pi}) \qquad (6.40)$$

其中，x_{pi} 是特征 x_i 的父特征，也就是它依赖的特征。

通过允许特征之间某种程度的依赖关系，"独依赖估计"可以更好地模拟数据的结构，从而提高分类的准确性。

6.4 深度学习

6.4.1 深度学习概述

深度学习是机器学习领域中一个新的研究方向，它被引入机器学习使其更接近于最初的目标。深度学习强调了模型结构的深度，与传统的浅层学习框架不同，通常有3层以上，甚至有10多层的隐层节点。深度学习明确了特征的重要性，也就是说，通过逐层特征变换并经过一系列计算之后，将样本在原空间的特征表示变换到一个新特征空间，使预测和分类更容易，结果更加准确。

1958 年，计算机科学家罗森布拉特第一次将 MCP 用于机器学习分类（classification）。"感知器"算法利用 MCP 模型对输入的多维数据进行二分类，可以利用梯度下降法从训练样本中自动学习更新权重。20 世纪 70 年代末，《视觉》的出版标志着计算机视觉成为一门独立的学科。1986 年，神经网络之父 Geoffrey Hinton 为 MLP 发明了 BP 算法，有效地解决了非线性分类和学习问题。20 世纪末，机器学习得到广泛研究，诞生了支持向量机、Boosting 方法、图模型和人工神经网络等。2012 年，Hinton 课题组为了证明深度学习的潜力，首次参加 ImageNet 图像识别比赛，其通过构建的 CNN 网络 AlexNet 一举夺得冠军，将 top5 错误率（即对一张图片预测概率最高的 5 个类别中存在正确答案就算成功）从 2011 年的 25% 左右降到 16.4%，标志着深度学习革命的开始。随后的几年中，深度学习在图像分类、语义分割、目标检测和视频分类等计算机视觉任务中不断突破，并在人脸识别、姿势识别、医疗和无人驾驶等各种领域取得巨大的成功，深度学习的发展历程如图 6.24 所示。

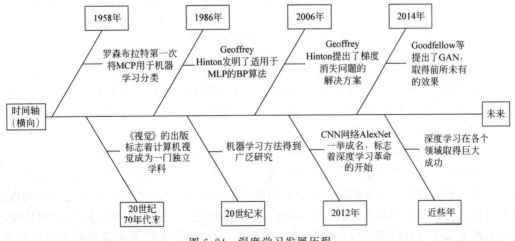

图 6.24 深度学习发展历程

与人工制定的构造特征的方法相比,利用大数据来学习特征更能够刻画信息。与浅层学习相比,深度学习通过设计建立更多的神经元计算节点和多层运算结构,选择合适的卷积和下采样层,通过网络的学习和调优,建立起从输入到输出的函数关系。虽然仍旧不能达到100%的准确率,但是可以尽最大可能地逼近现实的关联关系。训练好网络模型之后,我们就可以实现对复杂问题处理的自动化要求。

6.4.2 前馈神经网络

前馈神经网络(feed-forward neural network,FNN),也称传统神经网络,简称前馈网络,是由许多简单的神经元组成的。图 6.25(a)和(b)都是前馈神经网络,包括输入层、隐藏层和输出层三个部分,隐藏层可以是一层,也可以是多层。其层级结构一般为同层的神经元之间没有连接,每层的神经元与下一层的神经元实现全连接。在网络结构上,不存在回路或闭环,网络的模型和输出不存在反馈连接,也就是说数据从输入层通过网络开始逐层计算,直到输出层。在 FNN 中,所有的观测值都是没有连接,独立地进行处理。FNN 在许多任务中存在很大的局限性,应用领域较少,因为在许多任务中的数据富含大量的信息,彼此之间也有复杂的关联性,如文本、音频、视频等。也有一些方法为输入提供上下文信息,例如,通过固定大小的窗口来将当前和先前的特征向量连接,但是这种方法的缺点也是显而易见的,可能需要更长的训练时间以及固定的、相对较短的上下文依赖。

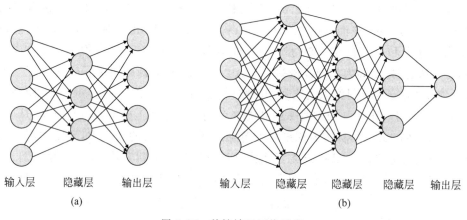

图 6.25 前馈神经网络示意

常见的前馈神经网络主要有三种:感知器网络、BP 网络和径向基函数(radial basis function,RBF)网络。①感知器(又叫感知机)是最简单的前馈神经网络,它主要用于模式分类,也可用在基于模式分类的多模态控制和学习控制中。感知器网络可以分为单层感知器网络和多层感知器网络。感知器主要是解决一个简单的线性的可分类问题,要根据在实际应用中面临的问题,将其转化为能够处理的情况,感知器模型如图 6.26 所示。此外,多层感知器可以应用于几乎所有的多功能学习任务,包括分类、回归,甚至是无监督学习。②BP 网络是指用反向传播学习算法调整连接权值的前馈神经网络。与感知器不同的是,BP 网络的神经变换函数采用 S 形函数(Sigmoid 函数),因此输出是 0~1 的连续量,可以实现从输入到输出的任意非线性映射。③RBF 网络是指隐含层由 RBF 神经元组成的前馈神经网络。

RBF 神经元是指变换函数为 RBF 的神经元。典型的 RBF 网络由三层组成：一个输入层，一个或多个由 RBF 神经元组成的 RBF 层（隐藏层），一个由线性神经元组成的输出层。

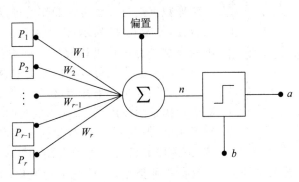

图 6.26　感知器模型

6.4.3　卷积神经网络

卷积神经网络是深度学习的重要组成部分，可以用于处理分类和回归任务。它具有平移不变性，既可以进行监督学习也可以进行无监督学习，既可以处理一维信号也可以处理二维信号。从 20 世纪 80 年代开始发展，第一个卷积神经网络是时间延迟网络，用来处理一维语音信号的语音识别问题。80 年代末，通过引入随机梯度下降算法提出了 LeNet，"卷积"一词自此经常被使用，卷积神经网络也因此得名，后面提出的一系列算法都在其基础上进行了改进和优化。一个完整的卷积神经网络结构分为五个部分，从输入到输出依次为输入层、卷积层、池化层、全连接层、输出层。输入层的作用是将数据输入网络中，卷积层的作用是对上一层的数据进行特征提取，池化层的作用是对提取到的特征进行特征降维减少数据量，全连接层将网络学到的特征映射到样本空间，输出层的作用是输出分类和回归结果。卷积神经网络示意如图 6.27 所示。

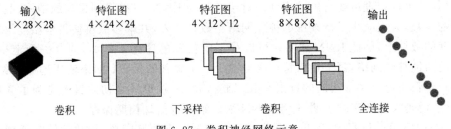

图 6.27　卷积神经网络示意

输入层是将数据输入卷积神经网络中，计算机显然不能直接识别输入的是什么，计算机是将其转化成一个个像素点的形式。我们可以将一个正常的 $w \times h$ 尺寸彩色图片看成深度为 3、宽度为 w、高度为 h，$w \times h \times 3$ 在数学的领域可以看成是 3 个 $w \times h$ 大小的矩阵，将它们输入整个卷积神经网络中就是输入层。

卷积层是卷积神经网络架构中的核心层，输入的数据在卷积神经网中的运算基本都集中在卷积层，它的主要功能是对输入的数据进行特征提取。卷积层是利用一个大小为 $m \times m \times d$ 的矩阵，名称叫作卷积核（kernel，卷积核的高度、宽度均为 m，深度为 d），对输入的数

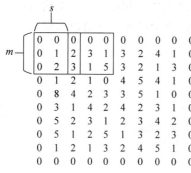

图 6.28 卷积核滑动卷积示意

据进行一个点积运算。它是对与卷积核大小一样的一小块区域进行特征提取,获得它的深度特征。对输入的整个图像数据进行一个滑窗操作就可以获得输入数据的全局特征,如图 6.28 所示,图中 s 表示卷积核的滑动步长。不同类型的卷积核可以提取不同类型的特征,因此使用多个不同的卷积核可以全面地提取数据特征。

池化层也叫下采样层,位于两个卷积层之间,起到了减少数据量的作用,如果输入的是图像,池化层对图像进行了压缩,但又保存了图像的主要特征,通过不断的卷积、下采样最后可以提取有用的特征并且很好地降低特征的维度。其过程与卷积层类似,一般有两种类型,一种是平均池化,另一种是最大池化。最常用的是最大池化。

全连接层起到的是一个分类器的作用,在卷积神经网络中经过多层的卷积层和池化层后会有至少一个的全连接层,每个全连接层都与前一层的所有神经元一一连接。全连接层是整合前面卷积层和池化层提取的分类信息,将卷积层和池化层输出的二维特征图转化为一维的向量,全连接层通常采用 RELU 作为激活函数。

输出层是卷积神经网络的最后一层,作用是输出卷积神经网络的结果。输出的值可以是一个值用于回归问题,也可以是一个概率用作分类问题,它们之间是通过最后一层的损失函数来决定的。

6.4.4 循环神经网络

循环神经网络(recurrent neural network,RNN)主要用于处理序列数据,其神经元不仅可以接收其他神经元的信息,还可以接收自身的信息,其每个时间步都有输出,每个神经元之间都有循环连接的循环网络,形成具有环路的网络结构。图 6.29 为单层循环神经网络结构,图 6.30 为双层循环神经网络结构。相对于卷积神经网络,循环神经网络可以扩展到更长的序列,且可以处理可变长度的序列。对于展开的 RNN,可以得到重复的结构,共享网络结构中的参数,大大减少了待训练的神经网络参数。另外,共享参数也使得模型能够扩展到不同长度的数据上,因此 RNN 的输入可以是不定长度的序列。例如,训练一个定长句子:如果使用前馈神经网络,每个输入特征会被赋予一个单独的参数;如果使用递归神经网络,则在时间步长中可以共享相同的权重参数。虽然 RNN 在设计之初的目的是为了学习长期的依赖性,但是大量的实践表明,标准 RNN 往往难以将信息长期保存。

在训练 RNN 的过程中,容易出现梯度消失和梯度爆炸等问题,导致训练时梯度的可传递性低,即梯度不能在长序列中转移,以至于 RNN 检测不到长序列的影响。梯度爆炸是指在 RNN 中,每一步的梯度更新都可能产生误差,积累之后导致梯度变得很大,最后 RNN 的权重被大大更新,以至于程序会收到 N 个错误。一般来说,梯度爆炸的问题比较好处理,可以设置一个阈值来拦截超过该值的梯度。而梯度消失的问题更难检测,可以通过使用其他框架的 RNN 来处理。RNN 在解决序列输入问题上是有效的。由于其记忆特性,RNN 被广泛应用于自然语言处理等许多领域。在 RNN 未来的发展中,为了解决各种各样的问题,需要通过改变 RNN 的参数和循环层的结构来适应各种环境的变化,使其更加强大。

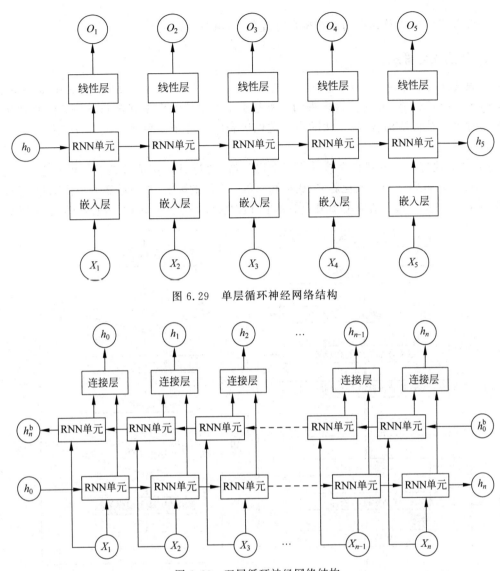

图 6.29 单层循环神经网络结构

图 6.30 双层循环神经网络结构

6.5 人工智能在智能建造领域的应用

6.5.1 基于郊狼优化算法的桁架结构尺寸优化设计

元启发式算法是 20 世纪 50 年代中期创立仿生学后,科学家们从生物进化机制、生物群体社会性规律和自然现象规律中发展出的用来解决现实世界复杂优化问题的智能搜索算法。6.2 节已对元启发式算法进行了概述性的介绍,从前面的介绍中我们知道,根据来源灵感不同可以将元启发式算法分为以下三类:①模拟生物进化过程和机制的进化类启发式算法;②模拟群体中多个非智能个体间简单合作而表现出群体智能行为的群智能类启发式算法;③模拟宇宙中物理定律的物理法则类启发式算法。本节将介绍一种群智能类启发式算法——郊狼优化算法及其在桁架结构尺寸优化设计中的应用。

1. 郊狼优化算法

郊狼优化算法(coyote optimization algorithm,COA)是由 Juliano Pierezan 和 Leandro dos Santos Coelho 在 2018 年提出来的一种基于生物遗传的启发式随机算法。该算法主要从郊狼种群的社会结构、优胜劣汰的自然进化机制以及各个狼群部落之间交流的行为三个方面进行模拟。

COA 算法将每一只郊狼个体看成一个可行解,通过具体模拟郊狼个体的社会条件、适应度、各个种群部落之间的文化趋势、头狼和部落对个体的影响、繁衍后新的子代郊狼、子代与父代的死亡等过程,选出适应能力最强的郊狼,以对实际问题进行求解,流程如图 6.31 所示。

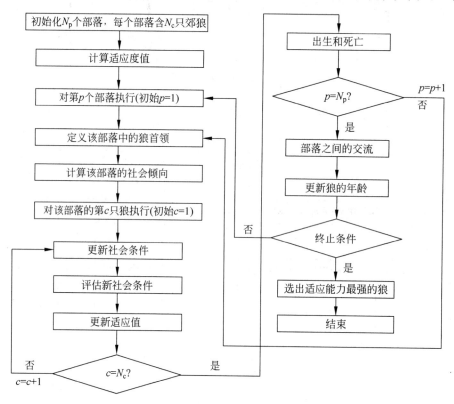

图 6.31 郊狼优化算法流程

(1) 设置算法参数,可行空间内初始化郊狼部落数 N_p 和每个部落包含的郊狼数 N_c。
(2) 对每个部落的郊狼个体适应度从大到小排序,取第一只郊狼个体为头狼。
(3) 使用中值定理,计算每个部落的文化趋向。
(4) 用头狼和文化趋向对每只狼个体的影响,更新每个部落郊狼个体的社会条件。
(5) 求出新社会条件下郊狼个体的新适应度并更新适应度,对每只郊狼循环。
(6) 随机选择父代,进行每个部落郊狼个体的出生和死亡,并重新选择头狼。
(7) 部落之间互相学习交流,并更新所有郊狼个体年龄。
(8) 不断进行循环,直到输出当前郊狼群体中适应度最佳的个体及对应的目标函数值。

2. 结构单目标优化设计数学模型

(1) 在结构设计中,一般先确定部分设计参数,通过调整设计变量来使目标函数值达到最优。在桁架结构单目标尺寸优化设计问题中,取杆件单元的截面面积($a = \{A_1, A_2, \cdots, A_n\}$)作为设计变量。

(2) 桁架结构优化问题的约束条件一般包含以下四类:应力约束条件、变形约束条件、动力特性约束条件和稳定性约束条件。

(3) 在满足约束条件的基础上,材料消耗越少,对应的开销也越低,故其目标函数可表示为 $\min W(a) = \sum_{i=1}^{n} \rho A_i L_i$。

(4) 原则上桁架的每根杆件截面都是相互独立的。但在实际工程或者数值模拟中,一般会要求部分杆件单元的截面面积相同,即几个单元取相同的设计变量值。这样使结构设计变量少于结构原本的单元个数,达到方便求解和美观的效果。

(5) 基于郊狼优化算法对结构进行尺寸优化。

(6) 在优化过程中,郊狼优化算法每次迭代都会输出一组新的设计变量。接着需要基于这些设计变量对桁架进行结构分析,包括读入结构参数、节点坐标文件和荷载文件,形成单元刚度矩阵,建立约束表向量,装配总体刚度矩阵,计算节点荷载,计算节点位移,计算节点杆端力等步骤。

3. 连续变量结构尺寸优化设计

本节将基于 COA 对 25 杆空间桁架结构算例进行截面面积优化设计,验证 COA 在桁架结构优化问题中的有效性。如图 6.32 所示,节点荷载 $P = 100 \text{kips}(1\text{kips} = 4.448\text{kN})$ 作用在节点 2 和节点 4 上,材料密度 $\rho = 0.1 \text{lb/in}^3 (1\text{lb} = 0.45359\text{kg}, 1\text{in} = 2.54\text{cm})$,杆件长度 $L = 25\text{in}$,弹性模量 $E = 10^4 \text{ksi}(1\text{ksi} = 6.895\text{MPa})$,最大容许应力 $\bar{\sigma} = 40\text{ksi}$,最大节点位移 $\bar{u} = \pm 0.35\text{in}$,将 25 杆分为 8 组,每组单元均为相同的截面面积和材料,并且所有杆件的截面面积都在取值范围 $[0.01, 5.0]\text{in}^2$ 内,荷载工况见表 6.4。

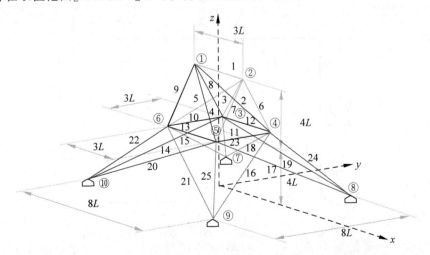

图 6.32 25 杆空间桁架

表 6.4　荷载工况

工况	节点	P_x/kips	P_y/kips	P_z/kips
1	1	1	10	−5
	2	0	10	−5
	3	0.5	0	0
	6	0.5	0	0
2	1	0	20	−5
	2	0	20	−5

设置郊狼优化算法参数：郊狼部落数 $N_p=10$ 组，每组 $N_c=5$ 只，变量数 $D=8$，停止法则设置为 $4500D$。随机搜索 10 次，表 6.5 为达到停止法则后的 10 次优化结果。图 6.33 是 10 次随机搜索中最优结果对应的优化过程收敛曲线图，从图中可以看出 COA 在 200 代以内收敛到全局最优，收敛速度较快。COA 10 次随机优化的最优结果为 545.037lb，平均值为 545.057lb，标准偏差为 0.202，我们可以看出 COA 的优化结果稳定，鲁棒性好。

表 6.5　10 次随机优化的结果

设计变量 /in²	优化轮次									
	1	2	3	4	5	6	7	8	9	10
A_1	0.010	0.010	0.010	0.010	0.010	0.010	0.010	0.010	0.010	0.010
$A_2 \sim A_5$	2.044	2.057	2.037	2.052	2.071	2.054	2.023	2.005	2.042	2.044
$A_6 \sim A_9$	3.004	2.986	2.990	3.003	3.013	2.987	3.018	3.012	2.986	3.004
$A_{10} \sim A_{11}$	0.010	0.010	0.010	0.010	0.01	0.010	0.010	0.010	0.010	0.010
$A_{12} \sim A_{13}$	0.010	0.010	0.010	0.010	0.01	0.010	0.010	0.010	0.010	0.010
$A_{14} \sim A_{17}$	0.676	0.687	0.680	0.669	0.671	0.683	0.680	0.684	0.690	0.676
$A_{18} \sim A_{21}$	1.622	1.619	1.635	1.616	1.596	1.621	1.632	1.652	1.631	1.622
$A_{22} \sim A_{25}$	2.682	2.672	2.677	2.693	2.691	2.677	2.670	2.663	2.666	2.682
总质量/lb	545.051	545.043	545.044	545.071	545.102	545.037	545.046	545.075	545.051	545.051

注：优化轮次 1~10 表示采用 COA 进行随机优化的次数（1~10 次）；将桁架结构 25 根杆件的截面面积分为 8 组，对应 8 个设计变量。

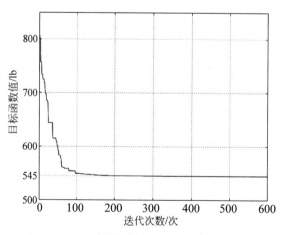

图 6.33　25 杆桁架优化设计的收敛时程曲线

6.5.2 基于深度学习的有限高清样本和复杂干扰背景下的工程结构表面裂缝自动化识别技术

工程结构表面裂缝的自动化识别是结构健康监测领域的一个重要课题，它可帮助人们及时发现结构损伤并采取必要的加固措施，保障工程结构全生命周期的安全稳定运行。目前对于工程结构表面损伤的检测主要还是依赖以目测为主的人工安全巡检，存在人力成本高、客观性差、难以量化、储存分析困难的缺陷。另外，近年来机器视觉和深度学习技术在目标检测领域迅猛发展，并已经逐渐应用到工程领域，这给工程结构表面裂缝自动化识别技术带来新的思路和发展前景。但是深度学习往往需要数万张甚至数十万张图片样本作为训练数据，而在土木工程领域获得如此大量的真实工程结构表面高清裂缝图片通常比较困难。本节将介绍如何通过Stylegan2-ADA(带有自适应增强功能的风格迁移生成对抗网络)自动生成"以假乱真"的高清图片，以解决高清裂缝图片样本不足的问题，并将其作为后续训练Mask RCNN(基于掩码和区域的卷积神经网络)的数据增强样本。通过结合这两种深度学习模型来实现有限高清样本和复杂干扰背景下工程结构表面裂缝自动化识别问题。

1. 基于Stylegan2-ADA的裂缝数据增强

Stylegan2-ADA使用了自适应增强的方法使得利用小数据集生成"以假乱真"的高清图片成为可能。图6.34(a)是自适应增强模块示意，当数据增强的方式和顺序确定后，数据增强的程度 p 就成了决定增强效果的最重要指标，通过过拟合指标来调整 p 的大小。过拟合指标 r 如式(6.41)和式(6.42)所示，其中 D_{train}、$D_{validation}$、$D_{generated}$ 分别表示在训练集、验证集和生成图片集三个数据集中判别器的判别结果。当 r 趋于0时表示还未过拟合，应继续提高数据增强的程度；而当 r 趋于1时则说明过拟合了，这时候需要减小增强的程度。通过不断调整使得 r 达到一个合适的程度。

$$r_v = \frac{E[D_{train}] - E[D_{validation}]}{E[D_{train}] - E[D_{generated}]} \tag{6.41}$$

$$r_t = E[\text{sign}(D_{train})] \tag{6.42}$$

图6.34(b)是映射网络的示意，其作用是对输入生成器之前的随机向量进行解纠缠。本身的输入是满足原始数据概率分布的随机向量，直接将其输入会使得大部分输入值被映射到数据集中占比较大的特征上去。而通过映射网络可以将其转化为中间向量，在不必遵循原始概率分布同时还解开了特征之间的相互联系。

图6.35展示了利用Stylegan2-ADA生成高清裂缝图片的完整流程：

(1) 初始化生成器和判别器网络。

(2) 输入照片获得潜在空间，随后使用映射网络进行特征解耦。

(3) 原始图片和解耦后的隐向量均进行自适应增强。

(4) 固定生成器参数，只改变判别器参数。判别器的做法是如果输入的是真实图片则给高分，如果输入的是生成样本则给低分，目的是判别出是否是生成图片。

(5) 固定判别器参数，只改变生成器参数。生成器生成的图片输入判别器中，因为这时判别器的参数已经固定了，所以此时就是改变生成器参数让生成的照片骗过判别器。

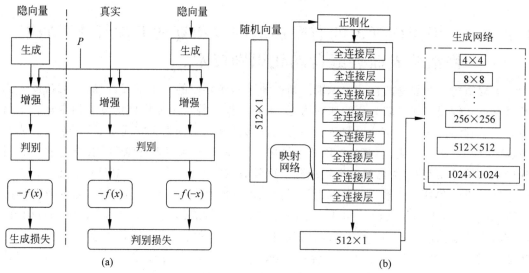

图 6.34 映射网络的示意

(a) 自适应增强模块；(b) 映射网络

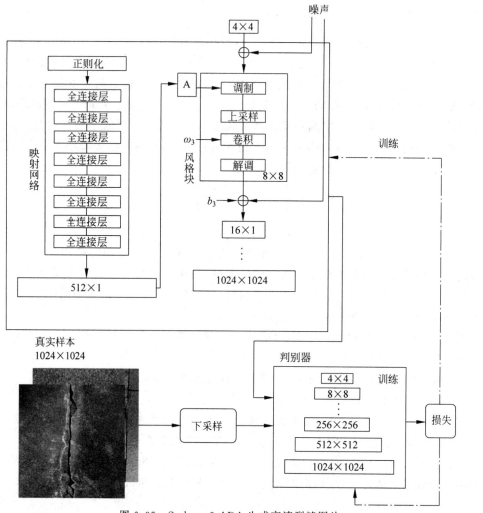

图 6.35 Stylegan2-ADA 生成高清裂缝图片

(6) 循环上述两个环节训练模型,直到两者达到纳什均衡。

为解决因高清裂缝图片样本不足而无法满足深度学习要求的问题,使用前述的 Stylegan2-ADA 方法自动生成高清裂缝图片,用以扩充原始数据集。原始数据集中有实拍结构表面裂缝照片 336 张,采用迁移学习的方式,以 NVidia 实验室训练好的模型作为预训练模型开始训练,共进行了 2000 次迭代训练,训练耗时 249h。为了验证 Stylegan2-ADA 生成结构表面图像的效果,调用训练好的模型用于图像的自动生成,生成每张图像耗时 0.4s。如图 6.36 所示,将生成的不同类型图像(裂缝、人工痕迹、水渍污渍、接缝等)与真实图像进行对比,可以发现 Stylegan2-ADA 生成的图像达到了"以假乱真"的效果,肉眼已经无法区分生成图像和真实图像之间的差别。

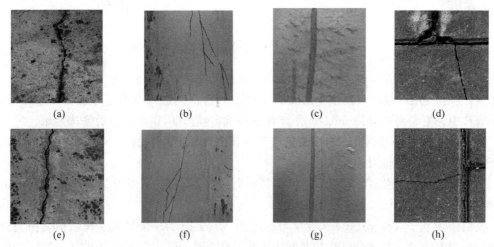

图 6.36 真实数据集和 Stylegan2-ADA 生成数据集对比
(a) 真实裂缝;(b) 真实人工痕迹;(c) 真实水渍污渍;(d) 真实接缝;
(e) 生成裂缝;(f) 生成人工痕迹;(g) 生成水渍污渍;(h) 生成接缝

2. 基于 Mask RCNN 算法的裂缝检测及表征

工程结构表面裂缝的自动化识别和表征通常因为接缝、人工痕迹、水渍污渍等裂缝状干扰背景的存在而产生困难,下面我们采用何凯明在 2017 年提出的 Mask RCNN 算法来解决这个问题。

Mask RCNN 是实例分割领域的经典算法,首先需要明确语义分割和实例分割的区别。语义分割是对图像中的每个像素打上类别标签,只需要对像素进行分类即可。而实例分割则更进一步,不仅需要找到每一个像素所属的类别,还需要将同类别里的不同目标区分出来。实例分割与传统的分类、回归和目标检测相比难度和要求更高。Mask RCNN 的整体结构可以简化成在 Faster RCNN 基础上外接一个 Mask 网络,将原本分类回归两个任务升级为分类、回归、分割三个任务。从图 6.37 的 Mask RCNN 网络结构图可以清楚地看出整个模型是在原始的区域卷积神经网络中外接一个 Mask 网络,共同来实现实例分割的目的。本节将前文数据增强后的数据集作为全新样本集用来训练,图 6.37 为基于 Mask RCNN 进行裂缝的自动识别和表征流程示意,共分为如下四个具体步骤。

第一步:首先将前文增强好的裂缝和裂缝状干扰项数据集输入残差网络进行特征提取

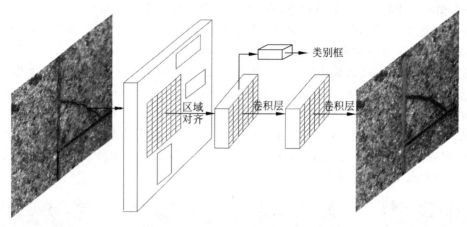

图 6.37　基于 Mask RCNN 的裂缝自动识别流程示意

以获得不同阶段下的特征图,将不同阶段的特征进行混合,获取特征的空间与语义信息。

第二步:使用区域建议网络中的 anchor(锚)对特征图进行滑窗操作获得候选区域,通过保留其中拥有最高得分的 anchor 舍弃剩下的所有候选框,得到最终的候选区域。

第三步:使用 ROI Align 的方法将这些特征图调整成统一的大小,把候选区域的信息特征与特征图中的特征对应起来。

第四步:通过全连接层对每一个像素都进行分类和回归,同时对每一个候选区域进行 Mask 全卷积网络操作生成一个个目标掩码。

我们使用基于 Tensorflow 深度学习框架的 Mask RCNN 模型来实现结构表面裂缝的自动化识别和表征。整个训练过程是在配置为 GPU Nvidia GTX960、CPU Intel i7-6700 和 32G 内存的工作站上进行的。Mask RCNN 网络所需虚拟环境为 Python 3.6、CUDA 8.0+CUDNN 6.0,采用的深度学习模型框架为 tensorflow-gpu-1.4.0。模型训练参数设置如表 6.6 所示。整个网络共被训练了 200 轮次,合计 20000 次迭代。图 6.38 为 Mask RCNN 模型 200 轮次训练过程中在训练集和验证集上的损失函数随迭代次数变化曲线。通过图像可以发现随着训练次数的不断增加,训练集和验证集的损失都在下降,并且在训练的前 25 轮次损失值下降非常快,而到了 100 轮次后基本趋于平稳,最终的损失函数为 0.4 左右。这是因为学习率随着训练次数的增加而逐渐衰减,先采用较高的学习率加快模型的收敛,后来学习率慢慢减小让模型可以收敛到全局最优解。

表 6.6　训练参数设置

参　　数	Mask RCNN
训练时输入图像尺寸	1024×1024
测试时输入图像尺寸	1024×1024
初始学习率	0.001
权重衰减系数	0.0001
动量系数	0.9
迭代次数	200×100

图 6.39 展示了 336 张真实原始图片以及 336 张真实原始图片加上不同比例的生成图

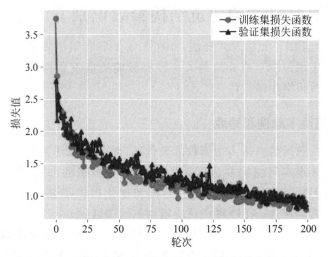

图 6.38 训练集和验证集上损失函数随训练次数变化

片作为 Mask RCNN 模型训练样本,共计 6 种不同工况下的裂缝识别和表征效果。从图 6.39 中可以清楚地看到,随着用于增强训练样本的生成图片数量的增加,裂缝的识别效果有肉眼可见的提升。原始图片中的裂缝直到在 336 张真实原始图片的基础上增加 504 张生成图片作为训练样本时才识别出来。而当增加 672 张生成图片用于训练后,模型识别出的裂缝轮廓相较于前者,其准确性又有了进一步的提升。由此可见,使用 Stylegan2-ADA 自动生成图片进行数据增强可以提高裂缝自动化识别和表征的效果。结合 Stylegan2-ADA 和 Mask RCNN 这两种深度学习模型可以实现有限高清样本和复杂干扰背景下工程结构表面裂缝自动化识别和表征。

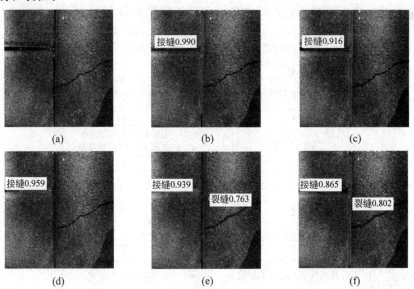

图 6.39 不同工况下 Mask RCNN 的裂缝识别和表征效果
(a) 原始图片;(b) 336 真实;(c) 336 真实+168 生成;(d) 336 真实+336 生成;(e) 336 真实+504 生成;(f) 336 真实+672 生成

6.5.3　基于蚁狮算法的建筑结构参数识别方法

6.2 节概要性地介绍了元启发式算法,并在 6.5.1 节介绍了郊狼优化算法在桁架结构尺寸优化设计中的应用。本节将介绍另外一种群智能类启发式算法——蚁狮算法(ALO)及其在建筑结构参数识别中的应用。

1. 蚁狮算法的基本原理和特点

优化算法可以找到函数或者多个函数的最佳解,对于寻找现实问题的可行性解决方案具有重要意义。这些现实问题大多是高度非线性的、多模态的,并且有各种复杂的约束条件。为了处理这类问题,元启发式算法为其建模和优化提供了强有力的工具。由于 ALO 的无参数性和较强的易用性,ALO 被广泛应用到不同领域。

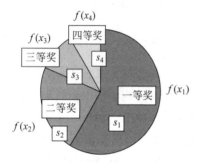

图 6.40　轮盘赌策略示意

蚁狮算法模拟了蚁狮的捕食机制。蚁狮捕食时会挖一个陷阱,然后藏在里面等待蚂蚁掉入陷阱。一旦蚂蚁掉入陷阱,蚁狮就会吃掉蚂蚁,然后继续等待下一只蚂蚁的出现。

首先,通过轮盘赌策略(图 6.40)选出一只蚁狮,设定蚂蚁围绕这只蚁狮随机游走,并计算蚂蚁随机游走的位置。而为了保证 ALO 每一代的最优解(即精英蚁狮)得以保存开发利用,每只蚂蚁随机游走的位置由围绕被轮盘赌选中的蚁狮随机游走的位置和围绕精英蚁狮游走的位置同时决定。当新的蚂蚁的适应值小于蚁狮的适应值,视为蚁狮已经捕获到蚂蚁。然后,蚁狮需要将自己的位置更新为蚂蚁的位置,等待下一轮的捕获,即算法进入下一代。反复迭代直至满足迭代终止条件。蚁狮算法的具体流程如图 6.41 所示。

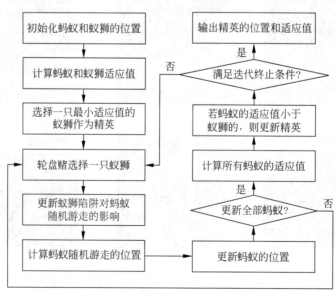

图 6.41　蚁狮算法流程

相较于其他算法，ALO 算法具有以下几种特点。

（1）ALO 作为群集智能的元启发式算法，通过加入基于随机数的判定条件，调整随机游走策略，提高了其前期探索能力，避免算法早熟收敛。

（2）ALO 通过轮盘赌策略，使蚂蚁能够在随机游走过程中保持在蚁狮周围，保证了蚂蚁随机游走的主要方向是在适应值小的蚁狮群体附近。

（3）ALO 通过随机游走步长调整，其步长大小随着迭代增加而不断减少，使得随机游走的增量在迭代后期趋于稳定，算法开始收敛。这符合了优化算法在前期增强探索，后期增强开发的过程，很好地平衡了优化算法的探索与开发阶段。

（4）ALO 仅需预设基本参数（搜寻代理数量和最大迭代次数），故具有很强的易用性。即 ALO 不需要进行参数调试，大大降低了应用时的学习成本。

2. 基于 ALO 的结构系统参数识别

与传统方法相比，优化算法受先验知识影响较少，甚至不受其影响。这是由于优化算法是启发式算法，依靠自身的探索能力和开发能力就可以找到问题的全局最优解，这使得优化算法可在工程实际应用中较传统方法有更好的表现。

Tang 认为结构系统参数识别的基本思想是建立一个具有输入和输出的物理系统。假定系统输入为 u，输出为 y。根据时程分析法，可将 y 表示 $y(t_i)$，其中 $i=1,2,\cdots,T$。假设该系统具有 n 个参数，则 $x=(x_1,x_2,\cdots,x_n)^T \in \mathbf{R}^n$。因此，对于结构系统，输入与输出可表示为

$$y = f(u, x)$$

故结构系统参数识别的本质为找到一组参数 $x=(x_1,x_2,\cdots,x_n)^T$，使其满足真实结构系统输出与模拟结构系统的输出之间的误差达到最小，因此优化算法的目标函数可以写成

$$\mathcal{F}(\hat{x}) = \frac{1}{T}\sum_{i=1}^{T} \left|\left| y(t_i) - \hat{y}(\hat{x}, t_i) \right|\right|^2$$

式中，$\hat{y}(\hat{x}, t_i)$ 为模拟结构系统的输出，$\hat{x}$ 为该模拟结构系统选取的 n 个参数，$||\cdot||$ 为矢量化的欧几里得范数。即优化算法是为了最小化 $\mathcal{F}(x)$，且 $x_i \in Q$，集合 $Q = \{x_i : x_{\min,i} \leqslant x_i \leqslant x_{\max,i}\}$。此时，$x_{\min,i}$ 和 $x_{\max,i}$ 则构成了算法搜寻空间的下限和上限。

如图 6.42 所示，我们通过一个 6 自由度集中质量层间剪切模型来验证基于 ALO 算法进行结构系统参数识别的效果，该结构系统的前两阶阻尼比分别为 0.03 和 0.05，其物理参数如表 6.7 所示。为贴近工程实际，模拟时考虑了先验知识不足、噪声干扰、测量信息不全等 8 种不同工况。先验知识不足是指假定结构质量未知，算法需要识别出结构的质量、刚度和阻尼比；噪声干扰是通过在原始输出响应里按百分比增加高斯零和白化噪声序列；测量信息不足表示部分楼层响应可测的工况，假定第一层、第三层、第六层输入输出测量数据完整，其他层输入输出数据无法测得。本模拟输入的激励为 1940 年的 El Centro 地震响应，使用其加速度数据，采样间隔为 0.02s。

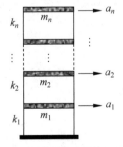

图 6.42 n 自由度剪切型结构

表 6.7　6 自由度集中质量层间剪切模型物理参数

	质量/kg	刚度/(kN/m)
Level 1	2.209×10^3	1.988×10^5
Level 2	2.209×10^3	1.536×10^5
Level 3～Level 6	1.840×10^3	1.840×10^5

图 6.43 为 ALO 优化算法的收敛曲线，分别展示了 ALO 在识别刚度、质量和阻尼比的过程中，识别值随着迭代的进行不断收敛到最优值的过程。从图 6.43(a)、(b)、(c)可以看出，ALO 在 0～200 代以探索为主，探索整个搜寻空间，变量值波动较大；200 代以后算法由探索为主转为开发为主，变量值波动较小，算法逐渐收敛。ALO 在 400 代左右完全收敛，其收敛速度较快。图 6.43(d)为在半对数坐标系中绘制的 ALO 适应值收敛曲线，算法迭代过程中适应值呈现持续的指数级下降，意味着识别值的结果持续逼近真实值。

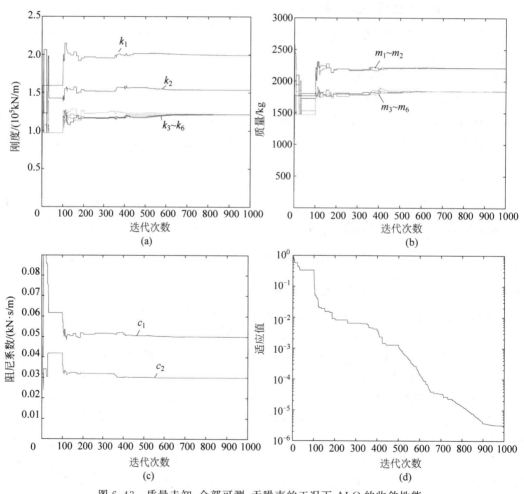

图 6.43　质量未知、全部可测、无噪声的工况下 ALO 的收敛性能
(a) 刚度；(b) 质量；(c) 阻尼比；(d) 适应值

此外，还将 ALO 的识别结果与其他算法 PSO、GA 等进行对比，不同算法的参数设置如表 6.8 所示，所有展示结果均为 20 次运行结果的平均值。受篇幅所限，此处仅展示质量已知工况下刚度识别结果的相对误差，如图 6.44 所示。结果显示，在质量已知、测量信息全

部可测、无噪声干扰的前提下,PSO 和 ALO 的识别结果都较好,识别误差保持在 0;而 GA 的识别误差在 0.5% 以下;在 10% 噪声水平的干扰下,ALO 的识别误差明显小于 PSO 和 GA 的结果。另外,部分楼层响应可测工况的识别结果与全部楼层响应可测的结果相近,ALO 和 PSO 表现同样较好,而 GA 识别结果的相对误差较大。

表 6.8 参数设定

PSO	GA	ALO
种群大小=50	种群大小=50	种群大小=50
$c_1=1.496$	$P_c=0.9$	迭代次数=500
$c_2=1.496$	$P_m=0.1$	
$w=0.7298$	迭代次数=500	
迭代次数=500		
搜索空间:0.8~2.0 倍真实值		

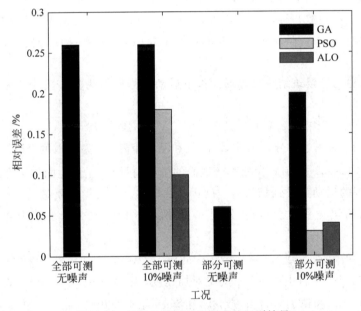

图 6.44 质量已知工况下刚度的识别结果

从优化结果可以看出,采用 ALO 进行结构系统参数识别是可行的。相较于 GA、PSO 所具有的预设参数较多、设置较为困难、应用时学习成本较高、优化结果依赖于使用经验等缺点,ALO 仅需设置搜寻粒子数和最大迭代数两个基本参数,因而具有较强的易用性。此外,ALO 的识别精度相对其他算法较高,即使在噪声干扰且测量信息不完备的工况下,ALO 仍能更加准确地识别结构系统参数。

综上所述,ALO 作为一个少参数化、易用性强、抗噪鲁棒性强、识别精度高的优化算法,具有很好的处理实际工程问题的应用前景。

6.5.4 融合深度学习模型和经典统计分析模型的结构损伤识别方法

为了提高结构损伤识别的精度,引入人工智能领域的一维卷积神经网络(one-dimensional convolutional neural networks,1D-CNN)算法,并将其与经典统计分析模型自回归移动平均带输入模型(auto-regressive moving average with exogenous inputs model,ARMAX)有机融合,通过不同损伤工况的 ARMAX 模型残差对 1D-CNN 网络进行训练。训练好的 1D-CNN 网络可进一步提高损伤识别算法的准确性及鲁棒性,对结构损伤实现快速的定位和定量。

1. ARMAX 模型残差

对于一个具有多输入、多输出的线性离散时间系统,其动态过程可以用 ARMAX 模型描述如下:

$$\boldsymbol{y}(t) + \sum_{i=1}^{n_a} a_i \boldsymbol{y}(t-i) = \sum_{i=1}^{n_b} b_i \boldsymbol{u}(t-n_i-i+1) + \sum_{i=1}^{n_c} c_i \boldsymbol{e}(t-i) + \boldsymbol{e}(t) \quad (6.43)$$

式中,$\boldsymbol{y}(t)$ 为结构在 t 时刻的输出;$\boldsymbol{u}(t)$ 为结构在 t 时刻的输入;a_i、b_i 和 c_i 分别为自回归项系数、系统输入项系数和移动平均项系数;n_a、n_b 和 n_c 为 ARMAX 模型的自回归项、输入项和移动平均项的对应阶次;n_i 为时间延迟步数;$\boldsymbol{e}(t)$ 为 ARMAX 模型在 t 时刻的模型残差。

一般来说,剪切型建筑结构可以通过以下运动方程模拟为具有集中质量的一维剪切层模型:

$$\boldsymbol{M}_{n \times n} \ddot{\boldsymbol{x}} + \boldsymbol{C}_{n \times n} \dot{\boldsymbol{x}} + \boldsymbol{K}_{n \times n} \boldsymbol{x} = -\boldsymbol{M}_{n \times n} \boldsymbol{l}_{n \times 1} \ddot{x}_g \quad (6.44)$$

式中,$\boldsymbol{M}_{n \times n}$、$\boldsymbol{C}_{n \times n}$ 和 $\boldsymbol{K}_{n \times n}$ 分别为质量、阻尼和刚度矩阵;n 为自由度个数;$\boldsymbol{l}$ 为 $n \times 1$ 的单位向量($\boldsymbol{l}_{n \times 1} = [1, \cdots, 1]^\mathrm{T}$);$\boldsymbol{x}$ 为相对于地面的位移向量;$\ddot{x}_g$ 为地面加速度。

每个自由度的运动都受到相邻自由度运动的影响。将每一个质量及其相邻质量与整体结构分离,从而构建一系列子结构,如图 6.45 所示。$1 \sim n-1$ 个子结构的运动方程可表示为

$$m_i \ddot{y}_i + (c_i + c_{i+1}) \dot{y}_i + (k_i + k_{i+1}) y_i = -m_i \ddot{z}_{i-1} + c_{i+1} \dot{y}_{i+1} + k_{i+1} y_{i+1} \quad (6.45)$$

式中,$\ddot{z}_{i-1}$ 为第 $i-1$ 个自由度 m_{i-1} 的绝对加速度,当 $i=1$ 时,$\ddot{z}_{i-1} = \ddot{z}_0$ 表示地面运动加速度 $\ddot{x}_g$;y_i 和 y_{i+1} 为第 i 个自由度(m_i)和第 $i+1$ 个自由度(m_{i+1})相对于第 $i-1$ 个自由度(m_{i-1})的相对位移。

2. 1D-CNN 网络

1D-CNN 一般由 6 个部分组成,分别为输入层、一维卷积层、激活函数、一维池化层、全连接层以及输出层。本节将利用 1D-CNN 网络的分类和回归功能进行结构的损伤识别。

1)分类任务

1D-CNN 分类网络架构设置如下:输入 ARMAX 模型残差的一维向量,然后使用 6 层卷积层(Conv1D)来提取特征值,每两层卷积层后添加一层池化层(MaxPooling1D)来保留主要特征,减小计算量。每层卷积层采用双曲正切函数 Tanh(hyperbolic tangent function)作为激活函数来提高神经网络对模型的表达能力。经过 6 层的卷积层和 3 层池化层后,设置了一层压平层(Flatten 层)作为中间层来链接卷积神经网络和全连接层。将最后一个池化层的输出平铺为一维向量,输入后一层的全连接层里面,整合具有类别区分的局部信息。

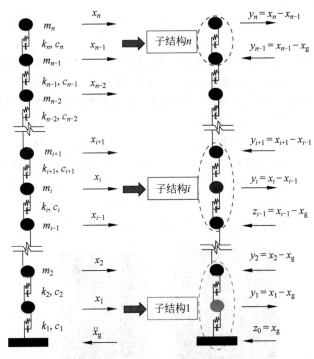

图 6.45 子结构划分方法

神经网络的训练目标是尽可能降低一个被称为"Softmax 损失函数"的数值,这个函数用来衡量网络产生的特征输出和我们预期的输出之间的差距。Softmax 将每个特征数据匹配到概率最大的特征类别。使用交叉熵损失函数(categorical cross entropy)作为模型训练的损失函数,它刻画的是当前学习到的概率分布与实际概率分布的距离,也就是损失函数越小,两个概率分布越相似。最后输出卷积神经网络训练结果,为了更直观地显示出模型的分类精度,采用混淆矩阵来展现分类的效果。优化算法采用 Adam 算法。

2) 回归任务

1D-CNN 回归网络架构设置如下:输入 ARMAX 模型残差的一维向量,然后使用 10 层卷积层(Conv1D)来提取特征值,每两层卷积层后添加一层池化层(MaxPooling1D)来保留主要特征,减小计算量。每层卷积层采用线性整流函数 ReLU(rectified linear unit)作为激活函数来提高神经网络对模型的表达能力,最后一层全连接层输出损伤的预测值。在损伤的回归任务中,我们采用均方误差(mean squared error,MSE)作为损失函数,因为 MSE 常常被用来比较模型预测值和真实值的误差。优化算法采用 Adam 算法,回归分析激励函数采用线性回归激励函数 linear。为了评估网络模型在训练和测试过程中的准确率,定义了决定系数 R_2(coefficient of determination)度量函数,它常常在线性回归中被用来表征有多少百分比的因变量波动被回归线描述。如果 $R_2=1$ 代表模型完美地预测了目标变量,决定系数 R_2 公式定义如下:

$$R_2 = \frac{\text{SSR}}{\text{SST}} = 1 - \frac{\text{SSE}}{\text{SST}} \tag{6.46}$$

$$\text{SST} = \text{SSR} + \text{SSE} \tag{6.47}$$

式中,SST(total sum of squares)为总平方和;SSR(regression sum of squares)为回归平方和;SSE(error sum of squares)为残差平方和。

3. 试验验证

采用五层层间剪切框架结构的模拟和试验数据进行结构损伤识别方法的验证，5层层间剪切框架结构如图6.46(a)所示，第1~4层的质量为7.2523kg，第5层的质量为6.5421kg。铜的模量为$1.0 \times 10^{11} \text{N/m}^2$，楼层的侧向刚度由铜柱提供，铜柱类型有4种，对应于不同的损伤工况，如图6.46(b)和表6.9所示。试验只考虑单层损伤，通过替换每一层的4根柱子来模拟损伤工况，一共模拟了$5 \times 3 = 15$个损伤工况。试验使用东华DH8303动态信号采集系统进行加速度数据采集，加速度计安装在每个楼板上，激励为扫频激励，为频率从1.0Hz增加到15.0Hz且增长率为0.5Hz/min的正弦扫频，加速度时程的采样频率为200Hz。对框架结构进行子结构划分，示意如图6.47所示。此外ARMAX模型残差的数据集生成以及一维卷积神经网络的示意分别如图6.48和图6.49所示。

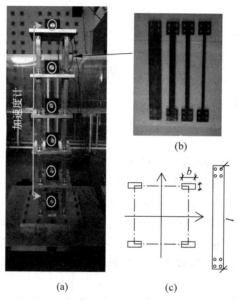

图6.46 5层层间剪切框架模型振动台试验
(a) 5层层间剪切框架结构模型；(b) 4种类型柱；(c) 柱的尺寸

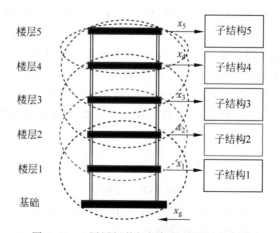

图6.47 5层层间剪切框架结构子结构划分

表 6.9 铜柱类型及相应参数

柱类型	截面 $h \times b \times l$/(m×m×m)	理论弯曲刚度/(N/m)	状 态
0	0.003×0.030×0.24	1.1809×10^4	无损
1	0.003×0.014×0.24	5.5110×10^3	工况 1
2	0.003×0.010×0.24	3.9364×10^3	工况 2
3	0.003×0.006×0.24	2.3619×10^3	工况 3

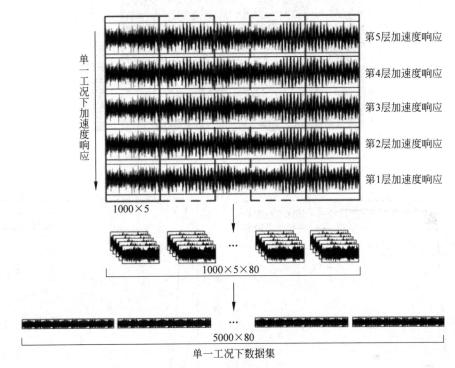

图 6.48 数据集生成流程

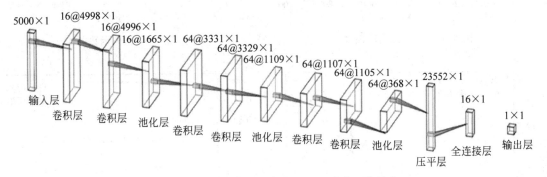

图 6.49 基于残差输入的 1D-CNN 分类网络结构

将划分好的残差数据集代入卷积神经网络中,所得分类结果如图 6.50 所示,相应的准确率和损失函数曲线如图 6.51 和图 6.52 所示。从图中可以看出,损伤识别分类效果明显,预测类别与真实类别一致,准确率曲线和损失函数曲线均已收敛,准确率接近于 1,表示识别正确率高,同时 Loss 曲线接近于 0,说明模型预测误差小。

回归结果如图 6.53 所示,相应的决定系数 R_2 曲线和损失函数曲线如图 6.54 和图 6.55

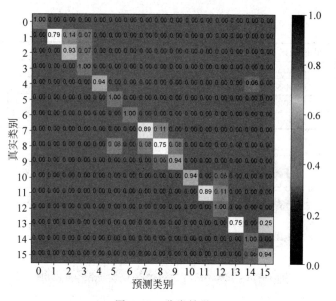

图 6.50 分类结果

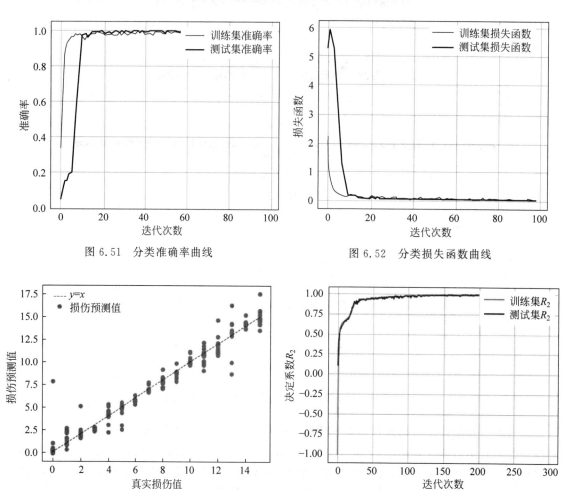

图 6.51 分类准确率曲线　　　　　　图 6.52 分类损失函数曲线

图 6.53 回归结果　　　　　　图 6.54 回归决定系数 R_2 曲线

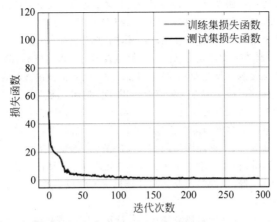

图 6.55 回归损失函数曲线

所示。从图中可以看出,损失识别回归效果明显,回归曲线中损伤预测值与真实损伤值基本符合。R_2 曲线和损失函数曲线均已收敛,R_2 接近于 1,表示识别正确率高,同时损失函数曲线接近于 0,说明预测值与实际值差距很小。

复习思考题

1. 人工智能技术在智能建造领域都有哪些方面的应用?
2. GA 算法和 DE 算法有哪些相同之处和不同之处?
3. 对数几率回归模型和线性回归模型相比在哪些方面更加先进?
4. 简述朴素贝叶斯分类器的工作原理。
5. 在训练 RNN 的时候容易出现什么问题?应该如何避免?
6. 简述基于 COA 算法对桁架结构进行尺寸优化的基本流程。
7. 如何利用 Mask RCNN 模型对工程结构表面裂缝进行自动识别?
8. 1D-CNN 由哪几个部分组成?各自的功能分别是什么?

第 6 章课程思政学习素材

参考文献

[1] 周志华.机器学习[M].北京:清华大学出版社,2016.
[2] 邱锡鹏.神经网络与深度学习[M].北京:机械工业出版社,2020.
[3] 周昀锴.机器学习及其相关算法简介[J].科技传播,2019,11(6):153-154,165.
[4] 张润,王永滨.机器学习及其算法和发展研究[J].中国传媒大学学报(自然科学版),2016,23(2):10-18,24.

[5] 包子阳,余继周.智能优化算法及其MATLAB实例[M].北京:电子工业出版社,2016.
[6] 王凌.智能优化算法及其应用[M].北京:清华大学出版社,2001.
[7] 周明,孙树栋.遗传算法原理及应用[M].北京:国防工业出版社,1999.
[8] 王艳玲,李龙澍,胡哲.群体智能优化算法[J].计算机技术与发展,2008,18(8):4.
[9] 梁旭,黄明.现代智能优化混合算法及其应用[M].北京:电子工业出版社,2014.
[10] 闫云凤.基于决策森林的回归模型方法研究及应用[D].杭州:浙江大学,2019.
[11] 母亚双.分布式决策树算法在分类问题中的研究与实现[D].大连:大连理工大学,2018.
[12] 颜子博.基于决策树算法的多能源复合管理系统设计[D].哈尔滨:哈尔滨工业大学,2021.
[13] 王祎,贾文雅,尹雪婷,等.人工神经网络的发展及展望[J].智能城市,2021,7(8):12-13.
[14] 焦李成,杨淑媛,刘芳,等.神经网络七十年:回顾与展望[J].计算机学报,2016,39(8):1697-1716.
[15] 李国和,乔英汉,吴卫江,等.深度学习及其在计算机视觉领域中的应用[J].计算机应用研究,2019,36(12):3521-3529,3564.
[16] 孙志军,薛磊,许阳明,等.深度学习研究综述[J].计算机应用研究,2012,29(8):2806-2810.
[17] 张惠嘉.结构优化设计中郊狼优化算法的研究与应用[D].深圳:深圳大学,2020.
[18] 汪定伟,王俊伟,王洪峰,等.智能优化方法[M].北京:高等教育出版社,2006.
[19] KARRAS T,AITTALA M,HELLSTEN J,et al. Training generative adversarial networks with limited data[J]. Advance in Neural Information Orocessing Systems,2020,33.
[20] KARRAS T,LAINE S,AILA T. A style-based generator architecture for generative adversarial networks[J]. 2019 IEEE/CVF Conference on Computer Vision and Pattern Recognition (CVPR),2019,43(12):4217-4228.
[21] SAHAB M G,TOROPOV V V,GANDOMI A H. A Review on traditional and modern structural optimization: problems and techniques [J]. Metaheuristic Applications in Structures and Infrastructures,2013,25-47.
[22] MEI L,LI H G,ZHOU Y L,et al. Substructural damage detection in shear structures via ARMAX model and optimal subpattern assignment distance[J]. Engineering Structures,2019,191:625-639.
[23] 李华冠.基于时间序列模型的结构损伤识别方法研究[D].深圳:深圳大学,2020.
[24] 黄振育,郭敬林.重大土木工程结构的智能检测与健康诊断[J].城市建筑,2013(8):43.
[25] 倪彤元,张武毅,杨杨,等.基于图像处理的桥梁混凝土裂缝检测研究进展[J].城市道桥与防洪,2019(7):258-263,29-30.
[26] 陈家辉.基于群集智能优化算法的建筑结构参数识别方法研究[D].深圳:深圳大学,2021.
[27] 高驭旻.基于深度学习的有限高清样本和复杂干扰背景下工程结构表面裂缝自动化识别技术研究[D].深圳:深圳大学,2022.
[28] 王彬仰.基于机器学习和自回归模型的结构损伤识别方法研究[D].深圳:深圳大学,2022.

第7章 建筑机器人在智能建造领域的应用

7.1 建筑机器人概述

7.1.1 建筑机器人概念

建筑机器人是指自动或半自动执行建筑工作的机器装置,其可通过运行预先编制的程序或人工智能技术制定的原则纲领进行运动,替代或协助建筑人员完成如焊接、砌墙、搬运、安装、喷涂等施工工序。建筑机器人是应用于土木工程领域的机器人及智能装备。建筑机器人对建筑行业可持续发展意义重大:①提高生产效率,缩短施工周期;②改善现场施工环境,保障工人的安全与健康;③降低用人成本,解决劳动力缺乏问题;④减少资源浪费,保护生态环境。根据国家市场监督管理总局、国家标准化管理委员会颁布的《特种机器人分类、符号、标志》(GB/T 36321—2018),建筑机器人属于特种机器人的细分种类,主要包括房屋建筑机器人、土木工程建筑机器人、建筑安装机器人、建筑装饰及其他机器人等。

建筑机器人根据概念可分为"广义"和"狭义"两类,分别指用于建筑生命全周期(设计、施工、运维、破拆)和工程施工环节的机器人设备。根据使用场合,建筑机器人可分为施工场地外机器人设备(如预制件加工设备等)和施工场地内机器人设备(如搬运机器人等)。根据具体施工任务,建筑机器人可以分为混凝土施工机器人、打磨机器人、抹灰机器人、喷涂机器人、安装机器人、搬运机器人、焊接机器人、清洁机器人、巡检机器人、破拆机器人等。根据智能程度,建筑机器人可分为远程遥控机器人设备、可编程式机器人设备和智能机器人设备,其中远程遥控机器人设备的控制是通过有线或无线遥控器实现,机器的运行基本还是受控于工人;可编程式机器人设备可以通过选定预先编程的功能或设定新功能,在一定的限制条件下改变要完成的任务;智能机器人设备可在无须人为干预的情况下完成施工任务,具有感知环境、制定规划、自动运行和故障报警等功能。

7.1.2 建筑机器人系统组成

建筑机器人一般由控制系统、感知系统、驱动系统和机械系统四大系统组成(图7.1)。控制系统作为机器人的大脑,通过程序指令和人机交互等方式协调和管理其他系统的工作;感知系统作为机器人的眼睛,包括内部传感器和外部传感器,分别用于收集机器人内部系统

（如机器人的位姿、状态等）和外部环境的信息（如障碍物检测、位置检测等）；驱动系统作为机器人的肌肉，为机械系统的运动提供动力，包括电动、气动和液压装置 3 种形式；机械系统作为机器人的骨架，是实现相关施工动作的基础，包含移动底盘、连接装置、执行装置和其他部件。在建筑机器人施工过程中，控制系统首先下发指令给驱动系统，收到指令的驱动系统再以特定的速度和方向驱动机械系统执行相应的施工动作，而感知系统在整个过程中不断收集机器人系统内外部的状态信息，再把这些信息反馈给控制系统，以进一步调整机器人的运动，从而形成闭环控制。

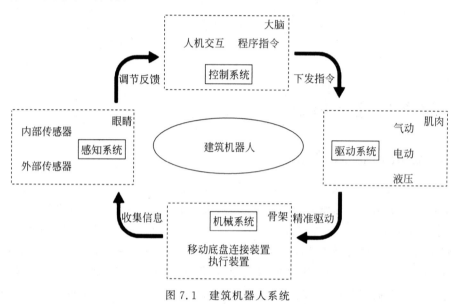

图 7.1 建筑机器人系统

机械系统是建筑机器人设备运动和作业的基础。良好的结构设计有利于提高建筑机器人的运动能力，拓宽建筑机器人的功能，降低能耗及硬件成本。市面上的建筑机器人主要由移动结构、机械臂和执行装置等结构组成。

（1）移动结构分为轮式、履带式、足式和混合式结构。其中，轮式移动结构具有结构简单、机动性强和速度较快的优势，但越障能力不足，其应用场景一般为室内建筑场地，如室内装修工程机器人、二次结构工程机器人和主体结构工程机器人；履带式移动结构越障性能优越，但结构复杂笨重，其应用场景一般为室外建筑场地，如土方工程机器人；足式移动结构为仿生结构，具备较好的灵活性和适应性，可承担复杂、危险的建筑施工任务（工地巡检、搬运等），但其自身结构和控制系统较为复杂，目前基本处于科研测试阶段，如四足仿生机器人、仿人形机器人等；混合式移动结构为上述两种及其以上的移动结构组合，需根据使用场景来选择相应的驱动形式，但控制难度较大，目前在建筑领域研究较少，可应用于多功能集成建筑机器人。总的来说，由于建筑场地的复杂性和多样性，多应用场景和高灵活性是移动结构未来的发展趋势，足式和混合式移动结构是建筑机器人及智能装备未来的重点研究对象。

（2）机械臂由一系列串联的连杆结构组合而成，是建筑机器人最主要的机械系统，按照自由度分类，一般可分为 3~7 自由度机械臂，其中自由度越高，灵活性越强，但也会导致控制难度增大和刚性降低。建筑机器人机械臂的应用场景主要为墙地砖铺贴、砌墙、喷涂和墙面打磨等精度要求严格、步骤复杂和重复性强的工序。然而,机械臂普遍面临质量大和成本高的问题,严重影响了建筑机器人的实用性。为了加快建筑机器人的应用进程,轻量化和低成本机械臂的研发迫在眉睫。近年来,随着增材制造技术的发展成熟,基于3D打印的机械臂能有效克服以上问题,如黄文正等借助3D打印技术制备仿人机械臂的整体质量仅为4.3kg,可以灵活地完成一些人体基本动作。

(3) 执行装置通常固定在机械臂上,为直接执行施工任务的部件,因根据不同的作业任务设计而形式多样化。常见的建筑机器人及智能装备的末端执行器如表7.1所示。末端执行器的设计需要满足建筑施工作业的精度和稳定性要求,如墙砖铺贴机器人的吸附装置既要保证安装的精度,又要防止瓷砖的吸附损坏、掉落等失效故障的发生。此外,为了减轻建筑机器人的负载,末端执行器应具备结构简单紧凑和轻量化的特点。

表 7.1 末端执行器

建筑机器人	末端执行装置
搬运类机器人	机械手夹持装置
安装类机器人	吸附式装置
喷涂类机器人	喷嘴
焊接类机器人	焊枪
打磨类机器人	磨盘
打孔机器人	钻头
抹灰类机器人	刮板

7.1.3 建筑机器人应用场景

建筑机器人主要应用于建筑行业的施工现场及场外预制工厂,围绕"设计-结构施工-装修施工-运维-破拆"建筑全生命周期。就某一具体施工阶段,采用专业化的建筑机器人,属专用设备。产品标准化程度较工业机器人更低,但具体场景更加复杂、种类更加丰富、专用程度更高。建筑物建设施工全流程分为设计、场地施工、结构施工、装修施工和后期运营等5个环节,共计46道工序,190多个场景,其中主要的场景如图7.2所示。

图 7.2 建筑机器人的主要应用场景

1. 设计环节

设计类机器人主要可以实现智能测绘和设计功能。测绘机器人可降低工人观测误差,提高测绘效率,实时记录信息;人工智能建筑师可提高出图效率、降低方案错误率、降低设计经济投入等,如图7.3所示。

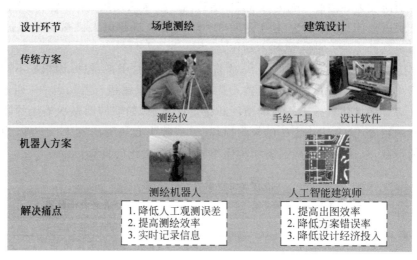

图7.3 设计环节建筑机器人

2. 场地施工环节

场地施工类机器人主要是大型机械设备进行无人化、智能化改造,包括地质勘探、场地平整、基础开挖、基础安装、土方运输和行为监控等。传统方案中使用地质探测仪、压实机、挖掘机、打桩机、起重机、渣土车、高空摄像头等。机器人方案使用探测机器人拓展探测范围、自动分析数据;采用无人压实机、无人挖掘机、无人打桩机、无人渣土车可降低人工操作误差、避免疲劳驾驶和操作不规范导致的安全事故,通过路径规划提高作业效率;使用巡检机器人可消除空间限制,减少主观误判等。场地施工类机器人如图7.4所示。

图7.4 场地施工环节建筑机器人

3. 结构施工环节

结构施工机器人主要以移动平台＋机械手臂实现安装、绑扎、浇筑、砌砖和搬运、测量等功能。传统方案为手工安装、瓦刀砌筑、手工绑扎、人工振捣整平、量尺测量、驾驶叉车搬运等。机器人方案使用安装机器人、砌砖机器人、钢筋绑扎机器人和整平机器人，可有效降低操作误差、突破作业强度和空间限制，节约人力，提高作业效率；采用测量机器人和建模机器人可降低测量误差，实时测量成像，提高测量效率；使用智能爬架可实现自动爬升、无须组装；无人叉车的应用可降低误差、节约人力。结构施工环节建筑机器人如图7.5所示。

图 7.5 结构施工环节建筑机器人

4. 装修施工环节

装修施工机器人主要以移动平台＋机械手臂实现喷涂、铺贴和安装。传统方案为工人使用喷枪喷涂、刷子涂刷、人工瓷砖铺贴、人工天花安装、人工门窗安装、人工装修放线等。机器人方案使用喷涂机器人、墙纸铺贴机器人、瓷砖铺贴机器人，提高工作效率，避免油漆、胶水、辅料等对工人造成的健康损害；使用天花、板材安装机器人可有效降低人工安装误差，突破人工操作的空间限制；放线机器人有助于提高精度，在施工过程中自动测量。装修施工机器人如图7.6所示。

5. 后期运营环节

后期运营机器人主要用于外墙清洁、房屋破拆、混凝土回收、消防和质量检测等场景，通过机器人实现维修保养、巡检及破拆后的建筑材料回收循环利用等。传统方案中使用吊索、滚筒、破碎锤、消防器材、人工检查等。机器人方案中使用外墙清洁机器人可提高作业效率，降低高空作业风险；破拆机器人、混凝土回收机器人可减少破拆过程的环境污染，降低人为破拆的事故风险；消防机器人可及时发现隐患并高效消除隐患；巡检机器人、管道机器人可提高检测精度、扩展检测空间等，如图7.7所示。

图 7.6　装修施工环节建筑机器人

图 7.7　后期运营环节建筑机器人

7.1.4　建筑机器人发展阶段与趋势

1. 机器人发展阶段

中国信息通信研究院、IDC 国际数据集团和英特尔于 2017 年共同发布了《人工智能时代的机器人 3.0 新生态》白皮书,其中把机器人的发展历程划分为三个阶段,分别称为机器人 1.0、机器人 2.0、机器人 3.0。

机器人 1.0(1960—2000 年),机器人对外界环境没有感知,只能单纯复现人类的示教动作,在制造业领域替代工人进行机械性的重复体力劳动。

机器人 2.0(2000—2015 年),通过传感器和数字技术的应用构建起机器人的感觉能力,并模拟部分人类功能,不但促进了机器人在工业领域的成熟应用,也逐步开始向商业领域拓展应用。

机器人 3.0(2015 年至今),伴随感知、计算、控制等技术的迭代升级和图像识别、自然语音处理、深度认知学习等新型数字技术在机器人领域的深入应用,机器人领域的服务化趋势日益明显,逐渐渗透到社会生产生活的每一个角落。在机器人 2.0 的基础上,机器人 3.0 实现从感知到认知、推理、决策的智能化进阶。

当前,部分学者及机构认为机器人发展已逐步进入以自主服务为特征的 4.0 阶段。机器人 4.0 核心技术主要包括云-边-端的无缝协同计算、持续学习、协同学习、知识图谱、场景自适应及数据安全等技术,如图 7.8 所示,详细介绍见后续章节。

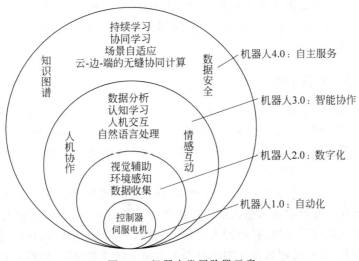

图 7.8　机器人发展阶段示意

2. 建筑机器人发展阶段

建筑机器人是机器人的一个分支,核心技术发展以一般机器人的发展为前提。但由于建筑机器人应用场景恶劣、需灵活移动,其系统集成及本体研发应用滞后于其他机器人的发展。建筑机器人概念最早在 20 世纪 70 年代由日本提出,经过大量的试验,1982 年第一款建筑机器人(SSR-1)成功被应用于防火涂料作业中。至此,美国、欧洲发达国家和澳大利亚等国家也投入建筑机器人研究当中,以替代人工开展危险且粗重繁复的施工作业。21 世纪初,我国企业机构开始研发建筑机器人,一些能够完成单一施工工序的自动化或半自动化机器人设备逐渐出现。据美国 Guidehouse Insights 咨询公司统计,到 2030 年,全球建筑机器人的市场规模达 110 亿美元,年增长率达 29%。由于建筑施工环境的复杂性和多样性,目前建筑机器人可处理的工作量远远满足不了工程实际需要,全球建筑机器人应用市场仍处于培育期。

3. 建筑机器人发展趋势

建筑机器人向多功能化、一体化方向发展。目前大部分建筑机器人仅对单一建筑施工应用场景进行作业,在庞大的建筑施工系统中可应用范围小,因此为了更好地发展建筑机器人的优势和技术应用落地,建筑机器人向多功能化、一体化方向发展将成为行业趋势。建筑机器人行业可通过丰富机器人末端执行器功能或融合多种技术方案,提升其功能的多元化程度,加速三大核心零部件(控制系统、伺服系统、减速器)和机器人本体的研发制造。

未来建筑机器人行业相关企业应加速开发适用于建筑行业的机器人应用软件,满足下游建筑商的多样化应用场景和需求,加速推动建筑机器人的应用落地,及推进信息技术与机器人深度融合。机器人系统集成商或解决方案提供商主要以机器人的角度开发操作系统和界面,其操作界面复杂、易用性较低,再者中国建筑行业从业者普遍缺乏机器人知识背景,导致学习操作建筑机器人的成本高,不利于下游应用领域的推广普及。未来建筑机器人解决方案提供商将结合客户需求和建筑工艺流程,通过软件研发降低机器人的操作门槛,让建筑设计师或建筑技术人员以更方便易懂的方式操作机器人。现阶段,建筑机器人行业发展时间短,建筑机器人厂商及行业相关的解决方案提供商较少,行业内当前适用于建筑行业的机器人操作软件不多。

4. 建筑机器人发展策略

(1) 政府和建筑行业协会加强对建筑机器人的引导与支持。加速建筑机器人行业标准的制定,并通过产学研的方式促进各研发单位、学校和企业的合作,引导机器人、人工智能等领域的专家对建筑行业相关应用场景进行开发,促进人才培养体系和技术交流平台的建立,提升中国建筑机器人的研发能力。

(2) 建筑机器人企业以满足刚需为驱动力,循序渐进地推进行业产品的发展。建筑机器人企业可先研究建筑行业需求量大的人机协作型建筑机器人,再逐步提升建筑机器人的全自动化和智能化能力。例如,在政府大力推行装配式建筑的背景下,建筑机器人企业可先加速进行板材安装、装配式建筑构件制作机器人方面的研究和应用,随后提升砌砖机器人和装修机器人项目的技术水平,再逐步向智能化建筑机器人项目发展。伴随研发和应用推广范围的逐步扩大,建筑机器人的研究、生产制造、系统集成配套、使用管理将会逐步成熟完善,推动行业实现高质量发展。

(3) 建筑商积极引入建筑机器人,从需求端倒推建筑机器人行业的创新发展。随着建筑行业的转型升级,建筑商可积极引入无人机、结构施工机器人、装修施工机器人、巡检机器人等,提高建筑机器人的应用程度,积极培养机器人操作人才,实现自动化和数字化施工,提高建筑施工的安全性和高效性。

7.2 建筑机器人基础技术

7.2.1 建筑机器人硬件技术

建筑机器人与工业机器人具备一定产业链相似性,均包含上游的硬件及软件、中游的本体及系统集成、下游的场景应用三大环节,且在核心零部件、本体方面基本一致,其中硬件技术主要体现在传感器、控制器、伺服电机、减速器等。

(1) 传感器是一种检测装置,能感受到被测量的信息,并能将感受到的信息按一定规律变换成电信号或其他所需形式的信息输出,以满足信息的传输、处理、存储、显示、记录和控制等要求。建筑机器人传感器需要感知触觉、力觉、视觉和距离感知等。在中国传感器领域整体技术含量相对国外偏低。

(2) 控制器本质为专用计算机,以计算机程序方式来完成给定任务,分为上位控制与下位控制两部分,上位控制一般采用工业控制计算机(IPC),其核心是中央处理器(CPU);下位控制的本质是运动控制器,主要为PLC、运动控制卡等。控制器一般成本占比10%~20%。机器人控制器和本体绑定效应强,行业门槛较低,成熟机器人本体厂商一般选择自行配套开发。目前控制器底层平台有KEBA、倍福、贝加莱等,大型机器人公司在其底层平台的基础上进行配套开发,衍生出与各自产品相匹配的控制器。控制器与机器人具有绑定效应,主流机器人厂商各自为政,标准化和通用性不强,阻碍了行业的整体发展。标准化与开放性是控制器的发展趋势。

(3)伺服电机是指在伺服系统中控制机械元件运转的发动机,是一种补助发动机间接变速装置,成本占比20%~30%。伺服电机可以控制速度,位置精度非常准确,可以将电压信号转化为转矩和转速以驱动控制对象。伺服电机转子转速受输入信号控制,并能快速反应,在自动控制系统中用作执行元件,且具有机电时间常数小、线性度高等特性,可把所收到的电信号转换成电动机轴上的角位移或角速度输出。伺服电机分为直流和交流两大类,其主要特点是当信号电压为零时无自转现象,转速随着转矩的增加而匀速下降。

(4)减速器是一种由封闭在刚性壳体内的齿轮传动、蜗杆传动、齿轮-蜗杆传动所组成的独立部件,常用作原动件与工作机之间的减速传动装置,成本占比30%~50%,是成本占比最高的核心零部件。减速器为纯机械部件,生产制造技术含量及工艺要求高,受制于高精度数控机床等设备的加工精度和热处理、精密加工的工艺水平。目前,减速器技术主要掌握在日本企业等外资企业,国产减速器优良率和量产能力欠佳,但差距正在缩小。未来,随着国内企业生产的精密减速器在性能上与国外企业逐渐接近,国产减速器在价格、交货周期、现场服务能力、售后响应速度方面的优势不断突出,将进一步加速替代进口减速器的步伐。

建筑机器人在结构层面比工业机器人更加多样化,需要使用特定用途的传动机构及非标组件。除使用机械臂之外,还会用到传送履带、钢索、连杆等不同的传动方式及机构,这些另类传动机构具备较低的自由度,但是成本相较机械臂结构更低且可有效满足对应场景的运动要求。区别于工业机器人通用机械臂的复杂运动模式,建筑机器人的传动机构更加专注于特定场景、特定施工环节的应用,单场景效率更高、成本更低,但通用性差,很难用作目标用途以外的工作。为满足不同场景及施工环节的需要,在传动机构的基础上,还应搭配特异化的组件,如整平环节的平板组件、铺贴环节的吸附组件、搬运物流环节的抬升组件等。该类组件并非通用设备,为非标准化组件,多通过自行组装、改造的途径生产,故目前的建筑机器人相较于传统工业机器人,实质是特定场景应用的专用设备,具备特异性、非标性的特点,成本更低,但不能像传统工业机器人一样完成更复杂的动作,通用性较差。

建筑机器人一级装配包括底盘(移动装置)、上装(机械臂或其他机构)、末端执行器及软件平台等。经一级装配集成、控制系统与应用软件二级开发,形成建筑机器人本体,实现具体场景应用。与工业机器人相比,建筑机器人在本体及集成方面的差异主要体现在末端执行器和控制系统抗干扰性方面。鉴于建筑工程工序和工种繁多,末端执行器的种类远远不足。建筑机器人因应用于单一使用场景,故控制系统较工业机器人更为简单,但要对抗建筑作业环境的干扰:一是要面临粉尘、砂石等产生的磨损对精度的影响;二是受制于基于传感器反馈信息进行动作调整的局限,响应时间不理想,实时性较差。

7.2.2 建筑机器人软件技术

云-边-端的无缝协同计算、持续学习、协同学习、知识图谱、场景自适应、定位导航等技术是建筑机器人实现感知、控制、驱动、作业和联动管理的计算和软件基础。

1. 云-边-端的无缝协同计算

受制于网络带宽以及延迟的制约，当前绝大多数机器人 3.0 系统是以机器人本体计算为主，云端处理非实时、大计算量的任务为辅的系统架构。机器人的主要任务可以简单划分为感知、推理及执行三大部分。为了能够精准地感知理解环境以服务于人机交互，机器人系统通常集成了大量的传感器，因而机器人系统会产生大量的数据。例如，采用高清摄像头、深度摄像头、麦克风阵列以及激光雷达等传感器的机器人，每秒钟可以产生 250MB 以上的数据量。如此海量的数据全部传输到云端处理既不现实也不高效。因此，需要将数据处理合理地分布在云-边-端上。

另外，完成感知和理解的人工智能（artificial intelligence，AI）算法也非常复杂。机器人所使用的 AI 算法通常需要很强的算力，如 Faster RCNN 算法在图形处理器（graphics processing unit，GPU）上可以达到 5fps 的处理能力，但是 GPU 的功耗达 200W 以上，机器人本体很难承受，从计算成本而言同样也非常昂贵。虽然机器人本体计算平台的计算能力仍在不断提高，但是相对于 AI 算法的需求依然有限。为了完成机器人的计算需求，需要在云和边缘侧提供算力的支持，以实现在大规模机器人应用场景下，更有效、经济的计算力部署。

随着 5G 和边缘计算的部署，机器人端到基站的延迟可以达到毫秒级，使得 5G 的网络边缘可以很好地支持机器人的实时应用。同时，边缘服务器可以在网络边缘、很靠近机器人的地方处理机器人产生的数据，减少对于云端处理的依赖，构成一个高效的数据处理架构。云-边-端一体的机器人系统是面向大规模机器人的服务平台，信息的处理和知识的生成与应用同样需要在云-边-端上分布处理协同完成。例如，汇集来自所有连接机器人的视觉、语音和环境信息，加以分析或重构后，被所有连接的机器人应用。

因此，在通常情况下，云侧可以提供高性能的计算以及通用知识的存储，边缘侧可以更有效地处理数据，提供算力支持，并在边缘范围内实现协同和共享，机器人终端完成实时的操作和处理等基本机器人的功能。然而由于机器人的业务需求多种多样，协同计算的部署也不是一成不变的，机器人 4.0 系统还要支持动态的任务迁移机制，合理地根据业务需求将不同的任务迁移到云-边-端，实现云-边-端的无缝协同计算。

2. 持续学习和协同学习

在机器学习方面，机器人 3.0 主要是采用基于大量数据进行监督学习的方法，这也是目前机器学习的主流方法，而机器人 4.0 还需要加上持续学习和协同学习的能力，才使机器人能够适应更复杂的应用场景。

在机器人 3.0 时代，机器人可以做到一些基本的物体识别、人脸识别，但由于机器人应用对感知识别的正确率要求很高，尽管这些方法在别的要求不高的领域可以满足应用需求（例如互联网搜索有 80% 的正确率就够了），但对于机器人应用而言则远远不够。第一是机器学习所固有的鲁棒性方面的问题，深度学习方法也不能幸免，识别结果可能出错，而且出错的时候系统也不知道自己错了，这样就可能造成服务的失败和错乱。鲁棒性的问题是目前所有机器学习方法自身的一个通病，因为训练数据中总是存在长尾数据无法被准确识别，该问题很难通过现有的监督学习方法在部署产品前解决。第二是数据不足,这也是现实应用中普遍出现的情况,如用人体特征进行身份识别时需要大量的数据(几百张以上的不同人体姿态、角度的照片),而这些数据又无法事先获得。总结下来,这两方面的问题都和缺少数据直接相关。

要解决这些问题必须让机器人具有自主的持续学习能力。具体说来,机器人可以先通过少量数据去建立基本的识别能力,然后会自主地去找到更多相关数据并进行自动标注。用这些新的数据来对已有的识别模型进行重新训练以改进性能,随着这个过程不断进行,机器人可以把识别的性能不断提高。具体拿物体识别来说,机器人应该先通过少量数据建立对该物体的基本识别能力,然后可以自己去找到不同的位置、不同的角度做训练,不断提高对这个物体的识别精度,在一段时间的持续学习后达到接近100%。

在实际应用中,一个机器人能接触的数据是有限的,其持续学习的速度可能会受到限制。机器人4.0是一个云-边-端融合的系统,如果能够在机器人间或机器人与其他智能体间通过这个系统来共享数据、模型、知识库等,就能够进行所谓的协同学习。通过云端的模拟器来进行虚拟环境中的协同学习也是一种行之有效的方法,可以充分利用云的大规模并行处理能力和大数据处理能力。协同学习使得机器人的持续学习能力进一步增强,可以进一步提高学习的速度和精度。

3. 知识图谱

知识图谱在互联网和语音助手方向已经开始较为广泛地应用,尤其是百科知识图谱。机器人也有百科知识问答类的应用场景,对于这类的知识图谱可以直接加以应用。但不同于通常的百科知识类的知识图谱,机器人应用的知识图谱有一些不同的需求。

(1) 需要动态和个性化的知识。机器人往往需要对所在的环境和人进行更深入的理解才能进行更好的服务,而且不仅仅是当前的情况,要对过去发生的一些情况进行记录。因此,机器人需要记录环境里不同时间的人和物、发生的事件等相关信息,这些都是通用知识图谱所不能事先提供的,必须在环境里获取。这些动态的个性化知识能很好地对人进行个性化服务,如通过对某用户的观察,机器人可以观察到该用户的一些喜好,或者一些行为模式,这些信息可以对该用户提供更好的服务。

(2) 知识图谱需要和感知、决策紧密结合,并帮助实现更高级的持续学习能力。从人工智能发展的历史看,单一方法很难彻底解决AI问题,不论符号方法还是统计方法都存在瓶颈,而且目前在单一方法里都没有很好的方法解决这些瓶颈问题。未来需要多种方法结合的AI系统,这是未来人工智能取得进一步突破的必经之路。所以不同于以往知识图谱和计算机视觉等统计方法基本是独立运作的做法,知识图谱必须和感知决策更深入、有机地结合。具体来说,知识图谱的信息是从感知中获取的,通过基础的感知,加上场景理解,获得的信息可以存入知识图谱,然后这些知识可以进一步进行模式的挖掘(如时间空间相关的模式)来获得更高层的知识。知识图谱的一些知识又可以作为环境上下文信息提供给感知算法来进行连续学习,从而实现自适应的感知算法。从某种意义来说,这已经不是传统意义上的纯符号方法的知识图谱,而是一种混合的知识图谱,即符号方法和统计方法结合的知识图谱。

(3) 由于云-边-端融合的需要,知识图谱会分别存放在机器人侧、边缘侧和云侧,其接口可以采用统一的接口以利于系统对知识图谱进行统一的调用。由于协同学习和实时处理的需要,知识和其他相关信息(如数据、模型等)还可以通过云侧、边缘侧来进行共享,通过一定的冗余备份来达到更高的实时性。这类似于计算机架构中的高速缓存机制,例如部分存储在云端的知识经常被调用,可以缓存到边缘端或机器人端,提高其存取的速度。在 5G 网络下,延迟本身不是大问题,主要考虑更充分地利用边缘端和机器人端的计算能力,达到整体资源的最优利用。

4. 场景自适应

有了持续学习和知识图谱,系统在感知方面的鲁棒性大大提高,也在场景分析方面获得丰富的信息并存在知识图谱中,这就使得机器人能够根据当前的场景进行相应的行动。场景自适应技术主要通过对场景进行三维语义理解的基础上,主动观察场景里人与物的变化,并预测可能发生的事件,从而产生与场景发展相关的行动建议。这部分的关键技术是场景预测能力。场景预测是通过对场景里的人、物、行为等的长期观察,并结合相关的知识和统计模型来总结出个人偏好或行为模式,并据此来预测目前场景要发生的事件。过去人工智能的符号方法中框架、脚本表示在这里可以作为知识表达的形式,但更关键的是需要把符号方法和统计方法结合起来,从而解决以往单独用符号方法无法解决的问题(如缺少学习能力)。这部分的研究还处于比较初期的阶段,但相信在基于持续学习、知识图谱等技术充分结合的基础上,该方向在未来几年会有较大突破。最终使得整个机器人的闭环系统,即感知-认知-行动,变得更加智能和人性化。

云端融合在这里起到非常重要的作用,尤其是知识的共享方面。在单个机器人的情况下可能从来没见过某个情况,也就无法知道是危险的。如果通过云-边-端融合,只要有一个机器人看到过这个危险情况的发生,就可以把该知识分享给所有的机器人,所有的机器人就可以去预测这些危险情况。除了通过在实际的物理世界中观察,在云端通过大规模的模拟来预演生活中可能发生的情况,也是另外一个有效的方法。

5. 定位导航

建筑机器人使用环境为建筑工地,工况恶劣且复杂,需要具备较强的移动及避障能力,导航系统的应用至关重要。导航技术是指利用电、磁、光、力学等科学原理与方法,通过测量运动物体每时每刻位置有关的参数,从而实现对运动体的定位,并正确地从出发点沿着预定的路线,安全、准确、经济地引导到目的地的技术。自主定位导航技术是实现建筑机器人自主作业的关键技术,决定着建筑机器人的安全性,包括定位、地图构建和路径规划等技术。与工业机器人相比,由于建筑工地的复杂多样化,建筑机器人需要面临作业场景不统一、人员走动干扰和施工精度要求严格等问题,这是机器人自主定位导航面临的严峻挑战。目前建筑机器人自主定位导航普遍存在精度低、耗时长和鲁棒性差等问题,严重阻碍了建筑机器人技术的发展。近年来,研究者主要通过优化相关算法、借助建筑信息建模、融合多种导航技术等方式来解决建筑机器人的自主定位导航问题,并且取得了一定的成效。例如,刘永靖等对基于深度相机的 SLAM 系统的前端和后端算法进行修正,将其应用在建筑环境的室内三维整体建模,明显提高了系统的实时性和鲁棒性,实测发现应用该项技术的抹灰机器人的施工精度能满足相关标准。此外,惯性导航+被动建图技术也比较适合建筑机器人的导航。磁条导航的固定性不适应建筑工地的多变性运动要求。

7.2.3 建筑机器人施工管理体系

建筑工艺并非单一路径的串联流程,而是多个环节并行,如同时实施主体施工、粗装修、精装修等多种施工类型,具备交错化、穿插施工的特点。因而在建筑机器人的使用上,多机调度系统的应用十分必要。需根据施工阶段的不同,调配不同种类的建筑机器人,进行不同工序的操作,通过多机调度系统,可以实现不同种类、不同数量、不同运动方式的建筑机器人之间的有效联动和协同工作。

机器人调度管理系统(fleet management system,FMS)通过对接项目 BIM 数据平台、测量数据平台、仿真系统、智能排程系统、物料供给系统、智能升降机系统等,为机器人提供作业任务管理、动态路径规划、多设备协同服务,完成机器人补料、机器人跨楼层作业、机器人清洗及充电等功能。

机器人仿真平台(building industry simulation,BIS)通过对建筑机器人仿真建模,并对接 BIM 模型与 FMS 系统,为建筑机器人研发、检测与施工提供工艺、功能、性能测试仿真服务,为 FMS 系统提供计划任务仿真验证服务,包括施工周期模拟、施工计划模拟验证、机器人施工仿真及 3D 场景展示等。

建筑机器人 BIM-FMS-BIS 集成体系:BIM 模型、FMS 系统与 BIS 联用,实现建筑机器人的智能化施工,如图 7.9 所示。BIM 模型根据计划排程,将模型数据及排程工单发送给 FMS,FMS 将计划施工作业任务发送给机器人列队,让多款多台机器人按照 FMS 系统规划

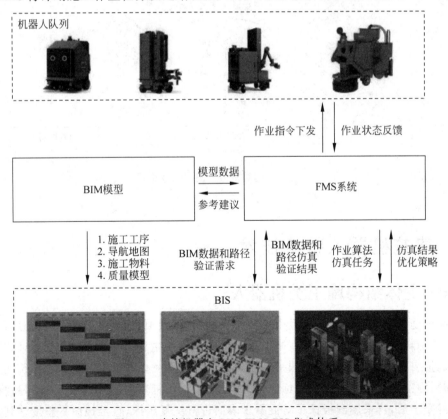

图 7.9 建筑机器人 BIM-FMS-BIS 集成体系

的路径及设备协同结果实施机器人作业。机器人可将施工现场状态数据实时传回FMS,再由FMS形成改进参考建议并发送给BIM模型。与此同时,FMS将BIM数据和路径验证需求、机器人施工作业算法及仿真任务等发送给BIS,BIS根据BIM模型输入的施工工序、导航地图、施工物料及质量模型等信息进行路径验证、机器人作业仿真及策略优化,并将仿真及优化结果发送给FMS。BIS生成仿真分析报告及3D模拟展示结果供用户查看使用。

异地取料、楼层内作业是常见的结构及装修施工场景,机器人多机联用施工管理流程如图7.10所示。BIM模型根据计划排程,下发排程工单给FMS,FMS分析决策形成备料指令并发送给搅拌站,备料完成后反馈给FMS,FMS进行确认前置检查。若为异层或楼栋外备料,FMS发送运料指令给物流机器人并调度智能升降机,生成路径、校准地图,由物流机器人将物料经智能升降机送至施工作业位置;若为同层备料,FMS发送运料指令给物流机器人,生成路径、校准地图,由物流机器人将物料在层内送至施工作业位置。FMS连接作业机器人,生成作业路径及运动路径,发送施工指令,作业机器人完成作业。物流机器人、作业机器人将工单进度反馈给FMS,同步形成施工日志、作业报告,并将结果发送给BIM模型,实时更新BIM模型,形成现实世界中建设项目的"数字孪生体"。

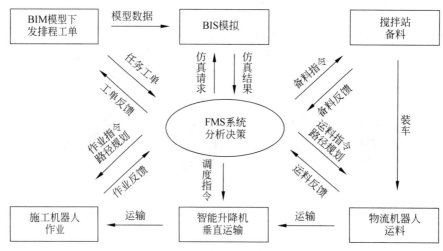

图7.10 建筑机器人施工管理流程

7.3 建筑机器人整机技术

7.3.1 主体结构施工类机器人

混凝土施工作为主体结构工程中重要的一环,包括混凝土浇筑、地面整平、地面抹平等工序,需要消耗大量的人力,并且在施工过程中产生的粉尘、噪声等危害因子会对健康造成不可逆的损害。地面整平和地面抹平是混凝土浇筑过程中必不可少的工作。传统的混凝土整平、抹平施工需要先建立大量的标高参考点,在后续的铺料过程中需要反复标高测定,经过振捣混凝土后,再采用刮板抹子对混凝土表面进行反复压抹,直至地面平整度达到工程标准,传统的整平、抹平工序完全靠人工经验来控制,劳动强度高且效率低。

随着激光标定技术和控制技术的进步,自动化混凝土地面处理装备-激光整平和抹平机开始替代传统人工作业。激光整平抹平机主要由整平或抹平头、激光系统和控制系统组成,其工作原理及步骤如图 7.11 所示,工人首先安装激光发射器,通过激光发射器旋转形成激光控制平面,然后手持接收杆将标高信息发送到机器,机器接收到激光信号后,通过液压系统控制阀调整整平或抹平头的高度,实现混凝土地面的整平抹平。经过项目施工发现,相比传统工艺,激光整平机可以做到地面一次成型,工人数量降低 60%,成本节约 2~3 元/m²,精度提升 3 倍左右,表明激光整平机相对传统人工施工具有明显优势。

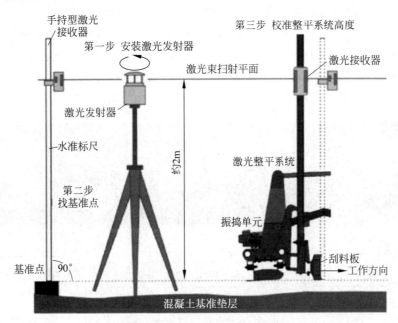

图 7.11 激光整平机工作原理

目前混凝土地面处理装备大多是手扶式、驾驶式、伸臂式、遥控式四种类型,仍需要有操作经验的工人配合施工,这额外增加了混凝土地面处理装备的施工成本和安全隐患。智能化混凝土地面处理机器人的研发可有效解决上述装备所面临的问题,但受限于自身定位和路径规划等技术,难以实现大规模应用。哈尔滨工业大学尹宗良等针对混凝土地面整平机设计了一套视觉定位系统,该系统根据环境中合作靶标的位置,进行地图构建和定位。测试发现,该系统能在盲区和机器抖动时有效识别出机器人的位姿,但当相机离靶标距离越大,其精度越差,因而还难以进行实际的工程应用。另外,建筑市面上也出现了商用的智能化激光地面整平机,其主要利用工程图纸和 BIM 模型进行自主定位导航,但在不同户型施工时需频繁切换图纸和模型,这无疑降低了施工效率,使用效果还有待工程实践验证。因此,稳定高效的自主定位导航系统是开发智能化混凝土地面处理机器人的关键。

在建筑施工中,砌砖工序占据较大的工作量,其施工效率与质量很大程度上决定着工程工期与质量。传统砌砖工序多为人工操作,施工质量参差不齐。为了改善传统砌砖工序,国外发达国家率先研发自动化砌砖机器人,技术处于领先水平。例如,美国 Construction Robotics 公司研发的轨道式 SAM100 机器人,由机械手、传递系统及位置反馈系统组成,效率较人工提高 3~5 倍,是我国砌砖机器人研发参考的主要原型;澳大利亚 Fastbrick

Robotics 研发的 Hadrian X 机器人配备了 28m 的伸缩机械臂,能基于 3D 模型自主建造单栋建筑物的墙体,施工效率和精度分别达到 1000 块/h 和 0.5mm；美国 Construction Robotics 公司研发的 MULE 砌砖机器人,通过提升夹取机构和精密定位装置协助工人进行砌砖操作,较人工效率提升 2 倍。以上商用产品充分证明了砌砖机器人的优势,但仍存在一些问题,如需依赖人工操作、使用非传统建材等。

相比于国外,目前国内的砌砖机器人缺乏可应用的产品,依然停留在研究阶段,其研究领域包括机械结构设计、视觉定位系统研发和任务规划等。例如,上海建工四建集团和上海大界机器人联合研发了一款可实现"定位-上砖-抹灰-摆砖"的砌砖机器人,包含越障移动底盘、上砖装置、抹灰装置和六轴机械臂等结构。如图 7.12(a)~(c)所示,机械臂与上砖抹灰系统组成砌墙机器人整体装备,在施工中,工人首先把砖块放至传送带上,砖块经传送带输送到指定位置后,由机械臂精准抓取至抹灰口进行自动抹灰操作,然后机械臂再把砖块放至指定的砌筑位置,完成砌筑工作。在定位导航和任务规划方面,这款机器人以 ROS 导航作

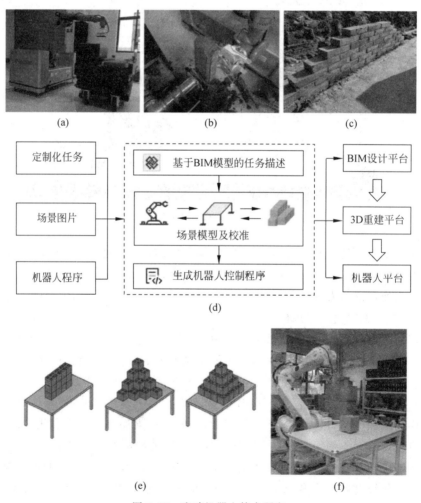

图 7.12 砌砖机器人技术研究

(a) 砌砖机器人；(b) 自动抹灰装置；(c) 工地现场砌筑；(d) 任务规划方法的模型及框架；(e) 直墙、阶梯和金字塔砌筑模型；(f) 砌筑试验

为导航系统基本结构,结合适用于室外、坑洼地带环境的 Cartographer 算法实现机器人的自主移动,且在开展任务前利用 Rhino 虚拟软件模拟砌筑路径和速度,使得任务执行得更加流畅和高效。综合以上功能,机器人在实际工地环境测试中能自动完成砌筑工作,墙体平整度和垂直度分别达到 2.5mm 和 3.5mm,均满足施工规范要求。此外,机械臂作为砌筑的关键机构,其运动规划决定着砌筑的功效和质量。目前机械臂的控制主要借助人工示教和编程实现,但是这种方法存在效率低和耗时长等问题,不适用于复杂多样的建筑环境。为此,华中科技大学丁烈云院士提出了一种结合 3D 图像重建和 BIM 技术的任务规划方法,将需要构建的建筑模型转化为控制机器人的信息(包括施工现场、机器人参数和任务内容等信息)。这种方法的技术理论和框架如图 7.12(d)所示,其核心内容主要包括三部分:建立基于 BIM 模型的任务描述、重建场景模型及校准和生成机器人的控制程序。为了检验这种任务规划方法的效果,试验人员利用砌墙机器人分别砌筑难度不同的建筑模型(直墙模型、阶梯模型和金字塔模型),并比较新型方法和人工示教方法的耗时(图 7.12(e)、(f))。试验结果发现,这种新型方法的任务规划总耗时低于人工示教方法的一半时间,并且随着模型难度的增加,人工示教的任务规划耗时明显增加,而新型方法的任务规划耗时基本不变,说明结合 3D 图像重建和 BIM 技术的任务规划方法更高效。总的来说,面对复杂多样的建筑环境,砌墙机器人如何快速准确完成砌筑任务是未来主要的研究热点。

7.3.2 装修施工类机器人

在装修施工时,天花、墙面部分区域需进行打磨作业。传统的墙面打磨严重依赖人工作业,施工质量因人而异,而且施工环境极其恶劣,容易引起呼吸系统、听力损害等疾病。少人化或无人化施工的打磨机器人可以实现墙地面的自动打磨作业。现有墙地面打磨机器人主要由机械臂、移动底盘、打磨头、墙面高度检测设备和导航装置等系统组成,其关键技术包含机械结构设计、墙面平整度检测和运动控制等。2021 年,烟台大学肖东等基于 3D 视觉技术设计了一款高精度墙面打磨机器人系统(图 7.13(a)),其包含打磨系统、PLC 控制系统、3D 视觉系统和移动平台等部件。它利用 3D 线激光传感器获取墙面三维数据,并对数据进行拟合处理,找到墙面打磨位置坐标(图 7.13(b)),再控制机械臂运动到指定位置,然后开启打磨头进行打磨作业。经过试验测试发现,这款打磨系统在小区域的打磨效果较好(图 7.13(c)),精度基本保持在 1mm 内,但从整个墙面打磨效果来看,其打磨的精度和稳定性还有待提高。而墙面打磨精度是评判墙地面打磨机器人施工质量的重要参数,主要受到执行装置的动作与压力、墙面检测的精度、移动机构的运动精度等因素影响。其中,执行装置作为与墙面直接接触的装置,其运动控制决定着打磨作业的精度。Zhou 等针对执行装置的运动控制,提出一种基于图像视觉的阻抗算法模型,用于调节执行装置的作用力和动作两者的动态关系(图 7.13(d))。执行装置的动作由视觉系统进行实时反馈,而反馈的图像信息经阻抗算法模型处理后得到非奇异和解耦的图像雅可比矩阵,确保了大位移场景下打磨的稳定性和精度。在实际测试中发现,随着控制循环的进行,该模型的图像特征误差、力误差以及阻抗误差基本收敛到零,而且机器人打磨效果较好,说明这种算法模型具有明显的优势(图 7.13(e)、(f))。因此,优化相关算法模型和引入高精度传感器是提升墙面打磨机器人作业精度和稳定性的主要措施。

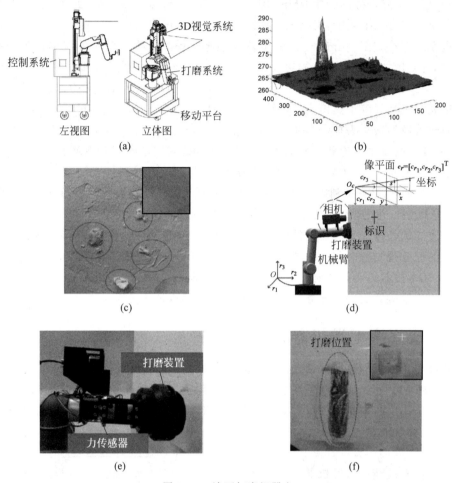

图 7.13 墙面打磨机器人

(a)打磨机器人结构;(b)打磨位置坐标拟合;(c)打磨效果对比;(d)图像视觉打磨模型;(e)试验测试装置;(f)打磨效果对比

涂覆施工为装修工程的常见工序,包括室内喷涂、外墙喷涂、地坪漆涂覆等工序,这些工序在国内基本还停留在人工作业阶段。传统涂覆施工主要存在以下缺点:①外墙喷涂工序属于高空作业,存在严重的安全隐患;②涂料为有毒物质,对工人有致癌作用;③工人的技术水平会影响涂层的质量;④手工喷涂效率低下。

对于建筑室内环境,移动式喷涂机器人工作自由度较高,能灵活应对多种复杂作业对象,具有较强的适应性,因此备受推崇。目前研究中,室内移动喷涂机器人经典结构为"6+3+1"自由度结构,其具体结构包含 6 自由度机械臂、3 自由度移动平台和 1 自由度升降台,该种结构机器人能实现对室内壁面的全覆盖喷涂作业,工作场景包括商品房、厂房和仓库等。如图 7.14(a)所示,2018 年 Asai 等根据这种经典结构研发了一款人机协作室内喷涂机器人——Pictobot,其包含移动底盘、无气喷涂系统、自抬升结构(最大抬升高度 10m)、机械臂和喷头装置等部件。操作工人的感知和判断作为上层规划,负责设置喷涂的参数(压力、厚度等),通过远程操作遥控变换机器人的工作站点,以应对变化的工作环境,并且负责开展墙壁低处及边角的喷涂作业。而喷涂机器人负责在壁面高处进行喷涂作业，以减轻工人的攀爬、弯腰等繁重工作，并借助传感器装置，重建施工场景和分析墙面的3D特征，进而自动控制抬升机构的高度和规划喷枪机械臂的运动（图7.14（b））。在人机协作的条件下（图7.14（c）），该款自动化机器人相对于传统工艺的优势包括优异的喷涂效率（提升50%）、均匀一致的涂层、节约人工成本和更高的安全性等。可见，"6+3+1"自由度结构机器人施工具有明显的优势，但仍需工人配合施工，其自主化施工的程度需进一步提升。

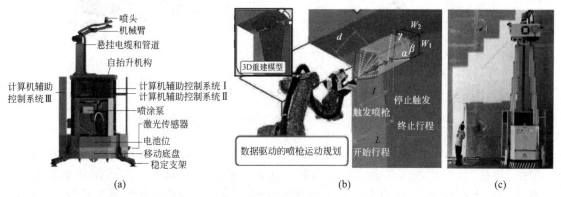

图7.14 室内喷涂机器人
(a) 喷涂机器人结构；(b) 喷枪运动规划；(c) 试验测试

与室内喷涂工序对比，外墙喷涂更具危险性，当前国内外墙喷涂一般采用吊板或吊篮方式，这两种方式都没有可靠的安全保障，存在高空坠落的风险。外墙喷涂机器人施工可保障工人的人身安全，提升施工效率。然而，与其他机器人不同，由于户外高空作业的特殊场景，外墙喷涂机器人在稳定性、安全性和可靠性方面的性能要求更高。为了实现高效稳定作业，外墙喷涂机器人需具备外墙吸附和自由移动的功能，常见的结构设计为吸附式结构和悬挂式结构。如图7.15(a)所示，2016年合肥工业大学彭辉等设计了一款悬臂架固定的外墙喷涂机器人，包含悬臂架结构、轨道结构、喷涂机器人移动本体、吸附足和钢丝绳等组件。机器人通过固定在女儿墙的悬臂架上的钢丝绳实现垂直移动，借助四个吸附足的吸附作用进行固定作业，当完成一个竖直面喷涂时，再通过轨道装置移动悬臂架进行下一个竖直面的作业。由于需要覆盖一定的作业面，机器人移动本体的喷枪组会搭载在数控移动滑台上，实现水平移动作业（图7.15(b)）。此外，机器人窗户探测装置可判别窗户位置，进而控制喷枪的开关，以避免污染窗户及浪费涂料，而且工人也可以通过视频监控系统实时观察喷涂情况，防止意外发生。

瓷砖铺贴在装修施工中需求量大，质量要求高，且需专业人员施工，但传统手工铺贴存在施工周期长、劳动量大和工作效率低等问题，而瓷砖铺贴机器人不但能减少劳动力，还能通过自动化施工保证铺贴的效率和质量，因此受到广泛研究。复杂的铺贴环境对机器人的设计、控制和运行提出苛刻的要求。为适应铺贴的环境和满足铺贴的功能，机器人的结构设计显得尤为关键。瓷砖的定位技术能准确检测瓷砖的位置，从而提高铺贴的质量。此外，机器人铺贴过程的轨迹规划能降低铺贴作业的时间，有利于进一步提升工作效率。因此，瓷砖铺贴机器人的发展离不开上述关键技术的研究。2014年，新加坡未来城市实验室联合苏黎世联邦理工学院开发了一款包含六轴机械臂、吸盘抓取装置和红外定位仪器等部件的地砖

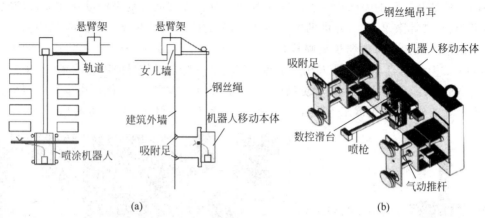

图 7.15 外墙喷涂机器人
(a) 外墙喷涂机器人安装示意；(b) 外墙喷涂机器人移动本体示意

铺贴机器人——MRT(图 7.16(a))，该机器人不但能节省人力，还能精确计算铺贴位置，保证铺贴质量，目前已进入商业化应用阶段。而国内瓷砖铺贴机器人的研发基本是参考 MRT 机器人原型，如 2020 年南京航空航天大学设计了一款地砖铺设机器人系统，包含移动平台、抓取系统和导航系统(图 7.16(b))，其中移动平台为基于 Mecanum 轮的全向移动平台，具有优异的机动性和灵活性，能满足作业环境和作业任务的需求；抓取系统包含六轴机械臂、真空吸盘组件和激光发射器(图 7.16(c))，不但能实现灵活抓取和铺设瓷砖，还能精确检测已铺贴瓷砖的位姿，从而达到施工规范要求；导航系统通过激光雷达传感器获取环境信息，构建 2D 和 3D 地图模型，并使用改进的蚁群算法进行路径规划，确保了机器人快

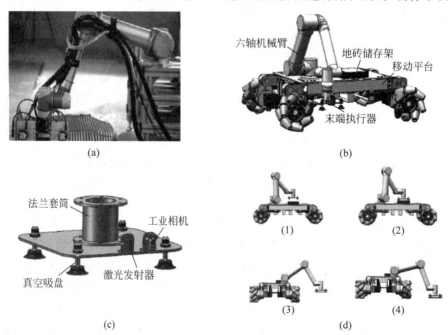

图 7.16 瓷砖铺贴机器人
(a) 地砖铺贴机器人；(b) 地砖铺贴机器人结构；(c) 末端执行器；(d) 仿真示意

速稳定作业。经过仿真分析发现,地砖铺贴机器人可以顺利完成铺贴工作,满足实际功能需求(图 7.16(d))。然而,目前市面上铺贴机器人的使用率较低,主要存在研发成本高、适用瓷砖尺寸单一和控制复杂等问题。

7.3.3 辅助施工类机器人

辅助施工作业包括测量、清扫等工序,这些工序在传统施工体系下存在明显的劣势,如经济效益低、危害人体健康等。测量机器人、楼层清洁机器人等建筑机器人及智能装备能有效提升建筑行业的自动化、智能化水平。

建筑实测实量是提升房屋质量的关键工序,工作量大,且工作进度紧迫。传统手工测量主要借助靠尺、塞尺、方尺和扫平仪等工具,对规范要求的点、线位置进行测量,再通过人工记录和比对完成测量任务,因此存在效率低、人为因素影响大和数据整理调用烦琐等弊端。为了优化实测实量工序,自动化实测实量技术受到广泛研究。新型的建筑测量机器人利用三维激光扫描技术,由激光测距系统和激光扫描系统组成,能实现数据的采集、传输、运算、绘图、制表和评分的全自动化,具有明显的技术优势。在开展测量工作时,测量机器人的工作步骤包含:①按照预先计划的站点位置,逐站进行扫描获取点云数据;②把独立的点云数据导入专用软件进行预处理和拼接,得到整体的点云数据模型;③专用软件从模型里提取垂直度、平整度等几何信息,并与 BIM 模型比对,自动生成报表,完成实测实量任务

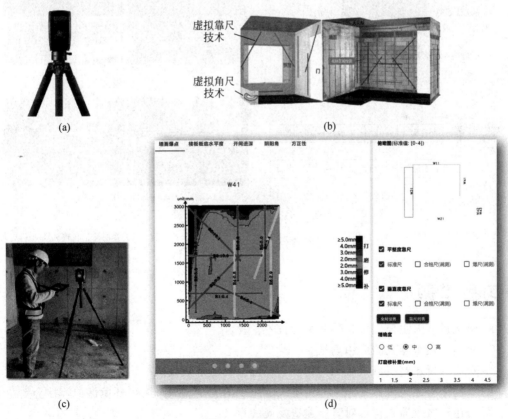

图 7.17 测量机器人
(a) 测量机器人;(b) 测量机器人工作原理;(c) 测量机器人作业;(d) 测量机器人报告输出

(图 7.17)。为了证明测量机器人的优势,中建二局分别采用自动化测量和手工测量方法对沈阳某工程进行实测实量,并对比两者的测量效果。测试结果显示,与手工测量相比,测量机器人精度达到±1mm(高于手工测量精度±3mm),测量效率提升 5 倍,测量人数减少 66%,成本降低 50%,而且省去复测、复检和数据整理等环节,可见自动化测量方法更优异。然而,在测量机器人使用中,发现以下问题:复杂结构及障碍物导致数据缺失、现场人员活动范围受限和设备成本过高等,这些问题导致测量机器人难以推广应用,亟待解决。

楼层清洁机器人专门用于楼层内地面清扫作业,集清扫、垃圾回收、抑尘等功能于一体,由行走机构、执行机构、控制系统和障碍感知等部分组成,可有效保障室内建筑环境的清洁和避免灰尘对人体损害。市面上某款楼层清洁机器人能对地面粒径≤30mm 的建筑垃圾进行自动清扫,作业模式包括基于激光传感建图的自动工作模式、基于 BIM 技术的自动工作模式和手动遥控工作模式,其施工流程如图 7.18(c)所示。与人工作业相比,楼层清洁机器人具有减员提效、全天候施工、施工质量高和改善施工环境的优势。清洁后地面无明显的灰尘和块状垃圾存在,满足后续施工质量验证标准。清扫效率可达人工 3 倍左右,且每平方米清扫费用较人工降低 15%,经济效益及社会效益明显。

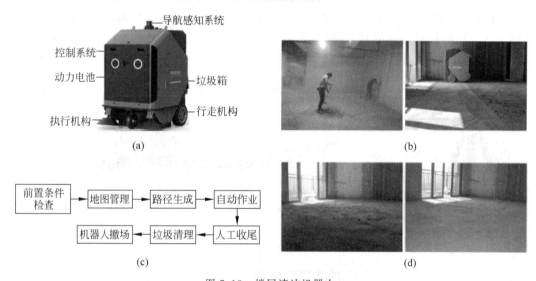

图 7.18 楼层清洁机器人

(a) 楼层清洁机器人;(b) 人工作业与机器人作业对比;(c) 楼层清洁机器人作业流程;(d) 楼层清洁机器人作业前后对比

复习思考题

1. 建筑机器人主要应用了哪些关键技术?
2. 简述建筑机器人的应用场景。
3. 对比分析建筑机器人施工与传统人工施工的经济效益。
4. 对比分析建筑机器人施工与传统人工施工的安全、职业健康、环境保护等社会效益。
5. 简述建筑机器人技术对智能建造发展的意义。

第7章课程思政学习素材

参考文献

[1] 苏世龙,雷俊,马栓棚,等.智能建造机器人应用技术研究[J].施工技术,2019,48(22):16-25.
[2] 于军琪,曹建福,雷小康.建筑机器人研究现状与展望[J].自动化博览,2016(8):68-75.
[3] SAIDI K S,OBRIEN J B,LYTLE A M. Robotics in construction[M]. Berlin:Springer,2008.
[4] 张森洽.全轮转向移动底盘设计及运动控制研究[D].西安:西安理工大学,2021.
[5] 许威,闫曈,许鹏,等.特种机器人行业的新锐——四足仿生机器人[J].机器人产业,2021(4):50-57.
[6] 蒋凯.人形机器人在复杂环境下行为控制研究[D].上海:上海交通大学,2015.
[7] 黄文正,张丹,朱佳,等.仿人机械臂和灵巧机械手的结构设计研究与实践[J].绿色科技,2018(6):168-173.
[8] 王会敏.贴瓷砖机器人末端执行器设计及其控制模块研究[D].沈阳:东北大学,2017.
[9] 周乐天.建筑机器人移动定位技术研究[D].成都:电子科技大学,2019.
[10] 刘永靖.用于建筑机器人的室内三维建模及外传感技术研究[D].成都:电子科技大学,2021.
[11] 沈海晏,张维贵,刘静,等.高层建筑施工机器人的发展与展望[J].施工技术,2017,46(8):105-108.
[12] BOCK T,LINNER T. Construction robots:elementary technologies and single-task construction robots[M]. Cambridge:Cambridge University Press,2016.
[13] 刘海波,武学民.国外建筑业的机器人化——国外建筑机器人发展概述[J].机器人,1994.
[14] 陈翀,李星,姚伟,等.BIM技术在智能建造中的应用探索[J/OL].施工技术(中英文):1-9[2022-08-03]. http://kns.cnki.net/kcms/detail/10.1768.TU.20220610.1546.004.html.
[15] 陈翀,李星,邱志强,等.建筑施工机器人研究进展[J].建筑科学与工程学报,2022,39(4):58-70.
[16] 郑宇.建筑施工噪声监测及职业健康损害评价研究[D].北京:清华大学,2014.
[17] 黄天健.建筑工程施工阶段扬尘监测及健康损害评价[D].北京:清华大学,2013.
[18] 张珂,赵金宝,陆峰,等.砌体墙砌筑机器人结构稳定性分析及优化[J].沈阳建筑大学学报:自然科学版,2021,37(2):346-353.
[19] 徐德,谭民,李原.机器人视觉测量与控制[M].北京:国防工业出版社,2011.
[20] 张英楠,汪小林,陈泽,等.面向工地作业环境的砌墙机器人研究[J].建筑施工,2021,43(10):4.
[21] DING L,JIANG W,ZHOU Y,et al. BIM-based task-level planning for robotic brick assembly through image-based 3D modeling[J]. Advanced Engineering Informatics,2020,43.
[22] 尹忠良.一种应用于混凝土地面整平机的视觉定位系统[D].哈尔滨:哈尔滨工业大学,2020.
[23] 李永强,杨宗利.混凝土激光整平技术在工程施工中的应用[J].河南建材,2018(6):4.
[24] 董琴琴.水泥混凝土整平机动力学分析及整平控制技术研究[D].重庆:重庆交通大学,2020.
[25] 肖东.基于3D视觉的墙面自主打磨机器人研制[D].烟台:烟台大学,2021.
[26] ZHOU Y,LI X,YUE L,et al. Global vision-based impedance control for robotic wall polishing[C]. 2019 IEEE/RSJ International Conference on Intelligent Robots and Systems (IROS). IEEE,2019.
[27] 彭辉,李勋,刘冀,等.一种高层建筑外墙喷涂机器人[J].机械工程师,2016(10):2.
[28] 荣易升.面向室内壁面的机器人移动喷涂路径规划[D].广州:广东工业大学,2021.
[29] LI B,CHEN I M. Pictobot:a cooperative painting robot for interior finishing of industrial developments[J]. IEEE Robotics & Automation Magazine,2018.

[30] 朱晖.建筑外墙喷涂机器人的设计与研究[D].成都:电子科技大学,2019.

[31] LIU T,ZHOU H,DU Y,et al. A brief review on robotic floor-tiling[C]. IECON 2018-44th Annual Conference of the IEEE Industrial Electronics Society. IEEE,2018.

[32] 刘晟.基于BIM的标准砌体构件机械臂拼装任务指令接口研究[D].武汉:华中科技大学,2019.

[33] 张帅.地砖铺设机器人系统设计及运动规划研究[D].南京:南京航空航天大学,2020.

[34] 徐捷.3D混凝土打印成形质量分析与路径优化研究[D].武汉:华中科技大学,2019.

[35] 李灿,卫世全,陈洪根,等.三维测量机器人实测实量智能管理系统[J].智能建筑与智慧城市,2021(3):3.

[36] 乔磊,赵恩堂.3D激光扫描技术在建筑施工过程中的应用[J].工程质量,2017,35(9):4.

[37] 金成龙,郭晓红.自动测量机器人在建筑工程中的应用[J].施工技术(中英文),2021,50(20):4.

第8章 智能建造工程应用案例分析

8.1 高层建筑结构智能建造

8.1.1 工程概况

华润深圳湾国际商业中心项目位于深圳湾畔后海经济核心区,由高392.5m(共66层)密柱框架-核心筒结构体系的华润总部大厦"春笋"、高264.1m(62层)钢骨混凝土框架-核心筒结构体系的酒店及美术馆、高144.6m(28层)的万家总部大厦、两栋高168m(45层)的住宅柏瑞花园以及一座顶级商业万象汇(地下5层,总用地面积5.6万 m²,总建筑面积达72万 m²)组成,如图8.1所示。

图8.1 华润深圳湾国际商业中心实景

8.1.2 BIM应用技术路线

华润深圳湾国际商业中心项目以BIM应用框架为核心,带动商务和现场BIM应用。中建三局集团有限公司从施工主线出发,以技术提升带动管理创新,致力于开创国内BIM技术在施工总承包阶段的新模式。应用路线主要包括三个方面:技术管理、商务管理、现场管理,如图8.2所示。

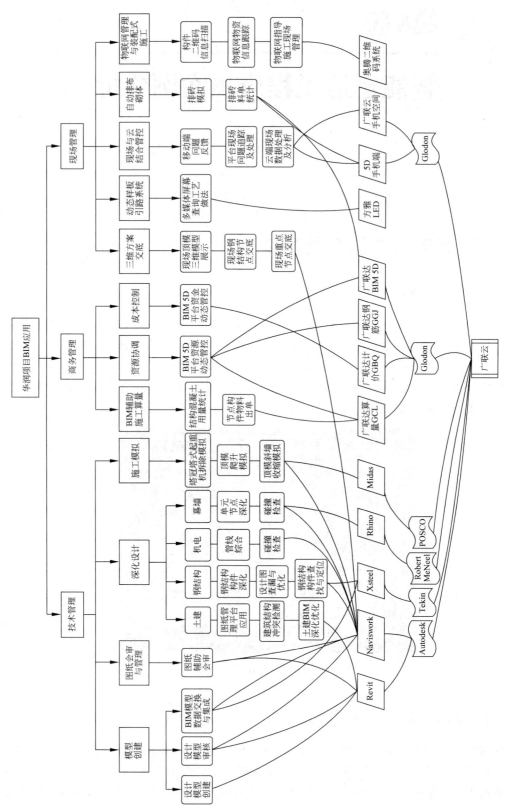

图 8.2 华润深圳湾国际商业中心 BIM 应用技术路线

8.1.3 技术管理

1. BIM 模型创建及维护

(1) 设计阶段 BIM 三维建模

华润深圳湾国际商业中心项目的 BIM 规划由设计院开始,设计院通过创建模型精度为 LOD 300 的设计模型提交给施工单位,施工单位通过不断深化,形成施工阶段可用的 LOD 400 的模型,如图 8.3 所示。

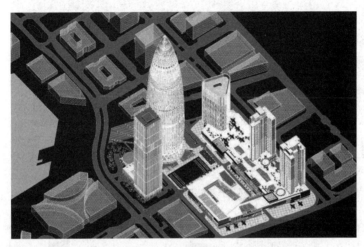

图 8.3 华润深圳湾国际商业中心三维模型

(2) 设计模型审查与维护

施工单位对设计模型进行审查和深化,最终形成施工单位可用的 BIM 模型。

(3) BIM 模型数据交换与集成

在业主 BIM 模型的基础上,通过优化深化,向各分包提供模型精度为 LOD 400 的施工模型,同时接收各分包专业模型,进行模型集成,完成 BIM 模型数据的交换与传递。

2. 图纸会审与管理

1) 图纸会审可视化

专家对设计平面图与 BIM 模型图互补协作进行结构图纸会审。

2) BIM 模型可视化及图纸管理

通过 BIM 云平台,进行项目图纸的三维可视化,如图 8.4 所示,技术人员通过三维与二维图纸结合的方式进行设计,极大地提高了读图识图能力和项目图纸沟通效率。

3. BIM 辅助深化设计

1) 土建建筑结构冲突检测

P03 地块-1(夹层)汽车坡道坡底梁与框架钢骨梁型钢发生碰撞,坡道梁钢筋需穿过型钢翼缘板而无法施工,经与设计院沟通,取消此处坡道下梁,坡道板直接与型钢梁连接,进行设计变更,如图 8.5 所示。

图 8.4 华润深圳湾国际商业中心项目云平台三维图纸

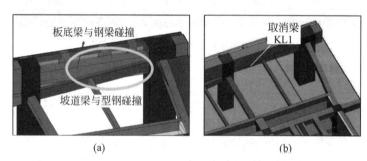

图 8.5 坡道处梁碰撞冲突(优化前后)
(a)优化前;(b)优化后

2)土建施工措施深化优化

通过建立施工措施模型,如顶模、动臂塔式起重机支撑架(图 8.6)等与土建模型复核,解决支撑架与钢梁、钢筋碰撞问题,通过深化设计,导出加工图纸。

3)钢结构与混凝土结构连接位置节点深化设计

在地下室施工时出现钢结构连接板无法使用,误将钢筋焊接在套筒上进行锚固的现象,如对北塔第 9 批钢结构节点 B2N-10JXZ001 深化时,发现此节点上部连接板位置错误,连接钢筋无法排布,对此钢结构节点进行深化,降低连接板位置,并提前告知钢结构单位,在工厂进行修改,保证了现场施工的进度和质量,如图 8.7 所示。

4)复核桩基的爆破点高程

将桩基的爆破点、坐标点形成地形图,复核爆破点高程是否符合起爆点地质要求,如图 8.8 所示。

第8章 智能建造工程应用案例分析

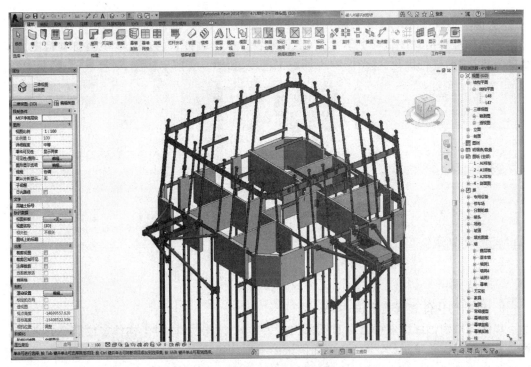

图 8.6 动臂塔式起重机支撑架深化

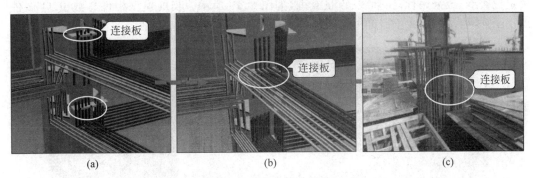

图 8.7 钢结构节点深化
(a) 修改前; (b) 修改后; (c) 现场照片对比

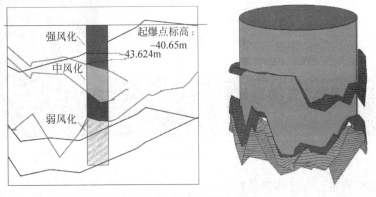

图 8.8 爆破点高程平面

5）钢结构设计图查漏与优化

钢结构埋件与劲性结构中钢骨柱、钢骨梁存在大量碰撞，通过 BIM 模型自动检测可以快速发现，提前进行优化，避免影响现场施工进度，如图 8.9 所示。

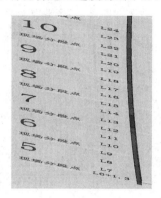

图 8.9 弧形外框柱折点选择方案优化

6）钢结构构件查找与定位

华润深圳湾国际商业中心项目钢结构多为异形、倾斜构件，对于构件定位需要的坐标相较于其他项目成倍增加，若全部从平面图纸中查询将耗费大量时间。通过在 BIM 模型中直接选择构件查看属性信息，极大地提高了信息查询效率。可采用构件号、零件号筛选，或采用定位查询，或采用标高、轴线、重量查询，如图 8.10 所示。当前模型构件总数量 1172 件，单个构件平均查找、查询时间 2min，比传统翻阅图纸方式（10min）节省了大量时间。

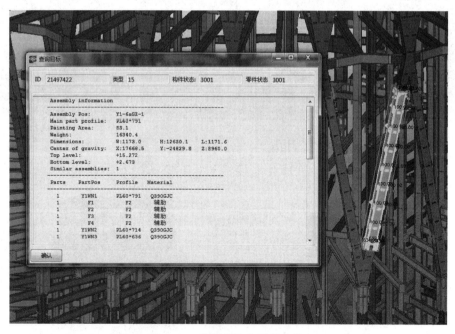

图 8.10 模型筛选与属性查询

7）机电碰撞检查及过程质量管控

机电碰撞检查见图 8.11，管线安装过程可以显示管线综合天花板投影平面（图 8.12），给排水、水炮给水管示意(图8.13),有效进行质量管控。

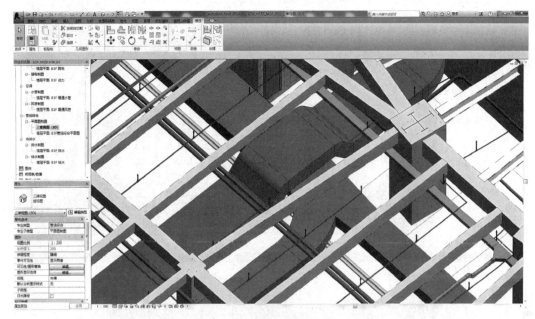

图8.11 机电碰撞检查

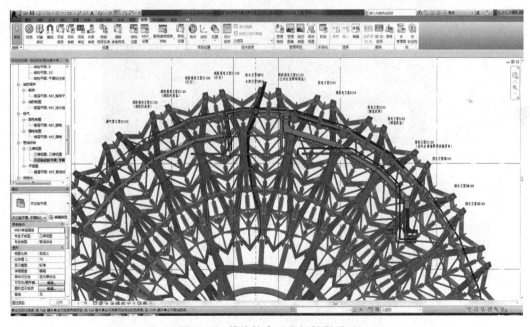

图8.12 管线综合天花板投影平面

8) 机电预制冷冻机房

冷冻机房辅助深化设计,导出三维图(图8.14),进行机电预制(图8.15)。

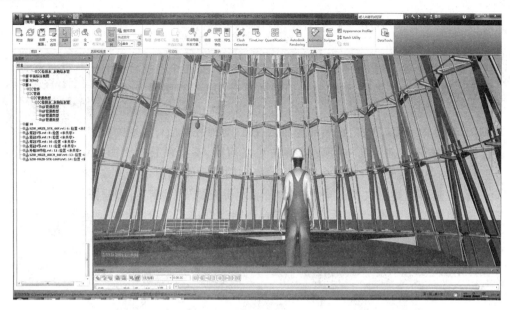

图 8.13 给排水、水炮给水管

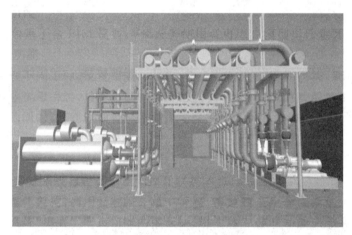

图 8.14 冷冻机房三维图

图 8.15 冷冻机房预制

9) 幕墙单元板块深化

对幕墙特殊交接位置,如交叉金属装饰条(图 8.16),建立初步模型,通过选取节点深化,将难以想象的空间拼装关系实体化,从而确定现场拼装所需材料。在幕墙施工阶段,幕墙板块可结合实际安装进度在建筑整体模型上体现,清晰显示幕墙的安装进度。

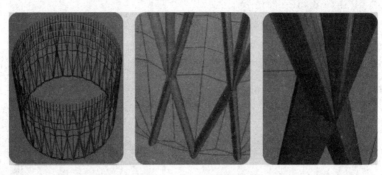

图 8.16　交叉金属装饰条

使用专业 BIM 软件进行幕墙板块建模,可以快速分析与主体钢结构的碰撞关系。另外,通过软件可针对幕墙单元进行构件预拼装,不仅能校验施工图的组装合理性,更能直接输出构件加工图,直接输入数控加工设备进行加工,如图 8.17 所示。从设计方案至单元组装安装提供一体化的质量控制。

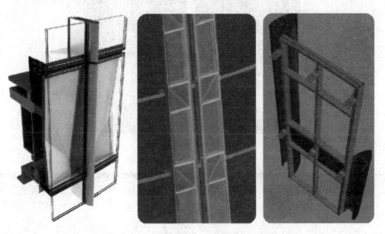

图 8.17　幕墙单元进行构件预拼装

10) 幕墙与钢结构放样复核

通过将幕墙 BIM 模型与钢结构 BIM 模型(图 8.18)结合在一起,可以快速对任一位置切片复核。配合设计幕墙复核相对定位,避免了因碰撞造成的幕墙定位偏差与质量问题。间隙复核如图 8.19 所示。

4. 施工模拟

华润大厦采用顶模施工,利用 Tekla Structures 建立三维模型(图 8.20),进行设计和校核,检查碰撞,优化顶模设计。将 BIM 模型导入 Midas Gen(图 8.21),进行受力分析及验算;工厂预制化加工,现场拼装。

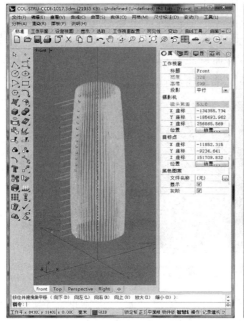

图 8.18　幕墙外皮模型和结构柱模型

图 8.19　间隙复核

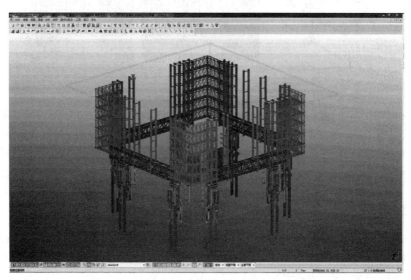

图 8.20　顶模三维模型

第 8 章 智能建造工程应用案例分析

图 8.21 顶模 Midas Gen 三维模型

华润大厦核心筒的 48F 处结构收缩,此处顶模平台框架内收,此处顶模下支撑架承力件附着困难,经过模拟分析后将原来承力件滑移的方式优化为侧翻,减少了承力件安装时间,加强了稳定性,见图 8.22。

图 8.22 顶模承力件滑移

对顶模爬升工序进行模拟,分析顶模在华润大厦核心筒变截面时的爬升及收缩关系,检验爬升时顶模桁架与结构发生碰撞,检验顶模承力件的附着位置是否合理,如图 8.23 所示。优化过程中发现 8 个承力件中的 2 个对拉螺杆与钢构柱碰撞,通过优化,将设计对拉螺杆移位,由原来与型钢柱焊接改为螺栓连接,减少了型钢柱开洞和焊接对于钢柱的损害,同时螺杆可以重复利用,提高了施工质量,加快了施工进度,如图 8.24 所示。

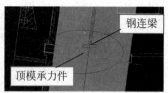

图 8.23 爬升碰撞检查

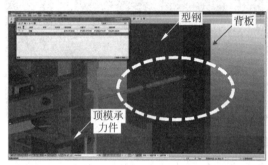
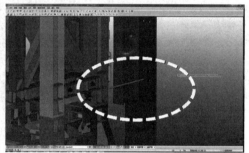

图 8.24 对拉螺杆设计优化

在规划顶模工作面时充分利用三维可视化模型,将顶模平台上的工作间全部移至顶模平台以下,使得顶模平台的有效面积超过30%,核心筒施工进度提高10%以上。

8.1.4 现场管理

1. 基于BIM的质量安全管理

1) 使用三维施工方案交底提升施工质量

通过三维图片或者三维动画(图8.25)进行交底;使复杂的结构或造型独特部位清楚、难理解的结构部位直观地呈现出来,能有效避免过程中的质量问题。

图 8.25 华润坡道消除演示动画

2) BIM管理平台移动端反馈现场质量安全问题

使用广联达BIM5D平台与广联云的进度质量问题追踪功能,现场的施工管理人员使用手机客户端将现场质量安全问题记录并反馈到BIM模型中的相应位置,项目领导层第一时间发现并处理反映的问题,如图8.26所示。

3) 现场动态样板引路系统

使用现场动态样板展示间,将展示端与项目私有云连接,通过BIM动画和模型为现场的施工方案交底,现场工长通过电子屏查阅云平

第8章 智能建造工程应用案例分析

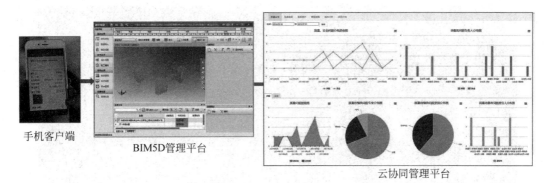

图 8.26 质量反馈和处理

台中的工艺做法及三维演示动画。通过项目动态样板引路系统(图 8.27),对项目的各项施工工艺流程进行动态样板引路,大幅提升项目施工质量。

图 8.27 现场动态样板引路系统

2. 基于 BIM 的进度考核管控

1) 资源进度计划 BIM5D 管理

每周的监理例会采用 BIM 模型与现场实际进行对比汇报,保证了现场进度管理的直观性和可控性,如图 8.28 所示。

2) 4D 模拟全面分析现场进度

建立周、月、年三级控制,通过实时进度对比、定性纠偏,确保项目进度,见图 8.29。

3) 施工进度问题预警追踪

运用施工模拟,若出现实际完成时间滞后于计划完成时间,会出现红色预警,提醒相关人员注意控制进度情况,并通过质量、安全问题及进度相关数据的统计,进行滞后原因分析。

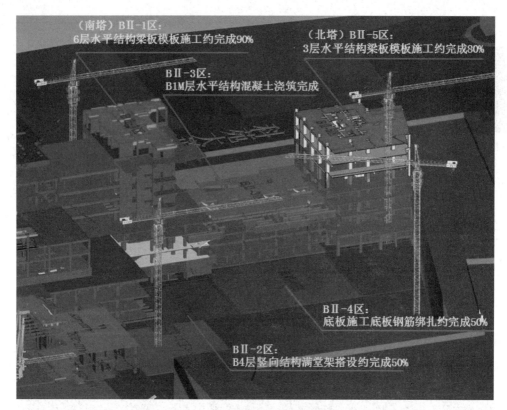

图 8.28　进度计划形象汇报

图 8.29　现场进度

3. 测量机器人与激光扫描应用

1）测量机器人与 BIM 协作应用

利用全站仪实现深化设计与现场施工的无缝连接。准确的 BIM 模型数据和测量机器人指导现场施工，如图 8.30 所示。

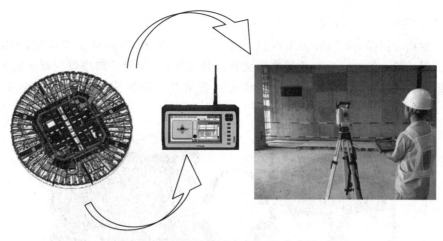

图 8.30 测量机器人与 BIM 协作应用

2) 应用工艺流程

利用深化设计成果,将深化设计 BIM 或 CAD 数据经软件处理后导入测量机器人手簿中实现设计数据到测量定位数据的转化,再通过现场定位放样实现指导现场施工,见图 8.31。

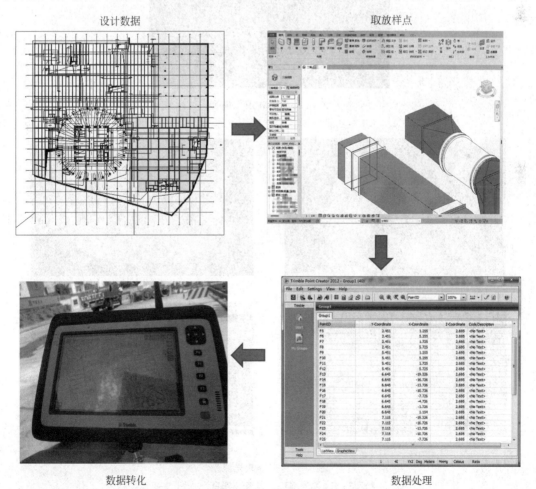

图 8.31 应用工艺

3）激光扫描研究与应用

全专业点云扫描，与 BIM 虚拟性模型进行对比分析，校正 BIM 虚拟模型，确保竣工模型与施工现场的一致性。保存建筑数字化点云数据库，以便为后期虚拟化修正或损坏修复提供数据平台。三维激光点云模型、BIM 创建模型及全站仪应用互补论证，见图 8.32～图 8.34。

图 8.32　三维激光和全站仪应用互补论证

图 8.33　BIM 虚拟模型

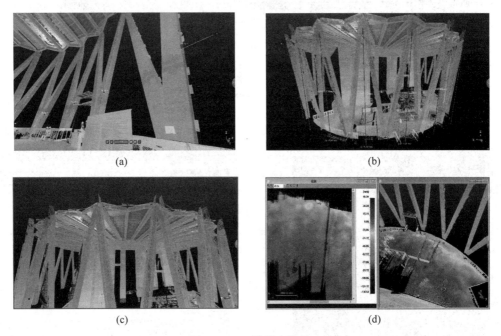

图 8.34　三维激光测量
(a) 角度测量；(b) 净空测量；(c) 距离测量；(d) 平整度测量

4. 智慧工地构建

1) 智慧工地平台

构建物料管理、智能测量、智能机械、视频监控、PAD 应用端、智能手机端的智慧工地（图 8.35），实现计算机桌面端、手机端的操作（图 8.36）。

图 8.35 智慧工地构建

(a) PAD 应用端；(b) 智能手机端；(c) 物料管理；(d) 智能测量；(e) 智能机械；(f) 视频监控

图 8.36 智慧平台端口

2) 塔式起重机监测系统

(1) 塔式起重机监测目的：保证塔式起重机安全，分析塔式起重机附着对核心筒整体受力的影响，实施监测塔式起重机状态。

(2) 塔式起重机监测流程：流程包括传感器、数据解调设备和数据处理终端、无线发射终端，传感器采集测点信息，该信息通过导线，传输至数据解调设备，数据解调设备将信息转变成工程数据，最终由数据处理终端的服务器、工控机及软件平台运行数据处理和展示，见图 8.37。

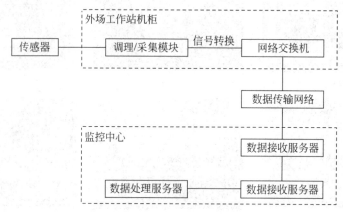

图 8.37　塔式起重机监测流程

(3) 塔式起重机监测系统构成：测点传感器、无线监测传输系统、监控主要界面，见图 8.38。

图 8.38　塔式起重机监测系统
(a) 混凝土测点；(b) 塔式起重机支撑架测点；(c) 无线监测传输系统；(d) 监控主要界面

(4) 监测主要内容：塔式起重机支撑架应力应变监测、塔式起重机对核心筒主体结构影响监测、预埋件及耳板监测三大部分。

3) 顶模监测系统

(1) 顶模监测系统：由传感器、数据解调设备和数据处理终端组成，传感器采集测点信息，该信息通过导线，传输至数据解调设备，数据解调设备将信息转变成工程样数据，最终由数据处理终端的服务器、工控机及软件平台运行数据处理和展示，如图 8.39 所示。

(2) 监测主要内容：视频、应变、平整度、垂直度和风压，采用视频装置，监测支点位置运行时的机构动作情况；采用光纤光栅式传感器，监测一级桁架、支撑立柱和挂爪等应变峰值区域的应变；采用静力水准仪，监测模架顶部控制点高程；采用倾角仪，监测支撑立柱的垂直度；采用风压变送器，监测模架外围四周的风压。此外，模架还进行温度、风向、风速、油缸油压、油缸行程等内容的监测。监测系统除具有信息采集、处理和展示等功能外，还配有出现异常状态报警及自动停机的功能，从多方面保证了模架体系的安全运行。

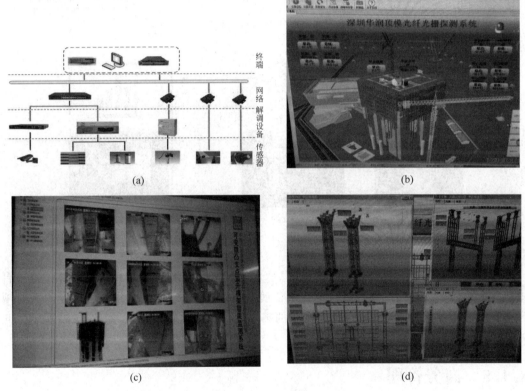

图 8.39 顶模监测系统
(a) 监控组成；(b) 监控主要界面；(c) 视频监测；(d) 应力应变监测

5. BIM5D 云应用平台

项目通过搭建项目各参建方文档、任务协同平台和总承包方 BIM5D 云应用平台（图 8.40），在管理平台中通过 BIM 模型将项目各参与方进行协同管理，确保整个实施过程（设计、施工、竣工）BIM 数据管理的责任主体始终如一，同时利用施工总承包的管理独立性和组织体系，将 BIM 应用落实到施工实施过程中，最大限度地发挥 BIM 技术的使用效益，如图 8.41 所示。

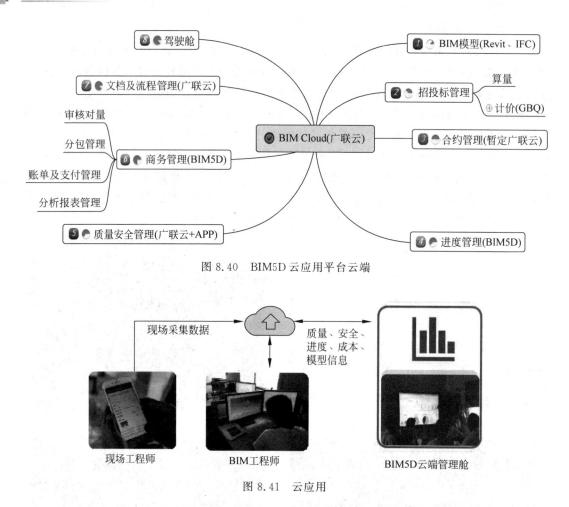

图 8.40 BIM5D 云应用平台云端

图 8.41 云应用

根据华润特大型项目管理组织架构,总承包管理采用矩阵式管理模式,在 BIM 云平台中建立大总包项目空间对项目进行集约化管理,同时在大总包项目下建立各区域团队对项目空间实现精细化管理,充分展现了 BIM 的集成化与精细化管理特征,如图 8.42 所示。此外,还可以利用 BIM 云平台协同会议。

8.1.5 商务管理

1. 协同商务应用

本项目利用广联达 BIM 算量与 Revit 交互插件 GFC,将项目土建专业 BIM 模型导入广联达 BIM 土建算量软件,充分利用 BIM 模型,精确计算混凝土等工程量,避免重复建模,实现了技术与商务的协同应用;再将广联达土建模型、广联达钢筋模型集成到 BIM5D 平台进行资源、资金分析,实现 BIM 与商务的协同管理,见图 8.43。

2. 资源动态管理

利用 BIM5D 平台,将模型与总进度计划、月度计划、周计划精确关联(详细到各流水分区的墙、梁、板、柱施工),分析得出项目每月、每周及累计各月的混凝土、钢筋等资源计划,以

图 8.42　BIM5D 云应用

(a) 项目各参与方的云应用;(b) 总承包部 BIM5D 云应用

及现场实际消耗量与计划量的对比分析,并得出资源分析表,资源进场计划及物资采购计划;实现了项目的资源动态管控,如图 8.44 所示。

3. 资金动态管理

利用 BIM5D 平台,将项目的合同清单、成本清单导入 BIM5D 里的关联模型,得出项目每月、每周及累计各月的资金计划,以及实际资金与计划资金的对比曲线,并得出资金分析

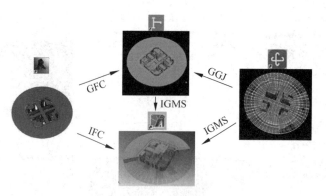

图 8.43 BIM 与商务的协同管理

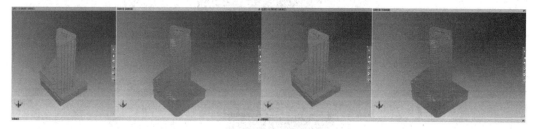

图 8.44 BIM 与资源动态管理

表;实现了项目资金动态管控,有助于管理人员对现场成本的把控,减小资金风险,实现资金的最优利用,见图 8.45。

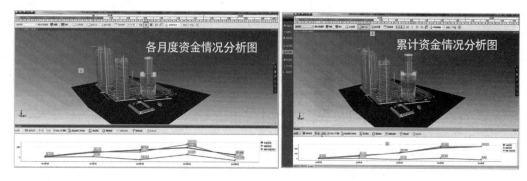

图 8.45 BIM 与商务的协同管理

8.1.6 运维管理

1. 运维管理平台搭建

基于 BIM 三维和互联网技术,将建筑模型信息、设施设备信息、楼宇自控系统、安防管理系统、能耗管理系统、停车场管理系统等集成在一起(图 8.46),搭建建筑运维管理最顶层的应用平台,拟实现人、设备、建筑三者之间的互联互通。以 BIM 为载体,以大数据与云计算技术为通道,将更多的信息联系在一起,通过数据分析、性能分析和模型分析,实现智慧建筑"以人为中心"的最终目的。

2. 运维管理平台功能

BIM 模型体量很大,在 BIM 运维平台中必须进行轻量化。BIM 运维平台中所需要的模型信息主要有模型的几何外形、空间位置、所属系统以及全生命周期信息。平台仅保留了 Revit 中模型的几何外形和空间位置信息,通过编码赋予模型系统信息,通过信息表格的录入赋予模型设备信息,在轻量化的过程中,既保留了模型的几何和空间信息,同时又赋予了模型系统和设备信息。

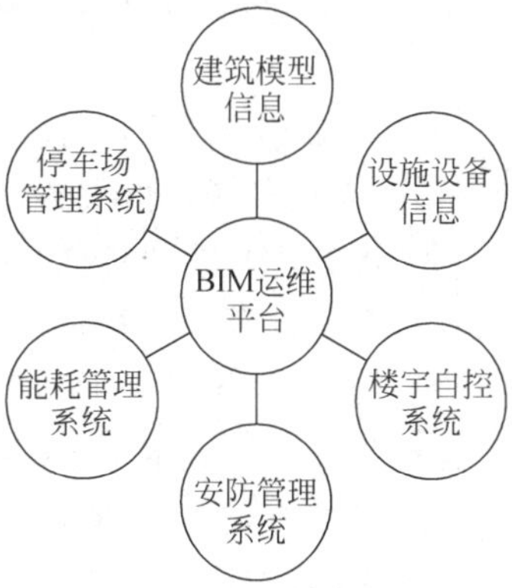

BIM 运维平台首页主要功能栏目分别为模型视图、在线监测、工程管理、安全管理、环境管理及系统设置等,如图 8.47 所示,其主要功能如下。

图 8.46 运维管理平台集成

图 8.47 BIM 运维平台

1) 人员及车辆定位功能

运用蓝牙技术,通过硬件设备,可以实现三维定位,误差不超过 1m,使用者可以知道自己在空间(平面、楼层)的位置。利用人员定位功能,可以进行可视化布岗,结合视频监控系统可以实时查看人员的动态;结合停车场系统,实现智能停车,直接将使用者导航至停车位。

2) 自我诊断功能

BIM 运维平台中的模型不仅仅是一个图形,通过录入所有的设备信息、记录全生命周期信息、收集传感器的数据信息,模型与实际的设备对应。例如,配电箱的漏电监控系统,正常情况下,一级箱的漏电电流不大于 300mA,当漏电电流超过 300mA 时就会通过配电箱上的报警模块进行报警。同样的,对所有设备的数据进行采集和分析,在故障很小时进行及时维护。运维平台利用自身高度集成、全方面覆盖的特点,通过数字化传感器、成片化工单管理系统代替部分人工巡检,大幅降低日常巡检用工、工程维修用工。

3) 能耗分析

能耗分析与统计平台对各个类型、各个专业、各个区域、各个设备、各个时间段的能耗进行统计,结合能耗统计的大数据以及大型设备的使用效率分析,提供节能降耗解决方案。

4) CAD 图纸与 BIM 模型关联

在查看系统逻辑关系时,CAD 系统图往往更加直观,平台将 CAD 系统图与 BIM 模型进行关联,点击系统图上的任意设备,可以直接关联到模型中的设备。普通人也能看懂图纸。与以往纸质版或电子版图纸资料不同,BIM 运维平台的引用,使复杂的物业管理信息以更加简单的方式呈现,实现"所见即所得",即使相关操作人员文化程度不高,也能一眼明白物业图纸、模型所传达的信息。BIM 运维平台有效降低了图纸、模型阅读难度,从而降低了对基层物业管理人员的门槛要求。

5) MR 巡视功能

当物业对建筑物进行检修时,不知道设备的具体位置,只能通过检修口或者打开吊顶去找,这样的方式既浪费时间又不可避免地对现场造成破坏。采用 BIM 技术后所有设备的位置信息在运维平台上面可以非常直观显示,点击相应的设备可以直接导航到正确的位置。

6) VR 巡视功能

BIM 运维平台基于全 BIM 模型,VR 设备使用者可以在模型里任意区域进行漫游。

7) 模拟培训功能

根据物业管理不同工种,设置相应游戏化、任务化的业务培训模块,新入职人员无须翻阅厚厚的物业服务学习手册,只需佩戴一个 VR 设备,即可实现游戏般的入职体验,在完成一个个游戏任务的同时,实现培训目标。同样可以模拟消防应急演练。

3. BIM 运维关键技术

1) 智慧运维物管系统与建筑信息无损互联技术

采用物联网整体架构,利用云端服务集中管控,将建筑全生命周期信息进行整合,将建筑运维中的各个系统"串联",实现功能的多元化,将实体安装与功能完美呈现,为智慧建筑的运维提供一个综合性平台,见图 8.48 和图 8.49。

BIM 运维平台通过 BIM 模型的三维展示作为展现方式,结合建筑物内部搭建的物联网,通过 OPC Server 对设备进行操作。在该系统中,关键技术主要包括:基于 IFC 的信息共享接口、海量运维信息的动态关联技术、设备成组标识与基于移动平台的设备识别、基于网络的 BIM 数据库及其访问控制、BIM 模型的多维存储与优化,见图 8.50。

2) 超高层建筑 BIM+IoT 的能耗管理关键技术

(1) 基于 BIM+IoT 的能耗管理技术

通过接入各建筑内部的流量计、电表等能耗数据采集设备,将采集的能耗数据实时存储于系统内,并基于这些数据实时统计出在建筑运行过程中的能耗信息,其中包括项目整体的总能耗数据,按时间周期(年、月、日、自然天中的时间段等)划分的各个能耗统计数据,按系统划分的详细系统能耗数据,以及按实际建筑空间划分的楼层区域能耗统计数据等。

对于能耗统计在本系统中的显示效果,与普遍能耗的表达形式一致,在可预测的数量级上,以颜色区分能耗的数值高低,并尽量使用但不限于以图表类、纵横直方图、各类排序规则

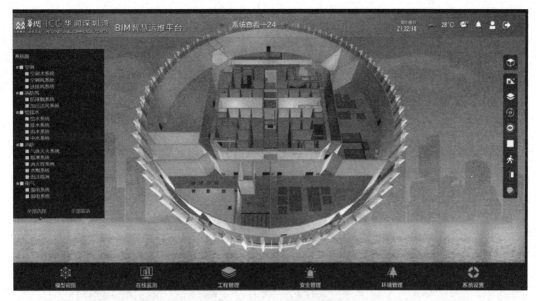

图 8.48 BIM 系统查看

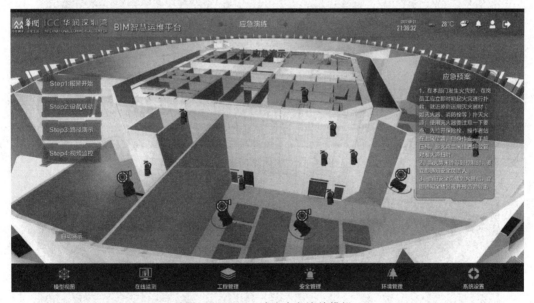

图 8.49 BIM 消防应急演练模拟

等方式进行数据的直观表达,见图 8.51。

(2) 节能降耗智能分析技术

本模块以降低建筑能耗、节约成本为目的,基于建筑的 BIM 数据模型和采集的大量能耗数据,从多个角度对建筑进行节能减排分析,进行在特定时间段内的环比或同比数据统计,依据接入本系统的各类设施设备的运维记录情况以及客观条件因素做出智能分析,并给出导致数据差异受影响的因素,见图 8.52。

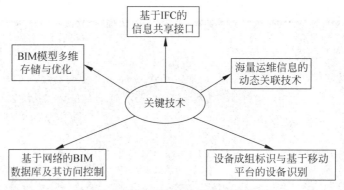

图 8.50 建筑运维 BIM 应用关键技术

图 8.51 整体界面规划图

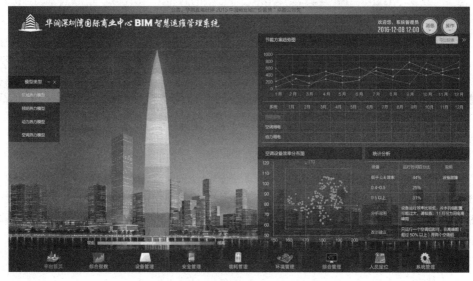

图 8.52 能耗分析与节能建议

3) 结合 BIM 模型的消防设备维管技术

平台建立消防设备档案库,并按照消防设施设备厂商提供的资料录入档案库中。在数据录入的同时,按照相关法律法规与规范进行维保计划的策略设定,当实际时间满足设定的条件时,系统自动将消防设备的维保计划推送到负责单位或负责人的移动终端。在维保工作结束后,由负责人结合该消防设备的二维码或 RFID 等识别信息,填写反馈工单到系统中,由管理人员进行审核,见图 8.53。

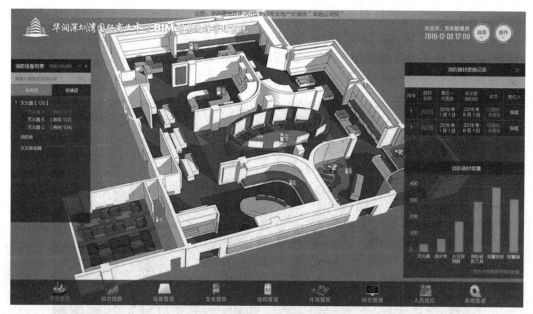

图 8.53　消防设备维管界面

核心技术是基于 BIM 模型的解析还原和 OPC UA 技术,前者保证了平台中 BIM 模型加载过程中的轻量化与灵活性,后者实现了基于物联网的数据采集与实时监控。平台的整体架构既能够满足 BIM 模型的应用要求,又能够满足日常业务管理以及物联网系统集成的需要,对于智慧建筑的运维管理具有实际的借鉴意义。

采用物联网整体架构,利用云端服务集中管控,将建筑全生命周期信息进行整合,实现功能的多元化,实现了实体安装与功能的完美呈现,为智慧建筑的运维提供了一个综合性的平台。项目以"集约建设、资源共享、规范管理"为目的,利用大数据、云计算、BIM 技术和物联网技术,在统一平台上将数据信息与服务资源进行集成,提高项目的运维管理水平和综合服务水平,为建筑的节能与健康运营提供依据。

通过模型漫游,提高隐蔽管线维修的准确性,减少现场破坏;通过位置引导,用户可以通过移动端查看空余车位数量及位置,并自动规划路径,引导客户到达最近停车位;通过设备信息系统,了解设备全生命周期信息,包括维修记录、保养记录、消耗费用等,重要设备支持快速定位与查看功能、维修建议等,实现设备运行统计与故障预判;通过视频监控系统,对异常现场进行监测与报警提醒,结合 BIM 模型,自动定位到异常位置,自动打开附近摄像头,查看实时画面;通过能耗管理系统,对设备能耗与运行时间进行对比分析,自动计算其运行损耗率,制订维保计划,并调整运行策略,设置不同的运行模式。

8.2 装配式建筑智能建造

8.2.1 工程概况

深圳市长圳公共住房项目(图 8.54)位于深圳市光明区光侨路与科裕路交会处东侧,是深圳在建规模最大的公共住房项目。该项目用地 20.7hm²,总建筑面积 109.78 万 m²,容积率 5.78。其中,住宅建筑面积 76 万 m²,商业建筑面积 6.5 万 m²,公共配套设施 3.2 万 m²。该项目包括 24 栋公共住房塔楼和 3 所幼儿园,以及商业、公交站、社区配套等,采用装配式建造,未来可提供住房 9672 套。

图 8.54 深圳市长圳公共住房项目实景图

8.2.2 BIM 应用技术路线

依托"统筹、保障、实施"三全的组织架构,制订从取得建筑工程规划许可证开始,到项目交付竣工为止的一体化融合制造的工作流程。通过符合装配式建筑技术特点的软件规划,用数字语言全面定义建筑产品。根据设计、构件加工、施工现场装配的内在逻辑关系,制订各阶段的工作内容,如图 8.55 所示。

通过建筑四大系统划分结构、围护、机电、内装,支持实现标准化的预制构件设计,施工现场标准化的施工工艺,提升施工效率,见图 8.56。

8.2.3 智能生产

贯通 BIM 数字设计与工厂智能生产装备数据接口,引进世界一流成套混凝土预制构件生产设备(德国艾巴维双皮墙生产线、比利时艾秀预应力空心板生产线、意大利普瑞钢筋加

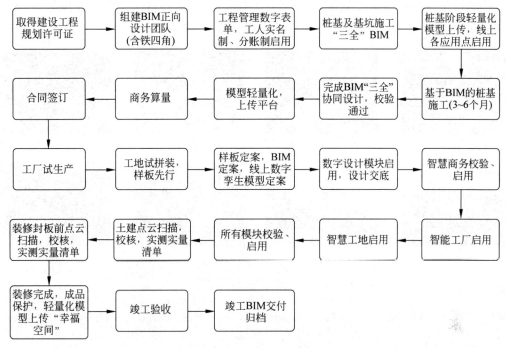

图 8.55　BIM 应用工作流程

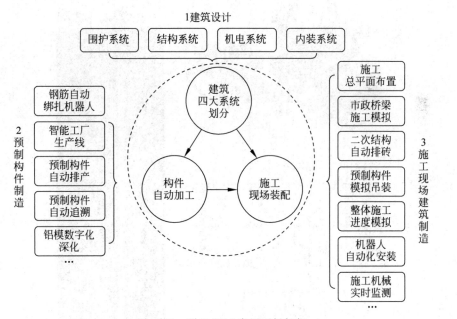

图 8.56　项目 BIM 应用逻辑框架

工生产线等),实现 BIM 直接驱动工厂自动生产线及工业化机器人智能化生产,见图 8.57。其中,双皮墙板生产线可将 BIM 产品信息直接导入 E-bos 操作系统,由 Revit 程序控制清模、置笼、浇筑及养护等生产全过程,实现构件自动化生产,见图 8.58、图 8.59。研发智能钢筋绑扎生产线,实现 3 万个预制凸窗钢筋笼的智能化生产,替代人工劳动,生产率提高

150%,尺寸误差小于3mm。同时,设计阶段通过 BIM 模型提前考虑铝模与预制构件之间的关系综合设计,实现了铝模的标准化制造和施工现场的标准化工业生产。

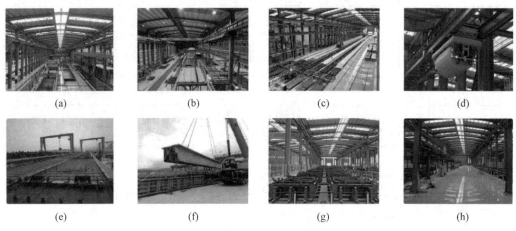

图 8.57 自动化生产线

(a) 双皮墙板生产线(进口);(b) 配套钢筋加工线(进口);(c) 长线台预应力生产线(进口);(d) 混凝土自动运输设备(进口);(e) 叠合板生产线(自主研发);(f) 长线法双 T 板生产线(自主研发);(g) 固定模台生产线(国产);(h) 墙板生产线(国产)

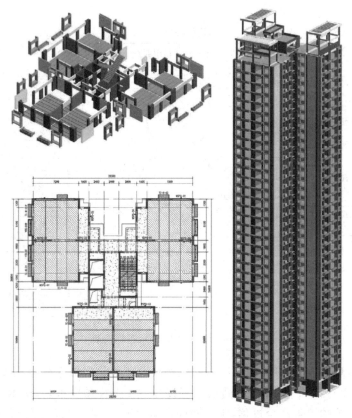

图 8.58 深圳市长圳项目 10 号楼构件组合、BIM 示意

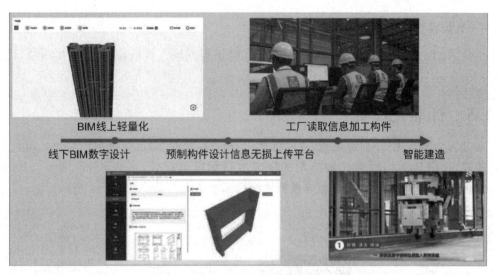

图 8.59 预制构件自动化生产

8.2.4 智慧工地

通过自主知识产权的装配式建筑智能建造平台,实现设计、加工、施工、商务、运维一体化的综合应用。

1. 空间监测

结合无人机与点云三维测绘机器人(图 8.60)现场毫米级测绘扫描技术,构建时间和空间维度的工地大数据系统,自动对比测绘模型和 BIM 设计数据,精确把控项目品质。

图 8.60 点云三维测绘机器人

2. 施工模拟

根据基坑开挖、主体结构施工、装饰装修等各个阶段的需求,进行施工平面布置模拟、整体施工进度模拟、市政桥梁建造模拟、构件吊装模拟、机电设备安装模拟等。

3. 全生命周期构件追溯

BIM 模型轻量化引擎为每一个预制构件生成身份编码,通过扫码回溯信息,实现设计、生产、运输、施工进场、安装、验收全过程的追溯管理。

4. 不安全行为识别

结合 AI 自主学习技术和机器视觉技术,实时识别现场人员不安全行为,加强项目安全管控。

8.2.5 标准化设计

通过四个标准化(平面标准化、立面标准化、构件标准化、部品标准化),对建筑四大系统进行梳理,按照预制构件加工和装配的要求进行标准化设计,形成 $65m^2$、$80m^2$、$100m^2$、$150m^2$ 四种基本套型模块,最终组合成整体项目标准单元产品,如图 8.61 所示。

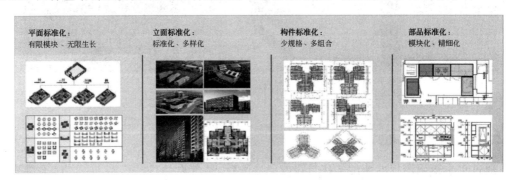

图 8.61 四个标准化

8.2.6 数字交付

竣工交付时,同步提供住宅的数字化全景使用说明书。隐蔽工程、机电设备、控制点位、追溯信息等均在轻量化模型中与实体建筑同步孪生,并以 VR 的方式加以展现,可用于房屋维修、更新改造、运维管理等应用场景,并支持各种智能家居系统集成应用。

8.3 大跨度空间结构智能建造

8.3.1 工程概况

深圳宝安国际机场卫星厅(图 8.62)及配套工程位于深圳市宝安国际机场 T3 航站楼北侧,由旅客卫星厅、捷运、行李隧道、运营维修车间、制冷站、T3 航站楼适应性改造、综合管廊(机电)几大单位工程组成。旅客卫星厅地下 1 层、地上 4 层,总建筑高度 27.65m,四周共42 个机位,用地面积 16.3 万 m^2,总建筑面积 23.89 万 m^2,由中国建筑第八工程局有限公司华南分公司总承包。

8.3.2 BIM 应用技术路线

项目采用多单位协同、全过程应用的 BIM 总承包管理模式,保障 BIM 技术在项目全生命周期的集成管理应用。

第 8 章 智能建造工程应用案例分析

图 8.62 深圳宝安国际机场卫星厅鸟瞰图

BIM 总体实施路线以模型为基础、应用为主线，从施工准备阶段的施工图模型，对 BIM 模型进行细化，施工过程运用 BIM 模型并结合 BIM 协同平台、BIM 辅助技术措施，细化传统施工过程管理，达到施工精细化管理，如图 8.63 所示。

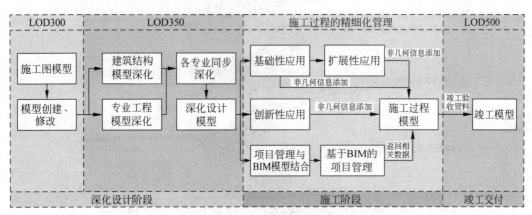

图 8.63 BIM 总体实施路线

项目采用 C8BIM 平台、智慧工地平台(图 8.64)针对施工现场进行协同化及总承包信息化管理，通过图纸、模型轻量化处理，施工现场实时浏览图纸模型，同时与深圳机场全面启用建设管理平台以及 PW(project wise)协同管理平台，实现各参建方工程建设全过程精细化管控，达到"线上办公，管理留痕"的目的。

8.3.3 设计管理

1. BIM 模型创建

卫星厅工程涉及专业众多，包含结构(含钢结构)、建筑、机电(电气、给排水、暖通、智能化、消防等)、幕墙、屋面、标识、电梯等专业，见图 8.65。

图 8.64 智慧工地平台

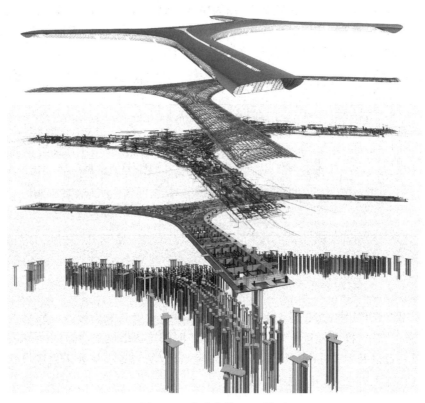

图 8.65 各专业的 BIM 模型

2. BIM 深化设计

1) 二次结构深化设计

基于 Revit 建立砌体排砖模型,结合各专业的预留洞、施工洞以及后期运输路线调整二次结构构造柱和圈梁,模型一键导出砌体排砖施工图、二次结构定位图和材料统计清单,指导现场施工和材料的管控,如图 8.66 所示。

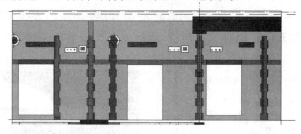

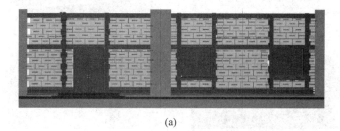

(a)

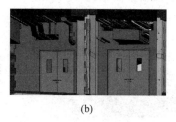

(b)

图 8.66 二次结构深化设计

(a) 二次结构排砖图;(b) 构造柱与管线协同

2) 钢结构深化设计

屋盖采用大跨度空间桁架与网架钢结构体系,节点复杂且多管交会节点极多,利用 BIM 技术优化节点处各管交会及安装的相互关系,保证焊接的可操作性和后期现场施工的顺利。劲性结构在梁柱节点多排钢筋叠加,排布空间有限。通过 BIM 建模深化设计辅助普通二维深化设计方式,极大地降低了深化设计难度和出错率,同时易于设计校核和实施施工交底,见图 8.67。

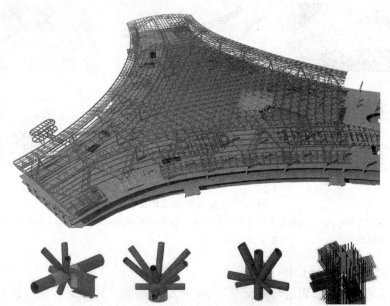

图 8.67 钢结构设计图和节点

3）机电安装深化设计

机电安装专业系统多、接口多，排布复杂，尤其机场面客区净空要求高，依据设计施工图建立 BIM 模型，后进行管线碰撞调整和施工空间调整，同时将桥架分层、分颜色排布，最后生成施工图纸。通过调整管线排布，将五层管调整至两层管，降低支吊架安装施工成本。如图 8.68 所示。

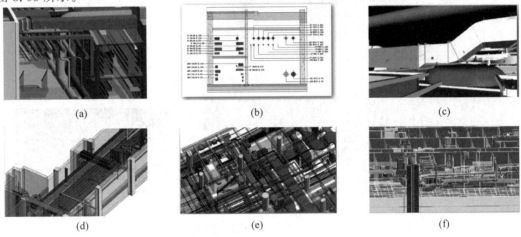

图 8.68 机电安装深化设计

(a) 卫星厅管廊管线排布；(b) 机电管线优化深化图；(c) 管线与吊顶净空标高协同；(d) 卫星厅管廊管线排布；(e) 卫星厅机房管线综合；(f) 管线与吊顶净空标高协同

4）幕墙工程深化设计

BIM 技术辅助幕墙关键坐标点以建立准确的幕墙 BIM 模型，确保幕墙面板能满足施工安装要求，明确主体结构以及屋面钢结构连接，进行参数化曲面定位平板优化、参数化钢立柱轮廓加工图程序调试、参数化提取玻璃面板尺寸，见图 8.69。

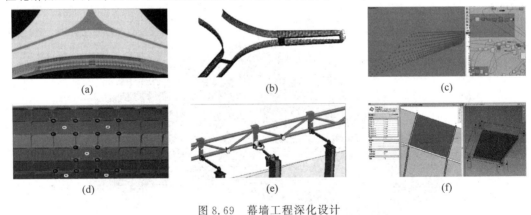

图 8.69 幕墙工程深化设计

(a) 幕墙单元板分析；(b) 大面玻璃幕墙面板深化模型；(c) 参数化曲面定位平板优化；(d) 幕墙曲率定位；(e) 幕墙与钢结构连接节点；(f) 参数化提取玻璃面板尺寸

5）金属屋面工程深化设计

BIM 技术辅助金属屋面进行屋面排版、指导屋面各项材料的加工制作及安装施工，确保幕墙面板能满足施工安装要求，确保施工进度和工程质量，如图 8.70 所示。

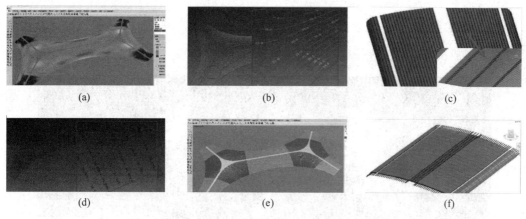

图 8.70 金属屋面工程深化设计

(a) 金属屋面曲率分析;(b) 金属屋面等高线分析;(c) 屋面 TPO 及 T 形铝合金支座;(d) 金属屋面坡度分析;
(e) 金属屋面排板;(f) 屋面装饰铝板

6) 精装修工程深化设计

在原设计方案基础上,利用 BIM 可视化技术,重新对地面面板、立面面板及天花嵌板进行对缝处理,使空间整齐划一,并协同各专业的模型点位进行编排,最终达到鲁班奖精细美观要求。针对项目特殊区域进行相应精装复杂节点大样构建,见图 8.71。

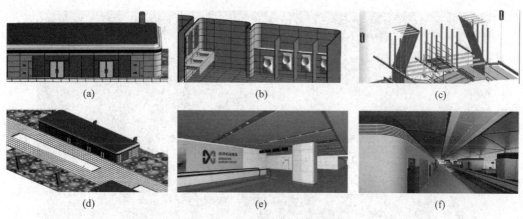

图 8.71 精装修工程深化设计

(a)、(d) 钢浮岛排板;(b) 卫生间排砖图;(c) 大空间天花龙骨节点大样;(e) 出港通道装饰;
(f) 东南指廊精装效果漫游

3. 全专业 BIM 协同深化设计

基于平台的全专业协同深化设计,各参建单位专业深化人员均可通过 C8BIM 平台与其他专业轻量化模型合模进行碰撞检查,发现问题可发起协同问题,碰撞专业协同探讨调整方案,总承包主导调整方案方向并监督执行。同时运用 C8BIM 设计管理-计划管理功能制订各专业 BIM 建模和深化设计工作进度计划。明确计划责任人、实施人和计划开始前置条件便于总承包对各专分包业 BIM 工作进度情况的管控。

4. 模型总装

最终形成模型总装漫游(图 8.72)和建筑模拟(图 8.73)。

图 8.72 模型总装漫游

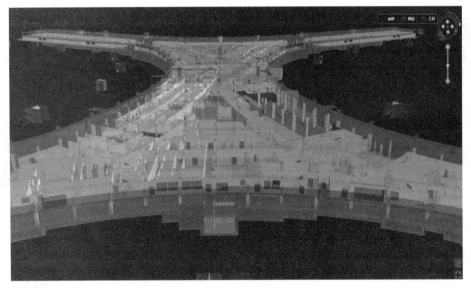

图 8.73 建筑模拟

8.3.4 智能施工

1. 航拍采集点云建模

为了更好地发挥 BIM 优势,进行全国首例不停航下的地理倾斜摄影(图 8.74)。本次测绘采用倾斜摄影技术,对机场 28km² 范围进行实景数据航拍采集点云,建立可测量、具有真实空间三维坐标信息的地理与建筑信息模型。并结合现场对比工期进行分析。

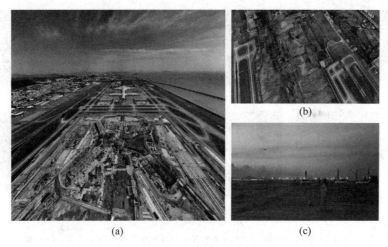

图 8.74 倾斜摄影
(a) 航拍图;(b) 倾斜摄影模型漫游;(c) 倾斜摄影实施

2. 平面布置

项目利用 BIM 技术对项目部生活区场地、展示区及施工现场进行场地布置(图 8.75),优化观摩路线,对观摩人员进行分流,合理规划项目布局。

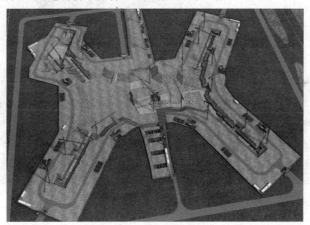

图 8.75 平面布置

3. 可视化应用

1) 技术方案与交底

针对项目重点施工方案,优化施工流程,指导现场施工。采用二维码交底传递至施工现场。现场设置三维展板直观表达深化设计模型与深化图纸,指导现场施工。

2) 动画模拟

针对项目难度较大工程,先后制作 11 号线地保施工、穗莞深转换结构工程等复杂工程施工模拟视频,以及幕墙、标识、精装专业等复杂节点施工模拟视频。通过更形象易懂的视频方式表达,使得管理人员与作业人员更清晰地了解施工流程与做法,如图8.76所示。

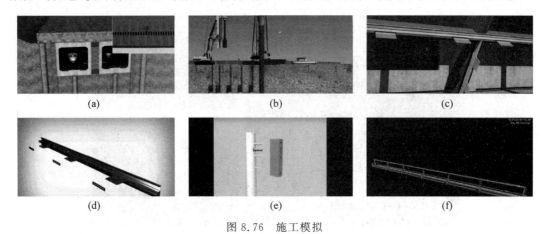

图 8.76 施工模拟

(a) 11号线地保施工方案模拟;(b) 穗莞深施工方案模拟;(c) 外幕墙施工方案模拟;(d) 幕墙节点施工模拟;(e) 立式标识牌施工模拟;(f) 铝板墙面装配施工模拟

3) 虚拟样板

虚拟样板如图 8.77 所示。

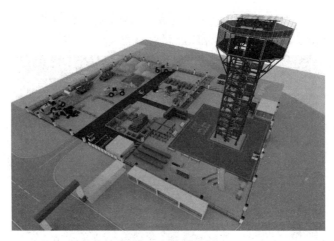

图 8.77 虚拟样板

4) 3D 打印+全景 VR

基于 BIM 技术,采用 3D 打印技术制作项目整体规划沙盘模型,有利于项目的对外展示与交流。同时通过 BIM+VR 技术进行 BIM 三维可视化漫游,直观地感受卫星厅建成后的效果,如图 8.78 所示。政府领导、建设单位通过 VR 体验后对卫星厅装修方案提出意见,推动精装方案的落实。

4. 施工优化

1) 异形斜柱造型归并

卫星厅原设计异形预应力斜柱共 132 根,共 37 种造型规格,斜柱钢模配模量巨大,对斜

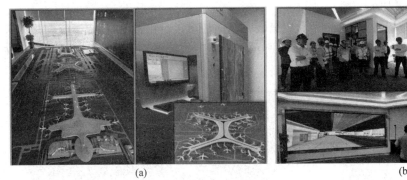

图 8.78 3D 打印＋全景 VR

(a) 3D 打印沙盘；(b) 全景 VR 展示

柱造型规格归并采用 BIM 技术对斜柱方案进行优化,将原有的 37 种斜柱造型优化为统一的 3～4 种,统一了斜柱钢模配模方式,减少了钢模用量,缩短了施工工期,见图 8.79。

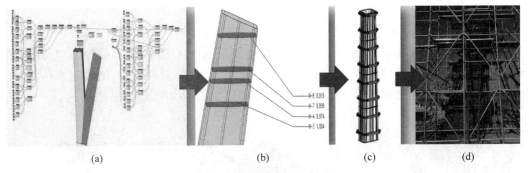

图 8.79 异形斜柱造型归并

(a) Dynamo＋Revit 参数化建模；(b) 导出斜柱顶面切割面信息；(c) 模板归并加工；(d) 模板归并施工

2) 异形斜柱构造优化

异形斜柱含有规格大且密集的钢筋、较大且复杂的支座埋件、预应力筋及其锚具垫板等,支座埋件安装精度要求高,通过前期三维翻样并与设计沟通,对内部钢筋进行优化,埋件与预应力垫板优化处理,确保安装空间。同时对斜柱各构件的工序流程优化,保证施工现场顺利安装,见图 8.80。

图 8.80 异形斜柱构造优化

(a) 异形斜柱构造模型；(b) 异形斜柱构造施工；(c) 异形斜柱模板支架模型；(d) 异形斜柱现场施工

3）天沟装饰铝板增加伸缩缝

卫星厅为直立锁边铝镁锰屋面系统，屋面板在纵向应可以自由伸缩，但由于装饰板龙骨的限制，屋面板无法自由伸缩，如图 8.81(a)所示，后续经过深化将屋面板装饰板及龙骨在檐口做可伸缩设计，见图 8.81(b)。

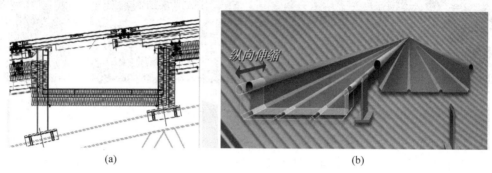

图 8.81 屋面板优化

(a) 原设计节点；(b) 屋面板优化

4）幕墙连接处防水优化

卫星厅属于公共建筑，防水要求极高，如屋面部分的交叉收口，同钢结构的交叉配合处等。为保证幕墙防水质量性能，支撑件部位应加设防水胶圈，打密封胶，增加防水性能。屋面与幕墙采用相对柔性的密封体系，避免热胀冷缩对主体结构的破坏，见图 8.82。

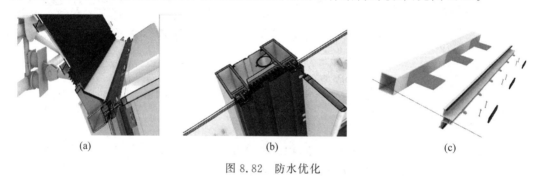

图 8.82 防水优化

(a) 屋面排烟窗优化；(b) 天窗与屋面的交接处优化；(c) 天沟板设计优化

5）AR 施工质量复核

项目人员通过 BIM+AR 技术辅助质量验收，首先通过二维码进行 AR 模型的精准定位，再通过 AR 模型与实体模型之间的契合度进行质量检查与验收，位置偏差一目了然。目前 AR 施工质量复核已在项目的结构施工过程中广泛应用，取得良好的应用效果，并将逐步在管线安装核对与验收中应用，见图 8.83。

6）放样机器人现场应用

卫星厅工程中整体呈弧形且异形构件多，施工测量难度大，采用 BIM 放样机器人指导现场施工，加快完成管线及弧形墙体的定位放样，并辅助现场测量验收复核，极大地减少测量人员的工作量。后期将加强金属屋面等不规则曲面的放样以及后期机房等定位控制和质量验收应用，见图 8.84。

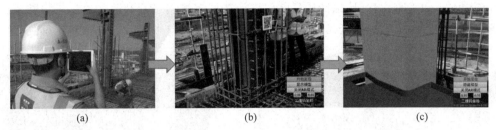

图 8.83 AR 施工质量复核

(a) 图像采集;(b) 二维码扫描定位;(c) AR 与现实复核

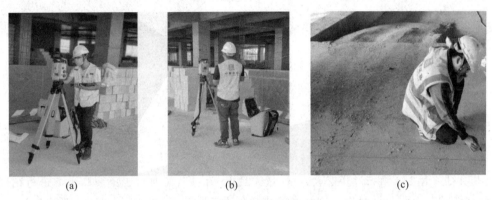

图 8.84 放样机器人

(a) 现场操作;(b) 现场放样;(c) 构造柱定位

7) 机场改造逆向建模

深圳 T3 航站楼(已运营)内部不停航改造量大、专业复杂,在原竣工图信息不准确的情况下对改造范围的机电深化工作带来极大不便。引入三维扫描仪和现场勘查,对已有管线进行扫描,建立点云 BIM 模型,通过与新建管线 BIM 模型结合调整,充分对比新旧管线拆除及补偿管线的施工影响,考虑新旧机电管线的综合排布,制订详细的拆改方案,见图 8.85。

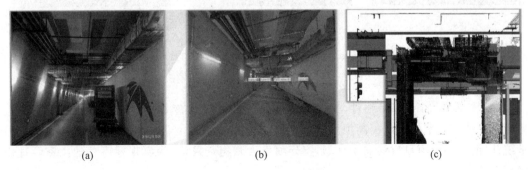

图 8.85 改造逆向建模

(a) 现场扫描;(b) 点云模型和现场对比;(c) 模型整合

8) 逆向建模实测实量

利用三维激光扫描技术对卫星厅结构进行扫描,合成点云,通过模型和点云的对比分析取得结构水平和垂直位移量,辅助质量部门进行结构实测实量及验收。通过三维扫描仪对现场钢结构进行扫描得到点云模型,通过卸载后点云模型与未卸载前进行对比得到变形误差,见图8.86。

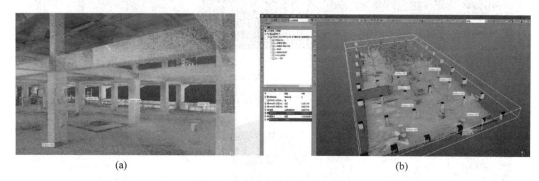

图 8.86　逆向建模实测实量
(a) 东北指廊合成点云;(b) 点云对比分析

5. 商务算量

1) 逆向建模算量

本项目共有114万 m² 开挖土方量,量大且点多面广,如何对于不规则土方进行精确测量是一个难题,为此项目引进三维激光扫描进行土方计算,精确测量土方,合理安排运力,破解了以往测量取点的误差。通过对施工前后的现场场地扫描,得到点云相对于基准面的详细数据,得到土方量数据,避免了用传统测量方法造成的网格统计误差,如图8.87所示。

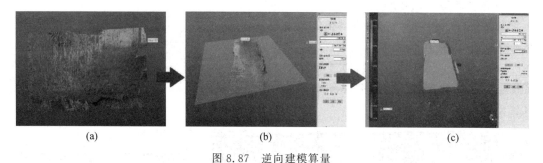

图 8.87　逆向建模算量
(a) 合成土方点云;(b) 选取基准面;(c) 通过软件计算得出土方量数据

2) 正向建模算量

基于广联达 BIM 算量软件,通过识别图纸提高建模速度,三维状态高效、直观、简单。运用三维计算技术极大地提高项目商务算量效率与准确度。同时项目基于 Revit 进行工程量统计,汇总导出项目材料需用计划,指导项目大宗物资采购,为实现零库存的物资管理模式打下基础。

6. 数字化施工

1) BIM 模块加工

通过 BIM 的精细化模型拆分,使得复杂异形构件得以简单化、标准化、单元化。BIM 模型提取的数据信息在工厂进行材料的预制加工,在施工现场直接安装,显著提升建造速度,节约大量劳动力并提升工艺及建筑质量,如图8.88所示。

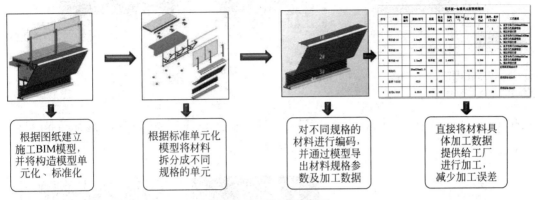

图8.88 BIM模块加工

2）物联跟踪

对机电安装设备、钢结构构件、幕墙构件等关联BIM模型全过程状态进行跟踪记录,同时自动绑定跟踪人员,在平台查看模型即可看到物料状态,提高管理效率,见图8.89。

图8.89 物联跟踪

3）带式输送机外运土方管理

项目创新采用皮带输送机进行土方外运,为了加强土方外运管理工作,对C8BIM平台表单与二维码功能进行开发,对外运土票进一步加强管理。带式输送机中安装传感器,发生异常情况及时反馈至总控台,通过三维示意图明确机器异常位置,配合实时监控输送机各类信息,加强机械的功效管理,如图8.90所示。

7. 计划管理-施工进度可视化

项目应用C8BIM平台的物料追踪功能,实时更新施工进度与模型显示状态完全一致,使得管理人员实时了解现场施工形象进度,更形象、更高效地表达进度情况,见图8.91。

图 8.90 带式输送机外运土方管理

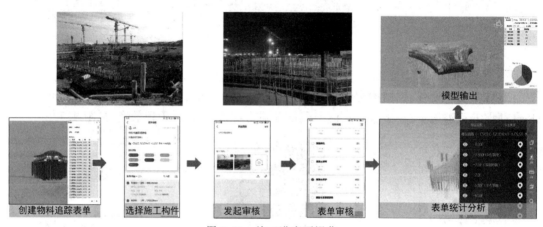

图 8.91 施工进度可视化

8. 进度管理-4D 施工管理

在 C8BIM 协同管理平台中将施工计划与 BIM 模型结合管理,通过将最新的计划导入,根据计划节点关联模型,同时将计划节点进行推送,最终形成 4D 进度模拟,可实时跟踪、反馈、延期预警,实现立体化、可视化的施工进度展示,直观地为项目进度管控提供数据支撑,如图 8.92 示。

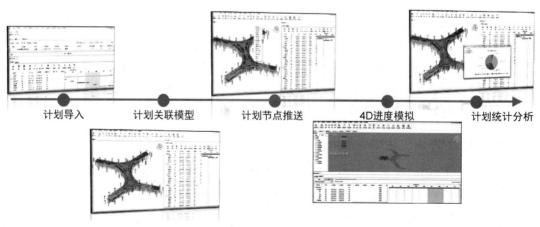

图 8.92 4D 施工管理

9. 智慧工地

项目推行使用智慧工地系统，为项目管理提供极大便利，通过质量管理、安全管理、物资验收、物联监测、资料管理等功能实现项目管理"标准化、数字化"，对施工现场做到无死角监控，有利于全过程跟踪安全隐患，同时通过平台举行安全行为之星、质量工匠之星、"卫星厅"杯劳动竞赛等施工活动。

10. C8BIM 管理平台

项目大力推行使用 C8BIM 系统平台，使得项目图纸、BIM 模型等各类资料得以相互共享，在对 BIM 模型轻量化处理后，同时利用协同系统可针对各个专业模型进行碰撞分析。开发物料系统，进一步推动 BIM 模型在计划与施工中的应用。

8.3.5 运维交付

应用 Dynamo 的编码功能，通过关联 Revit 模型和 BIM 构件编码表，实现 BIM 模型中的构件自动编码，极大地提高了编码效率，为后期移交模型奠定了基础。

8.4 建筑机器人智能建造

博智林机器人公司已有 18 款机器人及多款软件服务系统可正式提供工程服务，涉及混凝土施工类、喷涂施工类、辅助施工类等。上述机器人及系统已在多个高层及超高层精装修住宅项目实现多机同时、连续、配套联用。

8.4.1 建筑机器人施工组织

机器人施工工序与传统人工施工相似，但施工组织存在很大差别，且随着建筑机器人技术的进步，机器人施工组织也在持续迭代优化，机器人施工标准流程大致如下。

(1) 图纸分析：向项目 BIM 模型输入建筑图、结构图、装修图，分析图纸后进行建筑机器人选型，进而计算工效及机器人施工覆盖率。

(2) 节点分析：分析项目开工、土建移交、成品交付等节点，计算建筑机器人及配套设备数量、作业时间。

(3) 现场勘察：施工现场勘察具体施工楼栋、标段、楼层、工作面，规划充电区、材料堆场、搅拌作业区、清洗站、运输路线等场平布置方案。

(4) 施工方案：结合图纸节点分析和勘察结果，制订人机配置、人机界面拆分方案及场平布置图、材料需求表和施工计划。

(5) 工作面移交：根据施工方案，结合工程管理及合同要求，按"一户一表"原则接收工作面及场平区域。

(6) 现场布置：根据场平布置方案，布置好仓库堆场、机器人通道、水电、搅拌站、清洗区、充电区、垂直运输及过桥护栏等。

(7) 系统搭建：根据施工方案，搭建工地系统网络及机器人后台系统配置，包括施工机器人、物流机器人、配套设备、BIM-FMS-WMS-BIS 系统等。

(8) 施工准备：结合施工方案及机器人路径文件，机器人跑点测试及路径核对、机器人点检、前序成品保护、场地清理等,对操作技师进行施工交底。

(9)施工作业:根据施工形象进度、路径文件,系统录入建筑材料、辅助监督施工、记录施工数据、充电清洗保养、异常处理等。

(10)后置工序:根据施工方案及作业效果,人工补充部分作业、完成工序的成品保护、质量检查验收、场地移交、复盘总结优化等。

8.4.2 建筑机器人施工应用

工程信息:广东省佛山市三水区乐平镇雍翠项目装修工程由博智林建筑机器人公司承接。其中6号楼共3种户型,18层,102户。施工作业时间为2022年2月20日—3月13日,累计连续施工22d。项目实景如图8.93所示,楼层户型见图8.94。

图8.93 雍翠项目实景

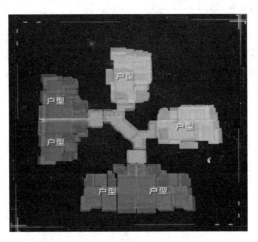

图8.94 雍翠项目楼层户型图

设备投入:项目主要选用7款30台建筑装修机器人:腻子涂覆机器人7台、墙砖铺贴机器人5台、腻子打磨机器人4台、室内喷涂机器人4台、室内辊涂机器人4台、地砖铺贴机器人2台、建筑清扫机器人4台。配备10款33台配套设备和1套管理调度系统:腻子搅拌站3台、瓷砖胶搅拌站3台、乳胶漆/基膜搅拌站3台、腻子运料机器人4台、瓷砖胶运料机器人 7 台、乳胶漆/基膜运料机器人 3 台、通用物流机器人 5 台、机器人清洗站 2 套、机器人充电站 2 套、智能升降机 1 台、BIM-FMS-WMS 系统 1 套。

材料准备：装修施工前生产经理根据机器人施工策划，通过 BIM-FMS-WMS 管理系统录入施工计划和材料数据，并下发施工工单。流质体搅拌站负责不同工序的腻子、瓷砖胶及乳胶漆的搅拌，由流质体运料机器人将搅拌好的流质体材料运至楼层房间内各喷涂、铺贴作业点。

施工作业：产业技师根据室内装修流水作业工序，首先启动腻子涂覆作业，腻子涂覆机器人基于 BIM 路径规划实现同层户型内腻子自动涂覆作业，如图 8.95 所示。施工过程中产业技师根据机器人用料用电情况进行材料补给和电池更换。

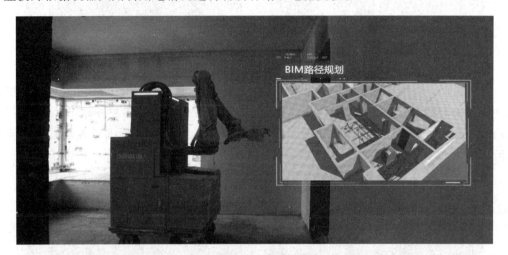

图 8.95 腻子涂覆机器人

墙砖铺贴机器人对各户型厨房区域进行墙砖自动铺贴，见图 8.96。

图 8.96 墙砖铺贴机器人

墙面腻子晾干后，产业技师启动腻子打磨机器人（图 8.97）开始打磨作业。打磨过程中产生的粉尘由腻子打磨机器人即时收集，外溢散落部分由建筑清扫机器人（图 8.98）进行清扫处理。

图 8.97　腻子打磨机器人　　　　图 8.98　建筑清扫机器人

待前置腻子层验收及其他成品保护完成后,室内喷涂机器人(图 8.99)和室内辊涂机器人(图 8.100)进场,开始底漆和面漆施工作业。机器人配备大容量涂料存储箱,可满足机器人长时间连续作业。机器人缺料报警后,产业技师通过流质体运料机器人及时进行涂料供给。

机器人完成第 N 层全部施工后,乘坐电梯至 $N+1$ 层继续施工。

图 8.99　室内喷涂机器人　　　　图 8.100　室内辊涂机器人

施工效果:腻子涂覆机器人涂覆综合工效达 $46.65\,m^2/h$,墙砖铺贴机器人综合工效达 $2.36\,m^2/h$,腻子打磨机器人打磨功效可达 $33.33\,m^2/h$,室内喷涂机器人综合工效可达 $125.04\,m^2/h$,室内辊涂机器人综合工效达 $70.29\,m^2/h$。建筑装修机器人多机联用可实现一天两层的装修施工速度,并达到工程管理验收标准。

复习思考题

1. 简述华润深圳湾国际商业中心项目中的 BIM 应用技术路线。
2. 简述 BIM 技术在装配式建筑智能建造中的应用。

3. 深圳宝安国际机场卫星厅及配套工程项目中是如何做到"线上办公,管理留痕"的?对以后的工程有什么指导意义?

4. 简述建筑机器人的施工标准流程。

第8章课程思政学习素材

参考文献

[1] 丁华营,梁清淼,吴延宏,等.BIM 技术在华润深圳湾国际商业中心项目中的集成应用[J].土木建筑工程信息技术,2016,8(2):54-59.

[2] 丁华营,吴延宏,白宝军.华润深圳湾国际商业中心 BIM 综合应用[J].建筑技艺,2016(6):50-53.

[3] 陈梓豪,白宝军,陈昆鹏,等.华润深圳湾国际商业中心项目 BIM 运维管理平台应用[J].施工技术. 2018,47(S4):1073-1076.

[4] 樊则森,廖敏清,李新伟,等.长圳项目智能建造应用[J].中国勘察设计,2022(S1):102-105.